KB179328

전략환경영향평가론

-Theory and Practice of Strategic Environmental Impact Assessment-

이무춘 지음

어문학사

머리말

오랜 기간 준비해온 원고를 마치고 나니 만감이 교차된다. 홀가분함과 시원함이 교차하는 색다른 느낌을 갖게 한다. 그동안 많은 연구에도 불구하고 실제로 전문 교재를 출간하지 못했던 것은 쓰겠다고 다짐을 해봤지만 부족함을 느꼈고 쉬운 일이 아니었기 때문이다.

국가는 환경오염과 환경훼손을 예방함과 동시에 환경을 적정하고 지속가능하게 관리·보전하여야 하며 이를 위해 환경오염원의 원천적인 감소를 통한 사전예방적 오염관리에 우선적인 노력을 기울여야 한다고 환경정책기본법은 명시하고 있다. 이러한 노력이 결실을 얻는데 도움이 되는 정책적 수단이 환경영향평가 제도이다. 또한 환경훼손을 사전에 방지하는 것이 회복할 수 없는 환경을 보전함은 물론 경제적인 측면에서도 긍정적이라는 점에서 환경영향평가(Environmental Impact Assessment)가 전 세계적으로 각광을 받고 있다. 그러나 환경영향평가는 계획이 확정된 후 사업 실시단계에서 개발사업 시행에 따른 환경영향을 줄이기 위한 제도이므로 효과적인 환경문제를 해결하는 데는 한계가 있다. 이러한 취약한 부분을 개선하기 위해 사전환경성검토에서 발전한 전략환경영향평가 제도는 2012년에 환경영향평가법이 전면 개정되면서 전격 도입되었다. 현재 환경평가(환경영향평가와 전략환경영향평가)는 많은 대학교에서 강의과목으로 자리를 잡고 있고 환경업계에서는 하나의 업종으로 확고한 위치에 있으며 특히 환경영향평가사 자격제도로 인해 그 중요성이 공고히 되고 있다.

이 책의 구성은 학습목표와에 따른 내용 및 배운 내용을 학습할 수 있는 질문형태인 미스터 Q로 구성되어 있다. 이 책은 총 8장으로 구성되어 있다. 제1장에서는 환경평가는 환경정책과 관련이 되어 있고 환경정책에서 사전예방적 수단으로써의 기능을 가지고 있다는 점을 확인할 수 있다. 제2장은 지속가능발전을 위해 환경평가 제도가 필요하다는 것을 언급하고 있다. 제3장은 환경거버넌스와 주민참여에 대한 것으로 환경평가에서 환경과 관련된 정책결정에 있어 주민이 더 많이 참여하고자 하는 사회적 변화를 이해하기 위한 내용을 다루고 있다. 더불어 환경평가는 의사결정과 밀접한 관계가 있으므로 이에 대해 이해와 전략환경영향평가와의 관련성을 제4장에서 다룬다. 제5장은 전략환경영향평가의 대상인 행정계획에 대한 이해 없이는 평가의 한계가 있다고 생각되어 이에 대해 자세히 서술한다. 제6장은 전략환경영향평가 제도의 일반적인 내용이며 제7장은 선진외국의 전략환경영향평가 제도를 다룬다. 마지막 제8장은 전략환경영향평가의 실질적인 내용인 이해관계자와의 절차 및 방법론을 다룬다.

리버풀 대학교(University of Liverpool)의 Fischer교수와 베를린 공과대학교(TU Berlin)의 Rehhausen, Geissler, Köppel교수가 제7장에 부분 저자로 참여함으로서 국제적인 성격을 띠고 있고 정민정박사가 제6장과 제7장에 부분저자로 참여하여 이 책의 수준을 높일 수 있었다.

이 책을 탈고하면서 여러 모로 아쉬움이 남는다. 저자로서 나름대로 전략환경영향평가를의 이론과 실체를 담고 체계적으로 접근하고자 노력하였으나 미진한 부분이 많이 발견될 수 있을 것이기에, 이러한 부족한 부분들에 대해 앞으로 보완이 필요할 것이다.

끝으로 이 책의 출판을 가능하게 해준 어문학사 윤석전 사장과 편집에 수고해준 김영림 등의 편집자에게 깊은 감사드린다.

2016년 10월 매지리에서 저자 이무춘

차례

머리말   02

제1장 환경정책   11

1. 환경정책의 생성 배경   12
2. 환경정책의 정의   14
3. 환경정책의 특성   20
4. 환경정책의 주체와 객체   22
5. 환경정책 형성과정   25
6. 환경정책의 원칙   26
7. 환경정책의 수단   33
8. 환경정책의 발전단계   39

제2장 지속가능발전과 환경성 평가   59

1. 지속가능한 발전의 개념   60
2. 지속가능한 발전 개념의 형성사   66
3. 환경평가와 지속가능 발전   69

제3장　환경 거버넌스(Governance)와 주민참여　75

1. 환경갈등　77
2. 거버넌스　84
3. 거버넌스 유형　89
4. 환경 거버넌스 유형　91
5. 이해관계자　97
6. 주민 참여　102

제4장　의사결정　125

1. 전략환경영향평가의 행정적 의사결정과정　126
2. 의사결정의 개념　128
3. 의사결정 단계 및 접근방법　129
4. 정보와 의사결정　136
5. 정보가치 결정요인　138
6. 전략환경영향평가와 불확실성　139

제5장 정책 – 계획 – 사업　　　　145

1. 정책-계획-사업의 연계성　　　　146
2. 정책　　　　154
3. 계획　　　　157
4. 계획과 환경　　　　195

제6장 전략환경영향평가 제도　　　　203
(정민정, 이무춘)

1. 전략환경영향평가 도입　　　　204
2. 개념 및 정의　　　　207
3. 전략환경평가의 의의 및 목적　　　　212
4. 성공적인 전략환경평가의 판단 기준　　　　215
5. 국내외 전략환경영향평가 유사 제도　　　　219
6. 행정계획과 전략환경평가의 관계　　　　224
7. 전략환경영향평가 발전 단계　　　　233

제7장　국외 전략환경평가   245

(Fischer, Rehhausen, Geissler, Köppel, 정민정, 이무춘)

1. 전략환경평가 논의   246

2. 미국의 전략환경평가   249

3. 캐나다의 전략환경평가   254

4. 유럽연합의 전략환경평가   259

5. 영국의 전략환경평가(Thomas B. Fischer)   277

6. 독일의 전략환경평가(Rehhausen, Geissler, Köppel)   296

7. 네덜란드의 전략환경평가(정민정)   304

8. 국내외 전략환경영향평가의 차이점(정민정)   317

제8장　전략환경영향평가의 이해관계자와 절차 및 방법   323

1. 전략환경영향평가의 이해관계자   324

2. 전략환경영향평가의 절차   330

3. 전략환경영향평가서 작성 방법   349

제1장

환경정책

학습목표

환경정책은 국가정책의 한 부분이며 일상적으로 자주 사용하는 용어이다. 공공문제를 해결하거나 어떤 목표를 달성하기 위하여 정부가 결정한 행동방침을 정책이라고 한다면 환경정책은 "환경오염과 환경훼손을 예방하고 환경을 적정하고 지속가능하게 관리·보전"하는 목표를 위하여 만든 국민의 권리와 의무, 그리고 국가의 책무라고 말할 수 있다. 환경정책은 국가발전과 맥을 같이 하면서 변화한다. 환경정책이라는 큰 틀에서 세부적인 환경대책이 수립되는데 전략환경영향평가 제도도 이에 속한다. 세부적인 전략환경영향평가 제도에 앞서 이에 대한 배경과 이해에 도움이 되는 환경정책의 개념, 주체와 객체, 환경정책의 형성 과정과 발전 단계, 환경정책의 수단과 원칙에 대해 이해할 수 있도록 하는 것이 본 장의 학습목표이다.

1. 환경정책의 생성 배경

환경문제가 심각해지면서 환경보전의 필요성이 요구되고 대부분의 국가들은 이를 위한 정책선언을 통해 대책을 세우는 등 많은 노력을 하게 되었다. 선진국에서는 1960년대 후반부터 환경오염이 사회 문제로 대두되었으며 이는 전지구적 환경문제로까지 확대되었다. 1972년에 로마클럽(The Club of Rome)[1]에서 발간한 경제성장이 환경에 미치는 영향을 설명한 보고서인 "성장의 한계(The Limit of Growth)"[2]와 더불어 같은 해에 스톡홀름에서 개최된 유엔인간환경회의(United Nation Conference on the Human Environment)는 지구환경문제를 국제적인 관심사로 부상하게 된 계기를 마련하였다. 이 회의의 결과 채택된 "유엔인간환경선언(The United Nations Declaration on the Human Environment, 스톡홀름선언)"[3]은 지구환경문제를 해결하기 위해 국제사회가 채택한 최초의 선언으로서 그간 지구환경 논의의 기틀을 제공하게 되었다. 이러한 지구 환경에 대한 관심사는 1992년에 개최된 유엔환경개발회의[4](UNCED, United Nations

---

1 저명 학자와 기업가, 유력 정치인 등 지도자들이 참여해 인류와 지구의 미래에 대해 연구를 하는 세계적인 비영리 연구기관.

2 1972년 로마클럽의 경제학자 및 기업인들이 경제성장이 환경오염·자원고갈 등에 미치는 영향을 분석한 보고서.

3 7개의 선언문과 26개의 원칙으로 구성, 26개의 원칙은 "인간은 품위 있고 행복한 생활을 가능하게 하는 환경속에서 자유, 평등 그리고 적정 수준의 생활을 가능하게 하는 생활조건을 향유할 기본적 권리를 가지며 현세대 및 다음세대를 위해 환경보호 개선의 엄숙한 책임을 진다"고 말하고 있다.

4 지구의 환경보전을 위해 세계 각국 대표단이 모여 논의한 사상 최대의 환경 회의.

Conference on Environment and Development)에서 절정을 이루게 되었으며 환경문제의 해결 방안으로 지속가능한 발전 모델을 제시하게 되었다.

일반적으로 환경문제는 환경매체인 땅, 공기, 물, 토양의 오염과 생태계 훼손으로 인해 발생한다. 특히 경제발전의 기반이 되는 인프라 시설의 구축으로 인한 개발사업과 산업분야에서의 제품 생산 및 국민의 소비행위에서 일어나는 경제활동에 의해 자연계는 과부하에 이르게 되고 환경문제의 원인이 된다. 우리나라는 1970년대부터 시작된 고도성장의 부작용으로 인해 나타나기 시작한 환경문제로 인해 환경보호에 대한 관심이 증대되고 환경정책의 중요성을 인식하게 하는 계기가 되었다. 결국 환경정책을 등한시해 온 경제성장 우선정책은 환경에 대한 요구가 커지면서 1977년에 환경보전법이 제정되는 등 환경정책에 대한 관심이 본격적으로 대두되기 시작하였다. 이는 환경문제에 대한 정부의 개입을 의미하는 것으로 환경정책은 환경오염과 생태계 훼손에 대한 정부의 대응 노력으로부터 비롯된다. 이러한 국내의 환경보전에 대한 사회적 관심사와 국제사회에서 환경문제의 중요성이 증대되면서 우리나라 정부도 적극적인 환경정책을 추진하게 된 것이다. 현재 환경정책의 영역은 국내상황에 머물러 있지 않고 국제사회에서 높아진 국가 위상에 걸맞게 개도국[5]의 환경과 지구환경 분야로 확대되고 있는 추세이다.

---

5 선진국에서 채택하고 있는 기술, 지식 및 제도가 아직 충분히 보급되지 않아서 산업의 근대화와 경제개발이 뒤지고 있는 나라를 의미하며 종래에는 후진국이라 하였는데, 1960년대 초기부터 저개발국, 개도국 등으로 일컫게 되었다.

2. 환경정책의 정의

환경문제는 국가가 해결해야 할 중대한 공공정책 분야 중의 하나이다. 정부가 국민의 건강과 국토의 생태계를 위해 환경정책을 국가 정책의 한 의제로 채택하면서 환경정책이 시작되었다. 이렇게 시작된 환경정책은 어떻게 이해할 수 있는가? 그리고 환경정책은 어떻게 표현되는가?

정부가 다루는 공공정책 중에 환경 분야가 환경정책이다. 정책은 공공기관이 사회문제를 바람직한 상태로 해결하기 위해 취하는 일련의 행위(action)이며 환경정책은 환경문제를 바람직한 상태로 바꿔놓기 위한 일련의 행위라고 할 수 있다. 정부의 환경정책은 환경 분야의 공공기관(환경부와 지방환경청)이 담당하고 있다. 환경정책은 한 분야에만 치중하지 않고 종합적이며 개별적 활동이 아닌 복합적인 활동이다. 또한 어느 기간에 제한되지 않고 지속적으로 이어가며, 고정된 정책(fixed concept)이기보다는 사회변화에 따라 변화하고 진화하는 동적인 성격(dynamic concept)을 가진다.

환경정책은 새롭게 구성된 정책분야로써 선진국의 경우 1970년대에 대두되었으며 1980년대부터 각광을 받아왔다. 대부분 국가들은 환경정책을 효율적으로 수립·집행하기 위하여 환경보호와 환경문제를 담당할 여러 기구를 두고 있다. 미국의 경우 EPA[6]와 CEQ[7]가 있으며 한국도 환경청을 발족시켰고 환경처에서부터 현재의 환경부가 되었다. 중앙정부

---

6 미국 환경보호청(EPA, Environmental Protection Agency).

7 미국 환경위원회(CEQ, Council on Environmental Quality).

의 관점에서 볼 때 우리나라는 환경부에 의해 환경정책이 총괄적으로 다루어지고 있으나, 환경과 관련이 있는 다른 부서인 농림축산식품부, 미래창조과학부, 기획재정부, 교육부 등에서도 환경문제를 다루고 있다.

환경정책의 개념은 여러 학자들에 의하여 다소 상이하게 정의되고 있으나 일반적으로 환경정책은 환경의 현 상태를 보호하고, 이미 오염된 환경을 개선하기 위한 국가적 수단의 총합으로 정의할 수 있다. 즉 환경정책은 "공공문제의 하나인 환경문제의 해결과 현 상태의 환경을 유지·개선하려는 목표달성을 위해 국민들로부터 권위를 부여 받은 정부가 결정한 행동방침"이다.[8]

이 개념에는 아래 사항을 위한 세부적인 활동을 포괄하고 있다.

- 이미 발생한 기존 환경오염의 제거 및 감소
- 현재의 환경상태의 유지·개선
- 환경오염에 의한 인간 및 환경 그 자체에 대한 폐해와 제거
- 인간, 동식물, 자연환경, 환경매체 및 재화에 대한 위험의 감소
- 미래세대와 다양한 생명체의 발전을 위한 여유 공간의 유지 및 확장

1) 우리나라의 환경정책

우리나라의 환경정책은 1977년에 환경보전법이 제정되면서 시작되었다. 이때부터 실질적인 환경전문 인력과 환경행정조직을 갖추게 되었으며 현대적인 환경정책을 시행할 수 있게 되었다. 환경정책은 헌법에서

---

8 정희성·변병설, 『환경정책의 이해』, 박영사, 2003.

부터 시작된다. 헌법 제35조[9]에서 국민은 건강하고 쾌적한 환경에서 생활할 권리, 즉 환경권을 가지며 국가는 환경보전을 위하여 노력하여야 한다. 환경보전을 위한 국가의 노력은 환경정책기본법에서 보다 명확히 하고 있다. 국가는 환경오염과 환경훼손을 예방하고 환경을 적정하고 지속가능하게 관리·보전하여야 하고[10] 이를 위해 국가는 환경오염물질 및 환경오염원의 원천적인 감소를 통한 사전예방적 오염관리에 우선적인 노력을 기울여야 하며 행정계획 또는 개발사업으로 인해 발생하는 환경에 미치는 해로운 영향을 최소화하도록 노력하여야 한다.[11]

이러한 기본내용을 근거로 한 우리나라 환경정책은 환경의 질적인 향상과 그 보전을 위해 쾌적한 환경의 조성을 통한 인간과 환경 간의 조화와 균형을 이루고자 한다. 이에 국가, 지방자치단체, 사업자 및 국민은 환경을 보다 양호한 상태로 유지·조성하도록 노력하고, 환경을 이용하는 모든 행위를 할 때에는 환경보전을 우선적으로 고려해야 한다. 또한 지구환경의 위해(危害)를 예방하여 현 세대의 국민이 그 혜택을 널리 누릴 수 있게 함과 동시에 미래의 세대에게 그 혜택이 계승될 수 있도록 하는 정책으로 이해할 수 있다. 다시말해 환경정책은 환경오염과 환경훼손의 예방과 환경의 지속가능한 관리·보전을 위한 모든 시책의 총칭이라 할 수 있다.

---

9 1980년 제8차 개정헌법 제33조에 "모든 국민은 깨끗한 환경에서 생활할 권리를 가지며, 국가와 국민은 환경보전을 위하여 노력하여야 한다"라고 헌법상의 기본권으로 처음으로 규정하였다.

10 환경정책기본법 제1조.

11 환경정책기본법 제8조.

2) 선진국의 환경정책

1969년에 제정된 미국 국가환경정책법(NEPA, National Environmental Policy Act,)에 명시된 목적에서와 같이 미국의 환경정책은 환경과 생태계에 대한 훼손을 방지 또는 제거하고 인간의 건강과 복지를 일깨워 줄 노력을 증가시키며, 생태계와 국가에 중요한 자연자원 등에 대한 이해를 증진시키고, 사람과 환경 간의 생산적이고 유쾌한 조화를 도모하는 일련의 행위라고 할 수 있다.

미국은 국가환경정책법의 제정을 기점으로 적극적인 환경정책을 추진하기 위해 1970년에 미국환경청(EPA, Environmental Protection Agency)과 환경위원회(CEQ, Coucil of Environmental Quality)를 창설하고 1970년에 대기정화법(CAA, Clean Air Act)과 1972년의 수질오염방지법(FWPC, Federal Water Pollution Act)을 대폭 개정하였다. 미국의 국가환경정책 목적은

- 인간과 환경 간의 조화증진을 위한 국가의 정책을 천명하고,
- 환경과 생물권에 대한 피해의 방지와 인간의 건강·복지의 증진을 도모하며,
- 국가에 중요한 생태계와 자연자원에 대한 이해를 촉진시키는데 있다.

유럽연합(EU)의 환경정책은 "사전예방의 원칙에 입각하여 환경을 보존 및 보전하고, 환경의 질을 개선하며, 사람의 건강을 위해로부터 보호하고, 자연자원을 분별 있고 합리적 이용을 하는 데 기여하며 지속가능한 발전을 증진시키도록 노력하여야 한다"라고 정의하고 있다.[12] 유럽

---

12 EU 협약 제6조.

연합은 1972년 11월 유럽공동체가 파리정상회담에서 '1차 환경행동프로그램'(EAP, Environment Action Programme)의 선언을 필두로 이후 논의를 거듭하며 현재의 7차 환경행동프로그램을 채택하여 환경정책을 구체화하였다.

【표 1-1】 유럽연합의 환경행동프그램(EU Environment Action Programme)

제1차 환경행동프로그램(1973~1976)
제2차 환경행동프로그램(1977~1981)
제3차 환경행동프로그램(1982~1987)
제4차 환경행동프로그램(1987~1992)
제5차 환경행동프로그램(1992~1999)
제6차 환경행동프로그램(2001~2012)
제7차 환경행동프로그램(2013~2020)

3) 독일 환경정책

독일은 1971년에 최초로 환경프로그램이라는 이름으로 환경정책을 발표하였다. 이에 따르면 환경정책은 사람의 건강과 사람으로서의 존속을 위해 필요한 모든 대책을 말하며 이 대책에는 사람, 동식물, 토양, 물, 공기, 기후, 자연경관, 문화재 등을 해로운 인간의 활동으로부터 보호하기 위한 대책과 인간의 활동으로 인해 발생하는 해로운 영향을 제거하는 대책을 포함하고 있다.

학술적인 측면에서 정의한 환경정책이란 "공공문제의 하나인 환경문제의 해결과 현 상태의 환경을 유지·개선하려는 목표달성을 위해 국민들로부터 권위를 부여 받은 정부가 결정한 행동방침"[13]이다. 위 내용을 종합하면 환경정책[14]은 환경문제를 해결하기 위한 공공기관의 모든 활동으로 정의 내릴 수 있다.

환경정책은 외부효과(external effect),[15] 즉 환경오염원인자가 환경오염에 대한 대가를 지불하지 않고 제3자에게 직접적으로 피해를 끼치는 현상 때문에 공공정책의 한 영역으로 보고 있다.

환경정책은 사회적으로 최적의 환경기준을 달성을 하기 위해 시행되는 제반 정책으로 여러 가지 다양한 형태가 존재한다. 환경정책은 정부의 포괄적인 노력을 통하여 다음과 같은 내용을 목표로 하고 있다.

- 국가행위의 최상 목표로서 인간의 생명과 건강을 보호·유지
- 인간의 자연적 생존의 기초로서 동식물, 생태계를 보호·유지
- 인간의 다양한 필요를 위한 자연자원으로서 공기, 물, 땅, 기후를 보호·유지
- 개인 혹은 사회공동체의 경제적·문화적인 가치로서 재화를 보호·유지

---

13 정희성·변병설, 『환경정책의 이해』, 박영사, 2003.
14 환경정책은 환경정책의 조직(Polity), 환경정책과정(Politics), 환경정책의 결과(Policy)로 구분됨.
15 외부 = 경제적 수지계산의 "밖"이라는 의미에서 외부

이 같은 목표를 달성하기 위해서 정부는 합리적인 정책원칙에 입각하여 다양한 정책수단들을 동원하게 된다.

3. 환경정책의 특성

환경정책은 여타의 일반 공공정책과 다른 특성을 가진다. 이러한 특성은 환경정책의 대상이 대기, 물, 경관 등 환경재(environment goods)[16]와 사람 간의 관계, 사회제도와의 관계, 경제활동과의 관계 등을 다루기 때문이다. 따라서 환경정책은 다음과 같은 특성을 지닌다.

1) 국가정책

사익을 위한 기업과는 달리 모든 국민의 건강과 재산을 보호하고 환경건전성을 증대시켜 최대한 공익을 추구하고 있다.

2) 정책효과의 불확실성

대기질의 경우, 어느 정도가 되어야 건강피해가 없는지, 얼마를 개선하면 어느 정도 국민건강이 증진되는지를 과학적으로나 의학적으로 정확히 분석하기 어렵다. 이러한 환경정책은 수립단계에서부터 불확실한 정보를 가지고 개발된다는 특성 때문에 정책집행의 효과가 완전하게 판

---

16 소비자가 어떤 재화를 이용하여 소비하였을 때 오염물질이 적을 뿐만 아니라 모든 사람들이 공동으로 즐기는 재화. 예를 들면, 깨끗한 물, 깨끗한 공기, 아름다운 경치 등이 있음.

명되지 않는다는 특성이 있다.

3) 정책요구의 소극성

깨끗한 공기, 정온한 주거환경 등을 원하는 환경정책의 요구자는 일반 국민임에도 불구하고 직접적인 피해나 불편이 없으면 적극적으로 정책을 요구하지 않는 속성이 있다. 또한 미래세대나 동식물은 정책요구를 근원적으로 요구할 수 없으므로 환경정책은 요구적인 측면에서 소극성을 가지고 있다.

4) 정책편익의 지역차등분성

환경정책의 집행에 있어서 합리적인 투자와 더불어 개발규제와 관련된 특성을 가지고 있다. 예를 들어 하천 상류지역 수질개선을 위하여 투자를 집중하고 개발규제를 하면 할수록 많은 물의 혜택은 하류지역에서 누릴 수 있다. 따라서 환경정책의 편익은 지역적으로 차등이 나타나며 이를 어떻게 합리적으로 조정하느냐가 중요과제가 된다.

5) 정책편익의 시차성

환경문제가 실제적으로 발생하여 정책으로 결정되기까지는 상당한 시간이 소요되기도 하지만 정책을 집행한 후의 편익이 나타나는 데에도 많은 시간이 지나야 한다. 지금 세대에서 집행한 편익은 다음 세대, 또는 그 다음 세대에 가서 나타날 수 있으므로 세대간 격차를 줄이는 것도 하나의 중요한 과제가 될 수 있다.

4. 환경정책의 주체와 객체

1) 환경정책의 주체

일반적으로 환경정책의 주체는 정부이고 객체는 기업과 소비자이라 할 수 있다. 정부는 환경정책을 입안하고 실천하며 정책과 시책을 성공적으로 수행하기 위해서 아래와 같이 정부의 역할이 중요하다.

(1) 대통령

행정부의 수반으로서 대통령은 정부 내에서 환경정책을 최종 결정하며, 환경규제 업무의 감독, 인사권의 행사, 예산상의 권한 등을 가지고 있고 대통령의 환경정책에 대한 의지에 따라 환경 정책에 미치는 영향은 매우 크다.

(2) 의회

의회는 선거로 선발된 국민의 대표자이므로 사회의 대표성을 가지고 있다. 의회는 입법차원의 중심으로 환경과 관련된 문제에 있어 크게는 정부의 역할을 규정하고 좁게는 행정기관들이 집행하여야 할 역할을 규정한다. 입법부에서의 환경문제 개입은 환경 관련 법규의 제정·개정으로 나타나며 개별 국회의원과 이들이 속해 있는 정당은 차기선거에서 재선과 이를 통한 권력 창출과 유지에 목적을 두고 있으므로 구체적 정책과 전략을 수립·추진하기 때문에 환경문제 해결에 있어 중요한 역할을 수행하고 있다.[17]

---

17 정선양, 『환경정책론』, 박영사, 1999, pp. 81-85.

의회에서 제정·개정된 입법을 토대로 정부는 국가의 환경문제를 해결하고 국민의 안녕과 쾌적한 생활의 질을 유지하기 위해 다양한 정책을 추진한다. 또한 환경행정조직들은 구체적인 사안을 적용하고 이를 집행한다.

(3) 관련 부처(환경조직)

환경 업무는 주로 환경부가 수행하고 있고 다른 부처도 이와 관련을 맺고 있다. 환경부는 환경 규제 기관이고 국토교통부는 국토개발 업무의 주무 부처이고 경제 부처는 국가의 경제분야를 다루는 역할을 한다. 이들은 서로 대표하는 고객이나 수혜집단(benefit group)이 다르고, 따라서 두 기관에 대한 정치적 지지집단이 크게 다르기 때문에 때로는 서로 대립하는 양상을 띠고 있다.

▶ **환경부**

환경오염으로부터 국토를 보전하고 맑은 물과 깨끗한 공기를 유지, 국민들이 쾌적한 생활을 할 수 있도록 하는 한편 지구환경 보전에도 참여하는 것을 주요 업무로 하는 정부 부이다. 세종시에 본부를 두고 있다. 조직은 기획조정실, 환경정책실, 물환경정책국, 자연보전국, 자원순환국으로 구성돼 있다. 소속기관으로 한강유역환경청 등 8개 지역 환경청, 국립환경과학원, 국립환경인력개발원, 중앙환경분쟁조정위원회, 온실가스종합정보센터 등을 두고 있으며, 산하기관으로는 한국환경공단, 수도권매립지관리공사, 국립공원관리공단, 한국환경산업기술원 등이 있다.[18]

---

18 http://www.me.go.kr/home/web/index.do?menuId=315 (2016.7.22)

(4) 지방정부

환경정책에 있어서 중앙정부와 지방정부 간의 역할분담과 관련해서 두가지 방법이 성립한다. 하나는 상향적 접근방법으로 기능 또는 역할의 중심이 중앙으로 이전하는 중앙집권화 경향이며 다른 하나는 역할의 중심이 점차적으로 중안에서 지방으로 옮겨가는 지방 분권화 경향이다. 환경오염은 항상 특정지역을 중심으로 발생하고 있어 해당 행정지역을 담당하고 지방정부의 환경관리 정책의 중요성이 주어진다.[19] 특히 지방자치시대[20]에 걸맞게 지방분권화의 관점에서 지역적인 환경문제 해결을 위해 지방정부의 책임과 역할이 요구되고 있다. 만약에 지역 환경문제를 중앙 정부가 나서게 된다면 환경 문제는 전국적인 사안이 될 수 있다. 이 경우 중앙 정치의 구성원들인 대통령. 의회, 환경 조직 등 관련 부처가 나서게 된다.

2) 환경정책의 객체

환경정책의 대상자, 즉 객체는 기업과 시민이 주가 된다. 기업은 환경을 오염시키는 주된 경제활동 주체이기 때문이다. 국민도 소비활동으로 인해 일어나는 생활오수·생활폐기물을 배출하고 자동차를 운행하여 환경오염행위를 하고 있다. 과거에는 기업이라는 객체에 대해 환경규제를 통해 관리되었다면 최근에는 서로 협력하는 관계로 발전하고 있다.

---

19 정회성, 지방자치시대의 환경정책, KEI/1994, 연구보고서.

20 1995년 지방자치법에 근거하여 지방자치단체장과 의회의원들이 선출되면서 본격적인 지방자치단체 시대가 시작되었다.

5. 환경정책 형성과정

환경정책 형성과정은 4단계로 구분되는데 의제 설정 및 입안 → 정책 결정 → 정책집행 → 정책평가의 과정을 거치게 된다.

1) 의제 설정 및 입안

환경분야의 의제는 사회적 이슈가 되는 분야이다. 예를 들어 중국과 몽골에서 편서풍을 따라 불어오는 황사에 의한 대기문제, 여름철 남해에서 발생하는 녹조현상 그리고 장마철에 비점오염원과 더불어 유입되는 토사에 따른 호의 수질문제 등이 될 수 있다. 국가 또는 지방정부가 정책적으로 해결하는 것이 합리적이라고 판단되면 이를 환경정책의 의제로 설정되고 입안을 하게 된다. 환경문제가 지역적으로 국한되어 있지 않고 광역적이라면 국가 간 환경정책의 의제가 된다. 환경의제는 공식적으로 환경행정을 통하거나 비공식적으로 언론기관, 국회, 환경단체 등의 통로를 거쳐 설정되고 입안을 한다.

2) 정책 결정

환경정책을 형성하는데 있어서 가장 어려운 과정이 정책결정이다. 따라서 잘못된 정책결정을 방지하기 위해서는 아래와 같이 5단계를 거치는 것이 바람직하다.

첫째, 환경 자료와 정보의 수집 및 분석

둘째, 대안의 작성 및 비교

셋째, 의제 해결을 위한 목표의 설정

넷째, 목표달성을 위한 최적대안의 선정

다섯째, 대안 수행을 위한 정책 수단

3) 정책집행

정책집행은 결정된 정책을 실현해 가는 과정이다. 이때 정책실현을 위해서 동원된 수단의 시행시기와 방법이 포함된 세부지침이 마련되어야 하고, 그 세부지침을 실천에 옮기기 위한 인적 자원 및 물적 자원이 확보되어야 한다.

4) 정책평가

환경여건이 얼마나 개선됐느냐를 정량적·정성적으로 평가하는 과정이 정책평가이다. 정책평가는 설정된 정책목표와 정책집행을 통해 달성한 성과를 비교하여 정책을 평가할 수 있다.

6. 환경정책의 원칙

환경정책은 크게 사전예방의 정책, 오염자부담의 원칙, 상호협력의 원칙으로 구분된다. 환경영향평가제도는 사전예방의 원칙과 직접적으로 관련이 있다. 환경보전의 최선책은 사후규제 기술(End of Pipe

Technology)보다는 오염물질의 발생을 억제하고 환경오염을 사전에 예방하자는 환경정책이 더 효율적이라는 생각이 지배적이다. 이러한 시각에 따라 환경정책의 방향이 전환되고 있다. 다음은 전환되고 있는 환경정책 방향의 몇 가지 사항들이다.

- 사전예방적 수단인 환경영향평가제도가 환경영향평가법의 개별 법으로 입법화되었고 환경계획과 국토계획의 연동제를 추진
- 현행의 농도규제에서 수도권 사업장 대기오염물질 총량관리제와 수질오염총량제와 같은 총량규제방식으로 전환
- 법적 규제의 경직성을 보완하기 위해 배출부과금, 폐기물 예치금제도 등의 경제적 수단 확대

1) 사전예방의 원칙 (Pollution Prevention Principle)

사전예방의 원칙은 환경오염이 이미 발생한 후에 오염 물질을 처리하는 것이 아니라 오염이 발생하지 않도록 사전에 예방하여야 한다는 원칙을 의미한다.

개발사업으로 인해 발생하게 되는 환경문제의 불확실성을 선제적으로 관리하기 위해 도입된 것이 사전예방원칙이다. 사전예방원칙은 이미 발생한 환경오염을 제거하는 사후처리기술(End of Pipe Technology)에 바탕을 둔 환경정책의 결함을 보완하고 위험의 과학적 증거가 부족하더라도 제반 환경오염 발생을 대비하여 미리 예방조치를 취해야 한다는 환경정책적 의지를 반영한 것이다. 이 원칙은 환경문제가 지니고 있는 불가역성으로 인해 한 번 파괴되면 원상복구가 불가능하다는 관점과 사전예

방을 통해 투자의 경제성을 달성할 수 있다는 배경 하에 도입되었다.

우리나라는 여러 환경법에서 이러한 원칙을 언급하고 있다. 예를 들어 환경정책기본법에서는 "환경오염과 환경훼손을 예방"[21], 수질 및 수생태계 보전에 관한 법률에서는 "수질오염으로 인한 국민건강 및 환경상의 위해를 예방"[22] 그리고 대기환경보전법에서는 "대기오염으로 인한 국민건강이나 환경에 관한 위해(危害)를 예방"[23]하여야 한다고 강조하고 있다. 이에 따라 사전예방 원칙을 구현하기 위해 전략환경영향평가와 환경영향평가제도, 국가환경종합계획, 지자체 환경보전계획, 대기환경개선 종합계획, 대기오염물질의 배출허용기준, 사업장 대기오염물질 총량관리제 등이 도입되었다.

사전예방의 원칙은 단기와 장기예방의 원칙으로 구분할 수 있다. 단기예방의 원칙은 산업활동이나 개발행위가 사람이나 생태계에 위해(危害)가 미칠 것이 명백한 경우 환경당국이 특정물질의 사용을 금지하거나 특정제품 생산을 중지하는 경우를 말한다. 예를 중금속이 함유된 장난감의 생산 및 판매금지, 아토피성 피부염이나 알러지를 발생시키는 벽지 내장재 사용금지, 석면 건축자재 사용금지, 유해성분이 함유된 농약, 살충제 생산 및 사용 금지 등이 이에 해당한다.

장기예방의 원칙은 환경오염으로 인한 피해나 위험이 상당한 기간을 두고 발생할 것이라는 전제 하에 추진된 원칙이다. 이에 따른 환경정책

---

21 환경정책기본법 제1조.
22 수질 및 수생태계 보전에 관한 법률 제1조.
23 대기환경보전법 제1조.

으로 청정기술 정책, 친환경농업 및 산업기술정책 등이 있다. 장기예방의 원칙은 예방이 제거 또는 복구보다 저렴하며, 혁신 기업에게 새로운 기회를 제공하고, 미래에 예상되는 환경훼손을 저감할 수 있다는 장점을 가지고 있다. 하지만 예방의 범위를 설정하고 예방정책에 따른 혜택을 산출하기가 어렵다는 문제를 안고 있다.

그러나 환경문제가 다양하고 복합적인 자연훼손 및 환경오염의 양상을 띠면서 사후관리적인 접근만으로는 환경정책의 효율성에 있어서 한계를 느끼게 되었기 때문에 국가의 환경정책은 점차 사전 예방적인 정책을 중요시 여기고 있는 추세이다.

2) 오염자부담의 원칙(Polluter Pays Principle)

오염자부담의 원칙(polluters pay principle)은 환경오염의 발생 원인을 제공한 자가 기본적으로 이 환경오염을 제거하고 복구하여야 하며 또한 이에 소요되는 비용을 부담하여야 한다는 원칙을 의미한다.[24] 이는 1970년대 초 유럽의 산성비로 인한 월경성 환경오염 문제[25]에 대한 대응차원

---

24 오염자부담의 원칙은 말 그대로 환경을 오염시킨 원인 제공자에게 책임을 지우는 것으로 이 때 어느 선까지 책임을 물을 것인가에 따라 두 가지로 나눈다. 하나는 오염제거 및 방지비용만을 부담시키는 이른바 표준오염자부담의 원칙이고 다른 하나는 여기에 환경오염에 따른 피해보상까지를 포함시켜야 한다는 확대오염자부담의 원칙이다. 그런데 표준오염자부담의 원칙을 적용할 경우, 쾌적한 환경에 대한 수요가 증가함으로써 오염자(예를 들어 기업)의 부담이 증가해도 오염방지시설을 개선하려는 노력을 기대하기 어렵다고 한다. 환경재에 대한 수요가 증가한다는 것은 바꾸어 말하면 같은 오염상태에 대해서도 느끼는 피해의 정도가 더 커지는 상태를 말한다.
따라서 기업은 더 많은 오염방지비용을 부담함으로써 오염의 배출을 감소시켜야 한다. 이미 OECD에서는 1972년부터 오염자부담의 원칙을 채택하여 환경지도의 원리로 삼고 있다.
25 월경성환경오염이란 국제환경문제(International environmental problems)는 한 나라에서 발생한

에서 경제협력개발기구(OECD)에서 정립한 환경정책수단으로 현재 국가 간 환경분쟁의 기준으로 활용되고 있다.

이에 따른 세계환경정상회의(UNs Conference on Environment and Development, UNCED)에서 채택한 리우선언 제16조에서 오염자가 오염에 대한 비용을 부담한다는 원칙을 제시하고 있고 우리나라의 환경정책기본법에서도 "자기의 행위 또는 사업활동으로 인하여 환경오염 또는 환경훼손의 원인을 야기한 자는 그 오염·훼손의 방지와 오염·훼손된 환경을 회복·복원할 책임을 지며, 환경오염 또는 환경훼손으로 인한 피해의 구제에 소요되는 비용을 부담"하여야 한다고 규정하고 있다(제7조).

따라서 오염자 부담원칙을 이론적 배경으로 한 환경비용을 가격에 반영하자는 것이 현재의 추세이다. 현재 경제체제의 가장 큰 문제점은 생산활동으로 인해 발생되는 환경비용을 시장이 가격에 반영하기 때문에 공공에게 피해를 줌과 동시에 이에 대한 피해제거에 소요되는 비용을 공공이 부담하고 있다는 점이다. 따라서 이러한 외부효과(공공에게 피해를 주는 환경오염)를 내재화하기 위해서 '오염자부담의 원칙'을 도입하였다. 이는 환경오염처리비용을 생산가격에 반영하는 방법으로 오염자가 생산활동으로 인해 발생되는 환경비용을 직접 부담하는 원칙을 적용하는 것이다.

환경문제가 국경을 넘어서 다른 나라의 환경적 후생(environmental welfare)에 영향을 주는 상황을 말한다. 이러한 특성으로 인해 월경성 환경문제(trans boundary environmental problems)는 국제환경문제의 한 부분으로 환경문제가 주로 주변국에만 국한되는 경우이다. 예를 들면 구소련과 핀란드 간의 산성비문제, 인도와 방글라데시간의 수자원 문제, 한반도에 불어오는 중국 북부와 몽골 황토(黃土)지대의 황사 등을 들 수 있다.

▶ 집단부담원칙

집단부담원칙은 특정오염자를 밝혀내기 어렵거나 신속하게 처리하여야 하는 경우에 환경오염 제거 및 환경훼손 복구 비용을 국가 등 관계당국이 집단 전체에게 공동의 이름으로 부담시키는 제도임

장점:	문제점:
• 신속하고 간단하게 적용 가능 • 낮은 저항(개별적으로 경제적 부담을 느끼기 어려움)	• 원인자의 환경오염을 줄이는 동기 부여 미흡 • 불공평 • 불필요하게 확대 적용

*사례: 사례: 2007년 12월 7일 오전 7시경 서해안 태안반도 해상에서 발생한 허베이 스피릿(HebeiSpirit)호의 원유유출 된 국내 최대의 해양오염사고[26]

원인	충남 태안군 만리포 해수욕장 북서쪽 5마일(8km) 해상에서 홍콩 선적의 유조선 '허베이 스피릿호'와 삼성중공업의 해상 기중기 부선 '삼성1호'가 충돌
피해	총 1만 2,547kl(약 10,900톤)의 원유가 유출되어 4,823ha(385개소) 어장피해, 221ha(6개소) 해수욕장 피해 발생, 무려 7,341억원(2013년 1월 16일 결정금액)의 피해액이 발생
문제점	환경재난복구를 위해 긴급하게 국가가 개입하는 경우, 집단부담의 원칙에 의거 공공의 부담이 됨

---

26 당시 인천에서 경남 거제로 예인되던 해상기중기 부선 삼성1호(1만 2000t급)는 예인선 2척(삼

3) 상호 협력의 원칙(Cooperation Principle)

상호 협력의 원칙은 환경 문제를 해결하는 데 있어 환경 문제를 유발시킨 모든 관계자들이 공동의 책임을 지고 협동하여 문제를 해결하여야 한다는 원칙이다. 즉, 환경문제를 해결하기 위해서는 국가, 국민, 사회단체, 기업가들이 서로 상호 협력하여야만 바람직한 환경정책의 성과를 달성할 수 있다고 보는 원칙이다.

환경개선이나 복구와 관련된 문제는 국가의 책임으로 전가하려는 경향이 있으나 정부부문, 민간부문, 사회부문 등이 분업하여 함께 추진하는 협력체계가 필요한데 이는 환경은 어느 개인의 재원이 아닌 공공재이기 때문이다. 따라서 가능하면 모든 이해관계자들이 환경정책의 의사결정과 대책에 참여하는 '환경정책의 상호협력의 원칙'을 통해 합의 중심적인 정책방향을 이끌어 가야 한다는 것이다. 이러한 원칙의 의도는 분업을 통해 자체적인 환경책임을 강조하고자 하는 데 있다.

상호 협력의 원칙을 적용하기 위해서는 정보전달 등의 의사소통, 참여, 국민친화적인 정책결정, 합치에 의한 갈등 해소 방안이 필요하다. 상호 협력의 원칙에 입각하여 아래와 같은 방법을 시행할 수 있다.

- 자발적 협약

성T-5호·삼호T-3호)과 연결된 크레인이 절단되면서, 태안 앞바다에 정박된 홍콩의 유조선 허베이 스피릿호(14만 6868t)와 충돌하게 되었다. 이로써 유조선의 3개 화물탱크에 구멍이 뚫리며 서해안 일대의 해상 및 해안가로 다량의 기름이 유출됐고, 무려 7341억 원(2013년 1월 16일 결정금액)의 피해액이 발생하는 등 사상 최악의 환경오염을 초래하였다. 결국 2007년 12월 11일 충남 태안·서산·보령·서천·홍성·당진 등 6개 지역이 특별재난지역으로 선포되었고, 재해대책 예비비 및 주민 방제인건비 등을 지급하며 정부 차원의 방제대책을 마련되었다. 이 밖에도 100만 명 이상의 자원봉사자들이 태안반도의 방제 및 복구 작업에 힘을 모았다.

- 환경영향평가제도에서의 설명회 또는 공청회
- 지방의제 21에 다른 환경대책

▶ **환경정책의 원칙**

- 사전 예방의 원칙 (Pollution Prevention Principle)
  이미 발생된 오염 물질의 처리보다는 오염이 발생하지 않도록 사전에 예방하여야 한다는 원칙
- 오염자 부담의 원칙(Polluter Pays Principle)
  환경오염의 발생 원인을 제공한 자는 기본적으로 이 환경오염의 복구비용을 부담하여야 한다는 원칙
- 상호 협력의 원칙(Cooperation Principle)
  환경 문제를 해결하는 데 환경 문제를 유발시킨 모든 관계자들이 공동의 책임을 지고 협동하여 문제를 해결하여야 한다는 원칙

---

7. 환경정책의 수단

환경정책은 국민의 생명과 건강의 보호, 자연생태계의 보전, 나아가 전 지구적 환경보전을 위해 정부가 수행하는 대책이다. 이에 따른 환경정책의 목적을 효율적으로 집행하기 위해 사용하는 방법을 환경정책 수

단이라고 한다. 정책 수단은 크게 직접규제와 간접규제로 분류할 수 있다. 직접규제는 정부가 직접 개인이나 기업이 환경오염과 자원고갈을 초래하는 행위를 막는 방법이며, 간접규제는 정부가 기업이나 국민에게 경제적 혜택을 주어 친환경적인 소비와 생활 및 산업 활동을 유도함에 따라 환경오염과 자원고갈을 초래하는 행위를 막는 방법이다.

1) 직접 규제

가장 보편적으로 이용되는 직접규제(direct regulation)는 명령– 통제방식(command and control)이다. 직접규제는 시행방법이 비교적 단순하고 효과가 신속하게 나타나므로 환경목표 달성을 위한 가장 기본적인 정책수단으로 세계 각국에서 보편적으로 사용되고 있다. 우리나라에서도 "정부는 환경보전을 위하여 대기오염·수질오염·토양오염 또는 해양오염의 원인이 되는 물질의 배출, 소음, 진동, 악취의 발생, 폐기물의 처리, 일조의 침해 및 자연환경의 훼손에 대하여 필요한 규제를 하여야 한다"고 명시하고 있다.[27]

직접규제는 획일적 규제와 선별적 규제로 구분할 수 있다.(표 1–2)

---

27 환경정책기본법 제20조

【표 1-2】 직접 규제의 구분

구분	방법	장점	단점
획일적 규제	각 기업의 배출량과 관계 없이 동일하게 배출을 규제하는 방법	신속한 효과, 강한 설득력	비효율적(선택적 규제보다 4~6배 많은 예산소요)이므로 예산낭비, 기술촉진 미약
선별적 규제	기업의 활동에 따라 기업을 등급화하고 이 등급에 따라 줄어야 할 오염물질 배출량에 차등을 두어 규제하는 방법	효율적	기업의 환경용익판별하기 어려움, 판별되어도 행정적으로 규제하기 어려움, 형평상 문제

　배출행위의 인·허가, 지도·점검, 환경기준이나 시설기준 설정 등 정부가 오염시설이나 행위에 대해 일정한 기준을 제시하여 직접규제를 시행하고 있다. 그 방법의 예시는〔표 1-3〕과 같다.

【표 1-3】 직접 규제 방법

구분	내용	예시
지역 지구제	보호 구역 지정	• 수도법 제7조에 의한 (상수원보호구역 지정)
	자연 생태계 보전 지역	• 자연환경보전법 제12조에 의한 생태·경관보전지역 지정
행위금지	행위의 금지	• 야생생물 보호 및 관리에 관한 법률 제14조에 의한 멸종위기 야생생물 포획·채취 등의 금지

행위금지	행위의 금지	• 수질 및 수생태계 보전에 관한 법률 제38조에 의한 방지시설을 가동하지 아니하거나 오염도를 낮추기 위하여 배출시설에서 나오는 오염물질에 공기를 섞어 배출하는 행위 금지
	배출 등의 금지	• 수질 및 수생태계 보전에 관한 법률 제15조에 의한 공공수역에 특정수질유해물질, 지정폐기물 등의 배출금지
	특정 연료의 사용금지	• 대기환경보전법 제42조
	배출허용기준[28]	• 소음·진동관리법에 의한 소음·진동 배출기준, 수질 및 수생태계 보전에 관한 법률 제32조에 의한 폐수배출시설에서 배출되는 수질오염물질의 배출허용기준
	총량규제	• 수질 및 수생태계 보전에 관한 법률 제4조에 의한 수질오염물질의 총량관리, 수도권 대기환경 개선에 관한 특별법 제3장에 의한 사업장오염물질 총량관리

토지 이용 등의 제한은 아래와 표 〔1–4〕와 같이 환경정책기본법 제38조에 의해 특별대책지역에서는 토지 이용과 시설 설치를 제한하고 있다.

---

28 환경기준은 환경행정의 노력 목표를 나타내고 있어 구속력이 없는 반면 배출허용기준은 국민에 대한 직접적인 규제 기능, 법적 구속력을 가지고 있다.

특별대책지역	
I 권역	II 권역
• 일부 가축분요배출 시설 입지 불허 • 400㎥/일 이상 오수배출시설 입지 불허 • 폐기물처리업 입지 불허 • 건설폐기물처리업 입지 불허 • 어업의 신규 면허·신고 및 등록 불허 • 공설묘지와 사설 신규입지 불허 • 건물 연면적 800㎡이상 입지 불허 • 보전·생산관리지역을 도시지역 중 공업지역으로의 변경은 제한하고 관광·휴양개발진흥지구로의 변경은 선별 허용	• 양식어업의 신규 면허 및 면허 기간 연장 불허

유럽연합은 EU의 재생에너지 지침(The Renewable Energy Directive)에 따라 화석연료 의존에서 탈피하자는 의제를 설정하고 2020년까지 EU에서 사용되는 모든 에너지의 20%를 재생에너지로 대체하며 수송 부문은 10%를 바이오 연료로 사용하도록 규정하고 있다.[29]

(3) 조업제한이나 정지

환경보전법 제34조에 의한 배출시설에 대한 조업시간의 제한이나 조

---

29 EU 재생에너지 지침(The Renewable Energy Directive)

업정지 또는 소음진동관리법 제16조에 의한 소음배출 공장의 조업정지에 따른 조업시간의 제한이나 조업정지의 단점은 경직적이고 대상 기업에게 과도한 비용을 부담하게 한다는 것이다. 그뿐만 아니라 환경기술의 진보를 촉진시키지 못하며 행정 부담이 크다는 점이다.

2) 간접 규제

명령과 통제의 문제점을 해결하기 위해 만든 경제적 유인 장치(economic instruments)는 직접적인 규제방식과는 달리 오염물질 배출량을 시장기구 또는 규제당국이 설정한 가격에 의해 적정수준으로 환경목표를 유지달성하려는 방식이다. 이 방법을 통해 기업이나 소비자에게 경제적 이득을 주어 자율적으로 환경 보전에 참여하도록 할 수 있다. 예를 들어 부과금(charge), 보조금(subside), 예치금(deposit- refund), 배출권거래제(tradable permit system), 폐기물부담금, 배출부과금,[30] 수질개선부담금, 오염총량초과부과금[31] 등이 시행되고 있다.

3) 사회적 수단

경제적 유인 외에 생산자와 소비자의 행태를 친환경적으로 바꿀 수 있는 방법으로 사회적 수단이 추가되고 있다. 즉, 보다 근원적인 환경문제의 해결을 위한 인간의 의식변화를 일으키기 위해서는 추가적인 사회

---

30 대기환경보전법 법 제35조.
31 수질 및 수생태계 보전에 관한 법률 법 제4조의7.

적 수단으로써 환경교육, 환경캠페인, 환경홍보의 중요성이 강조되고 있다. 이들은 인간의 가치관을 설득하는 수단(moral suasion)으로 환경의식 및 환경가치와 태도 변화에 큰 영향을 미칠 수 있다.

8. 환경정책의 발전단계

우리나라 환경정책은 대내외적인 영향에 의해 발전하였다. 국내적 여건으로는 사회분야와 정치 분야의 변화와 환경문제의 심각성이었으며 국제적으로는 OECD가입(1996년)과 88올림픽 및 2002년 월드컵 등의 국제 행사 개최와 국제 동향 등이 환경정책 변화의 요인으로 작용하였다. 한국의 환경정책은 다음과 같이 3단계로 구분되어 발전하고 있다.[32]

1) 환경 정책의 태동기(1960~1979)

1960년대는 제1차 경제개발 5개년계획(1962-64)이 시행되면서 한국의 경제개발이 시작되는 시점이다. 특히 2차 경제개발 5개년계획(1962-64) 기간에는 제철 화학산업을 중심으로 하는 산업구조의 근대화를 목표로 하여 울산, 여천공단 등 대규모 공업단지가 조성되었다. 당시 공단

---

[32] 우리나라 환경정책의 흐름을 정부별로 박정희 정부(1963.12-1979.10)의 태동기, 전두환 정부(1980.9-1988.2), 노태우 정부(1988.2-1993.2)의 정비기, 김영삼정부(1993.2-1998.2)의 확산기, 김대중 정부(1998.2-2003.2)의 지속가능발전 관심기, 노무현 정부(2003.2-2008.2)의 지속가능발전 진입기, 이명박 정부(2008.2-2013.2)의 저탄소녹색성장기로 크게 대별한다(문태훈, 2013, 새정부 환경정책의 과제와 환경정책의 발전방향, 「한국사회와 행정연구」 제24권 제2호(2013. 8): (673~701)

에 건설된 공장 대부분은 오염방지시설을 설치하지 않아 공장에서 배출되는 오염물질이 주변 마을 주민의 건강과 농작물 등에 많은 피해를 주었다. 예를 들어 석유화학단지로 조성된 여천공단 주변 마을으로 유출된 휘발성 유기화합물질로 인한 환경문제가 제기되었으며, 대규모 농작물 피해가 발생한 울산공단 주변의 삼산평야의 문제해결을 위한 우리나라 최초로 〈민간공해대책위원회〉가 결성되는 계기가 되었다.

공업화 외에 도시화율[33]은 도시환경 문제의 원인이 되었다. 도시화율은 1960년에 37%에서 1980년에 70%로 급증세를 보였다. 특히 전체 인구 중 수도권에 거주하는 인구비율은 1960년에 21%에서 1980년에는 36%로 증가하였다. 이러한 산업화와 도시화에 따른 환경문제는 대기와 하천이 오염되는 것이다. 서울, 부산, 울산 등 주요도시의 연평균 아황산가스 농도는 환경기준치를 크게 초과하였으며, 특히 음용수를 하천에서 취수해서 사용하는 우리나라는 하천오염이 환경정책적으로 큰 관심분야였다.

환경문제가 사회적 과제로 대두됨에 따라 1968년 당시 과학기술처가 발주하고 대한산업보건협회가 수행한 '공해에 관한 연구'는 우리나라 최초의 정부 발주 환경연구과제로 기록되었고 이를 전후하여 대학 부설 예방의학 교실들이 서울 지역과 울산공단 등의 오염도를 조사·발표하기 시작하였으며 1971년에는 학술원의 공해문제연구위원회(1972년 환경문제연구위원회로 개칭)가 설립되었다.

---

33 전체 인구 중 도시지역 거주 인구의 비중을 백분율(%)로 나타낸 비율임.

그 후 국립환경연구원(현 국립환경과학원)이 집계한 바에 의하면, 1966년까지는 28편에 불과하였던 국내 환경 분야 논문 수는 1974년까지 연평균 60편으로 증가하였고, 1975년부터 1979년까지는 매년 150편 이상으로 크게 늘어났다(환경부, 환경 30년사). 이는 환경문제의 심각성이 사회적 문제로 인식됨에 따른 원인 분석과 그 해결책에 대한 책임과 관심의 결과로 볼 수 있다.

내부적으로는 전국에 걸쳐 심화된 환경오염과 그로 인한 구체적 피해가 속속히 나타났고 외부적으로는 1960년대와 1970년대 초에 선진국을 중심으로 환경입법 및 정책 추진 움직임이 활발해졌다. 특히 1972년에 개최된 유엔인간환경회의(United Nations Conference on the Human Environment)[34]와 1972년에 발간된 로마클럽(The Club of Rome)의 "성장의 한계"[35]를 전후로 환경을 도외시한 경제성장은 곧 한계에 도달할 뿐 아니라 사회적 재난을 초래하게 된다는 분위기가 확산됐다.

이러한 대내외적인 요인으로 환경문제가 국가의 정식 의제로 등장

---

34 스톡홀름회의라고도 불리는 유엔인간환경회의는 '오직 하나뿐인 지구'라는 슬로건 아래 유엔에서 주최하였다. 1968년 5월 유엔경제사회이사회(ECOSOC)에서 스웨덴이 제안, 그해 유엔 총회에서 개최를 결정하였다. 이 회의는 인간의 경제 활동으로 발생한 공해, 오염 등의 문제를 범지구적인 차원에서 해결하기 위한 스톡홀름선언(인간환경선언)을 채택하였고, 지구차원의 환경문제를 전문으로 다룰 유엔기구인 유엔환경계획(UNEP)을 설치하여 환경기금을 조성하는 것 등에 합의하였다. 특히 이 회의 개최일인 6월 5일을 기념하여 이날을 '세계 환경의 날'로 제정하였다.

35 미국의 **MIT Meadow** 연구팀은 로마클럽의 연구용역을 받아 1972년에 보고서를 발간하였는데 이에 따르면 연 5%씩 증가하는 산업생산보다 자원 고갈속도는 더 빠르게 진행되고, 인구와 산업 활동으로 지구의 환경오염은 가속화되어 앞으로 100년 안에 성장의 한계에 도달할 것이라는 어두운 전망을 하였다. 이러한 비관적인 전망은 1972년 이후에 이어진 1992년과 2004년 및 2012년 연구보고서에서도 나타났다.

하게 되었다. 정부 주도의 1977년 10월부터 자연보호운동이 전국적으로 전개되었고, 그해 연말 정기국회에서는 「환경보전법」과 「해양오염방지법」이 제정되는 등 한국에서도 환경정책에 대한 정부의 기본자세에 큰 변화가 일어나기 시작하였다. 환경보전법 제정은 '한국 환경정책 분야에서 상징적·실체적이며 기념비적인 정책발전이라 할 수 있다'.[36] 환경보전법의 제정 이유는 위에서 언급한 산업화와 도시화에 따른 환경오염 폐해뿐만 아니라 권위주의 체제 하에 국가엘리트들의 정권유지와 국제적 위신 유지의 필요성에 의해서였다.[37] 또한 환경보전법은 환경보전에 대한 적극적인 자세와 제반 제도를 갖추는 계기가 되었으며 환경기준이 마련되고, 환경영향평가 제도를 도입하는 등 현대적 법체계를 갖추게 되었다. 하지만 환경정책의 태동기에는 경제성장을 우선으로 하는 전략으로 인해 전반적으로 환경정책은 소극적이었고 환경문제에 대한 일반 시민들의 관심도 부족하였다.

2) 환경 정책의 형성기(1980~1989)

1977년에 환경보전법이 제정되면서 환경행정 전담기구를 신설하자는 움직임이 있었고 1980년에 보건사회부 산하기관인 환경청이 신설되었다. 환경청의 신설과 헌법 제35조의 환경권[38]은 환경정책 발전에 큰 전

---

36 주재현, 1999, 환경보전법 제정 원인에 관한 연구, 한국행정학보, 제33권 제1호: 295-310.

37 주재현, 1999, 환경보전법 제정 원인에 관한 연구, 한국행정학보, 제33권 제1호: 295-310.

38 "모든 국민은 건강하고 쾌적한 환경에서 생활할 권리를 가지며, 국가와 국민은 환경보전을 위하여 노력하여야 한다."

기가 되었다.

　기본적인 의식주 문제가 해결되면서부터 1980년대에는 삶의 질에 대한 국민들의 관심이 고조되면서 환경에 대한 국민적 관심이 높아졌다. 한편 지난날 "경제개발계획"이 "사회경제개발계획"으로 그 명칭이 바뀌면서 경제발전에만 치중하였던 국가정책은 사회분야를 포함하는 방향으로 수정되었다. 이에 따라 개발과 보전의 양립문제가 최초로 국가경제개발계획의 고려대상이 되었으며 6차 5개년 사회경제개발계획의 수립과 함께 1987년에 1차 환경보전 장기종합계획(1987~2001)이 세워졌다.

　1980년대에 환경 분야의 행정조직 체계는 급속도로 변하였다. 제8차 개정된 헌법(1980년)에는 처음으로 환경권[39] 조항이 신설되었고, 지금까지 보건사회부 내의 위생국이 담당했던 환경행정은 1980년에 중앙행정기관으로서 환경청이 발족되면서 비로소 전문성을 갖추게 되었다. 그 이후 환경보전법은 4차에 걸쳐 개정면서 환경관리기반이 강화되었고 6개의 환경지방지청이 설치되는 등 효율적인 환경행정기반이 세워졌다. 사회적으로 환경문제가 부각됨으로써 1985년 환경보전법에 의해 국무총리가 위원장이 되는 환경보전위원회[40]가 설치되었다. 1880년대의 환경

39　1985년에 개정된 헌법 제35조는 환경권을 "모든 국민은 건강하고 쾌적한 환경에서 생활할 권리를 가지며, 국가와 국민은 환경보전을 위하여 노력하여야 한다."고 규정하고 있다.

40　동 위원회는 환경의 보전 및 개선을 위한 중장기계획의 수립, 환경보전사업의 연차별 우선순위의 결정·조정 및 홍보, 환경보전 투자재원의 배분 및 조정, 환경보전을 위한 범국민운동의 지원, 기타 환경 중요사항 등을 심의하였다.

법[41]은 환경보전법외에 폐기물관리법이 제정되어 비교적 단순 법체계를 갖추고 있었다. 이에 발맞추어 학계에서도 여러 환경 관련 학회가 설립되어 환경 분야의 연구 활동이 활발해졌다.

이러한 정책 변화는 국내적으로는 쾌적한 환경에 대한 국민들의 욕구수준에 부응하기 위해서, 그리고 대외적으로는 지구적인 환경문제에 대해 능동적으로 대응하기 위해 일어났다. 정부에서 추진하고 있는 경제성장정책으로 인해 GNP는 상승하였지만 그 대가는 생활과 생산기반인 자연생태계의 파괴와 오염이었다. 국내에서 계속 증가하고 있는 크고 작은 환경사건은 이를 입증하고 있다. 1970년대의 환경사건일지를 보면 1978년에 5건으로 제일 많은 사건이 일어났으나 1980년대에 들어와서는 급격히 증가하여 1984년에 13건으로 기록되었다. 또한 1970~1980년대에 수도권지역은 급속한 공업화로 스모그현상을 겪었으며 특히 1988년 서울올림픽을 기점으로 차량 2부제를 실시하여 아황산가스와 질소산화물 등을 낮추는 대기오염관리 대책을 시행하기도 하였다.

---

41 일반적으로 환경법이란 '환경보호를 위한 법규의 총체'로 이해할 수 있다. 환경법은 환경헌법과 환경행정법, 환경형법으로 구분할 수 있다. 헌법은 국민의 기본권보장과 통치 구조를 규정하는 국가의 기본법으로서 국가의 최고 상위규범이다.

▶ 환경 정책 발전 단계

1. 환경 정책의 태동기(1960~1979)

   • 공해방지법(1963년)

   • 산림녹화(1960, 1970년대)

   • 환경보전법(1977년)

   • 국립 환경 연구원(1978년)

2. 환경 정책의 형성기(1980~1989)

   – 환경권(1980 → 1986년): "모든 국민은 건강하고 쾌적한 환경에서
   생활할 권리를 가지며, 국가와 국민은 환경 보전을 위해 노력해야
   한다."

   – 환경청(1980년)

   – 폐기물관리법(1986년)

3. 환경 정책의 발전기(1990~현재)

   – 단일법(환경보전법) → 복수법(환경정책기본법, 1990년) 체계로 전환

   – 환경처(1990년) → 환경부(1994년)

   – 국가 환경 선언문(1992년)

   – 환경 기술 개발원(1993년) → 환경 정책·평가 연구원(1997년)

   – 국가 환경 기술 정보 센터(1999년)

   – 대통령 직속 지속가능발전 위원회(2000년)

3) 환경 정책의 발전기(1990~2000)

(1) 환경부

산업화와 함께 심화 다양해지고 있는 환경문제를 효율적으로 대처하기 위해 1990년에 환경청[42]이 각료급의 환경처로 승격되면서 1990년을 환경보전 원년으로 삼고 있다. 이때 「제1차 환경보전장기종합대책」을 수립하여 1992년부터 1996년까지 총117개 사업에 총 15조원을 투자하였다. 환경청은 1994년에 환경부로 격상됨에 따라 종합적인 정책을 수행할 수 있도록 행정조정기능이 강화되었다.[43]

(2) 환경법

그동안 여러 환경 분야를 환경보전법이라는 하나의 법에서 다루고 있었던 것과는 달리 1990년대의 환경법 체계는 분법화되어 보다 적극적인 환경정책을 집행할 수 있는 초석을 마련하게 되었다.[44] 분법화된 환경법 체계는 환경 관련 최상위 법인 환경정책기본법 하에 환경 분야별로 대기환경법, 수질환경법, 유해화학물질관리법, 자연환경법 등 복수법으로 구분하게 된 것을 의미한다.[45]

---

42 1980년 창서 당시의 환경청 직제는 계획조정국, 대기보전국, 수질보전국, 총무과에 이어 공보담당관, 기획관리관, 비상계획담당관을 두는 형태였다.

43 환경부, 2000, 새천년 국가환경비전과 추진전략.

44 환경법은 국가가 국민에게 건강하고 쾌적한 환경에서의 생활을 보장하고 국민을 환경 훼손 및 오염으로부터 보호하고, 환경오염으로 인하여 권리침해를 받은 자에게 그 권리를 구제하고 그 원인자를 처벌하는 기능을 갖고 있다.

45 단일법과 복수법은 서로 장단점이 있겠으나 환경은 근본적으로 서로 상호관계에 있으므로 단일법으로 접근하는 것이 유리하다 하겠으나 복잡한 환경문제의 현실성을 감안한다면 복수법이 효율적이라 하겠다.

1980년대 중반부터 시작하여 설립된 환경운동단체는 1992년 지구환경회의를 계기로 국민들의 적극적인 호응을 얻고 급팽창하였다.[46] 환경단체는 1990년대 이후 전체의 90.73%가 설립되었다고 그 단체 수는 2000년도 287개에서 2006년 736개로 증가하였다.[47]

우리나라 환경법 체계

헌법

환경정책 기본법

사전예방적 규율	자연환경 보전관리	생활환경 보전관리: 대기	생활환경 보전관리: 수질	생활환경 보전관리: 폐기물	생활환경 보전관리: 소음·토양	기타
환경영향평가법	-자연환경법보전법 -자연공원법 -습지보전법 -백두대간 보호에 관한 법 -야생 동식물 보호법	-대기환경 보전법 -악취방지법 -수도권대기 환경개선에 관한 보호법 -다중이용시설 등의 실내공기질 관리법	-수질 및 수생태계 보전에 관한 법률 -한강수계 상수원 수질개선 및 주민지원 등에 관한 법률 -가축분뇨의 관리 및 이용에 관한 법률 -하수도법 -먹는물관리	-폐기물관리법 -폐기물처리 시설설치 촉진 및 주변지역지원 등에 관한 법률 -자원의 절약과 재활용촉진에 관한 법률 -전기·전자제품 및 자동차의 자원순환에 관한 법률 -폐기물의 국가간 이동 및 그 처리에 관한 법률 -건설폐기물 재활용촉진에 관한 법률	-소음·진동관리법 -토양환경 보전법	-유해화학물질관리법 -환경분쟁조정법 -화학물질의 등록 및 평가에 관한 법률 -녹색성장기본법 -온실가스 배출권의 할당 및 거래에 관한 법률

【그림 1-1】 우리나라 환경법 체계

46 정회성, 한국의 환경정책의 회고와 전망.

47 지속가능경영원, 2006, 한·미 환경단체 비교 및 시사점, BISD 이슈페이퍼 06-02.

(3) 환경평가제도

환경영향평가제도[48]는 정부기관 또는 민간에서 대규모 개발사업 계획을 수립하는 경우 개발사업이 환경에 끼치는 영향을 미리 평가하는 제도로 1981년부터 시행해 왔으며 1993년 6월 단일법으로 환경·교통·재해 등에 관한 영향평가법(약칭 환경영향평가법)을 따로 제정함에 따라 새로운 전기를 맞게 된다. 2011년에는 '전략환경영향평가', '환경영향평가', '소규모 환경영향평가'로 구분하는 환경영향평가법을 개정하여 사전환경성검토라는 용어는 사라지게 되었다.

(4) 환경행정

1990년대의 특징 중에 하나는 환경 관련 타 부서의 업무가 환경부로 이관되었다는 점이다. 1994년 낙동강과 영산강에서 암모니아성 질소 오염으로 인한 수질오염사고로 인해 건설교통부가 담당하던 상하수도 업무와 보건사회부가 관장하던 음용수 관리 업무가 환경부로 이관되었다. 또한 환경부는 1998년에 자연보호운동 및 국립공원 관리 업무를 내무부로부터 인수하였다. 이에 따라 환경부의 조직과 예산이 크게 확산되었다.

(5) 지방화

1990년 이후 환경정책의 특징 중에 하나는 지방화 시대에 따라 환경관리에 대해 지방정부의 역할이 강화되고 중앙정부가 맡고 있던 환경사무를

---

48 환경영향평가제도는 1969년 미국에서 국가환경정책법을 제정하면서 시작되었다. 우리나라에서는 1977년 환경보전법을 제정하면서 환경영향평가를 시행할 근거가 마련되었고, 1982년부터 본격적으로 시행하였다.

지방정부에 이양·위임했던 것이다. 이는 기존에 발생된 오염원과 매체관리 중심의 환경정책의 한계에 의한 환경성질환 증가에 따른 조치였다.

환경 정책 발전단계에서는 환경정책을 계획적으로 접근하기 위해 종합적으로는 환경보전장기종합계획 및 환경개선중기종합계획을 수립하였으며, 분야별로는 전국자연환경보전계획, 국가폐기물관리종합계획 등이 수립되고 있다.

(6) 폐기물

1986년에 제정된 폐기물관리법 이후 1990년대에는 폐기물 관리정책이 자리를 잡게 되었다. 폐기물처리시설에 대한 님비현상(Not In My Back yard)[49]에 따라 매립과 소각위주에서 재활용정책으로 바뀌었으며, 이에 토대가 되는 법령은 자원의 절약과 재활용 촉진에 관한 법률이다. 또한 2001년까지 총 생활폐기물 중 35%를 재활용하고 20% 소각 처리하겠다는 목표로 국가폐기물관린종합계획(1993~2006)이 국내 최초로 수립되었으며, 새로운 폐기물 정책 수단으로 폐기물 예치금제도(1992), 폐기물부담금제도(1993), 생활폐기물 종량제(1995)가 도입되었다.

(7) 오염총량제

수계를 단위유역으로 나누고, 단위유역별로 목표수질을 설정하여 목표를 달성할 수 있도록 오염물질의 배출한도인 할당량을 정하여 관리하는 제도를 오염총량제라고 한다.

---

49 최근 사회적으로 문제가 되고 있는 화장터나 쓰레기 소각장 등의 "혐오 시설이 필요하기는 하지만 자기 지역에는 설치할 수 없다"는 지역 이기주의 현상을 이르는 말.

오염총량관리제란 하천의 용수목적 등에 맞는 목표수질을 설정하고 해당 하천수계의 배수구역에서 배출되는 오염부하 총량이 설정된 목표수질을 달성할 수 있는 허용량 이하가 되도록 관리하는 제도를 말한다. 총량관리제는 기존의 사후처리 및 농도규제에 근거한 수질관리의 한계를 극복하고 실질적인 수질개선을 달성할 수 있다는 점에서 일본 및 미국에서는 이미 오래전부터 시행해 오고 있다. 이는 지방자치제의 본격적인 시행과정에서 개발과 보전의 갈등이 발생하고, 비점오염원의 비중이 커가고 있어 지자체 및 주민 스스로 지역의 수질오염문제를 해결하지 않으면 안 된다는 위기감이 고조됨에 따른 것이다. 결국 기존의 중앙주도식 수질정책만으로는 해결할 수 없다는 판단에 따른 것이다. 즉, 각 자치단체에 할당된 허용부하량의 범위에서 개발을 자유롭게 하자는 것이다. 따라서 오염총량관리제 시행 대상지역은 할당부하량(즉, 기준유량 시 목표수질)을 초과한 수계지역에서만 시행된다. 또한 시행 시 지자체에서 오염물질의 배출량을 줄이면 줄일수록 해당지역에서 개발할 수 있는 지역개발 용량은 커지므로, 지자체의 수질보전에 대한 노력 그 자체가 해당 지자체의 인센티브로 돌아오게 된다는 점에서 지자체의 환경친화적 지역개발을 촉진하도록 한 제도인 것이다. 즉, 하천 또는 호소수역에 대한 오염원이 지속적으로 증가하는 경우에는 일반적인 농도규제 방식만으로는 수질개선에 한계가 존재하게 된다. 수질오염총량관리제는 과학적 바탕 위에서(scientific), 수질관리의 효율성을 제고하고(efficient), 각 경제 주체들의 책임성을 강화하여(responsible), 행정목표(목표수질)를 적기에 달성하고자 하는 제도로서, 목표수질 한도 내에서 지역과 배출원에 오염물질 배출총량을 할당하고 '환경과 개발'을 함께 고려하는 지속가능성을 확보할 수 있는 핵심적 유역관리제도이며, 공공수역의 수질보전은 물론 수자원의 이용과 관련된 지역 간의 분쟁해소 및 유역공동체의 경제적, 환경적 형평과 상생을 꾀하는 것이다.[50]

결국 수계를 단위유역으로 나누고, 단위유역별 목표수질을 설정한 후, 그 목표수질을 달성·유지할 수 있도록 지역과 배출원에 오염물질 배출총량을 할당하고 관리하는 '환경과 개발'을 함께 고려한 유역관리제도이다.

(8) 국제협력

주변국들의 급속한 산업화와 경제 여건의 변화로 인해 황사나 산성비, 황해 및 동해오염과 같은 월경성(transboundary) 환경오염을 비롯한 각종 환경문제에 적지 않게 노출되어 있는 우리나라의 경우 환경협력은 보다 큰 의미를 갖는다고 할 수 있다. 이에 따라 우리나라 환경정책도 1990년대 초반부터 동북아 환경협력으로 확대되고 있다. 국제 환경협력은 다자간 또는 양자간 협력방법으로 구분된다. 양자간 협력은 예를 들어 한·중·일 3국 환경장관회의(TEMM), 북서태평양보전실천계획(NOWPAP), 동북아 환경협력고위급회의(NEASPEC), 동아시아 산성비 모니터링 네트워크(EANET)라는 이름으로 운영되고 있다. 다자간 협력 체제 외에도 한국은 1993년에 일본, 러시아와 1994년에는 중국과 양자 환경협력 협정을 체결하였다.[51]

---

50 http://water.nier.go.kr/front/waterPollution/policyInfo01.jsp.
51 최재용, 2007, 동북아 환경협력의 현재와 미래.

(9) 난개발

1994년 문민정부 출범 이후 경제활성화를 위해 준농림지역의 규제를 완화하였다. 이는 준농림지역[52]에서의 난개발이 발생하는 부작용의 단초가 되었다. 결국 전국의 준농림지역에서는 고층아파트와 소규모 공장이 산발적이고 무계획적으로 입지하였으며 간선도로변에는 숙박업소 및 음식점이 난립하여 환경오염과 자연생태계의 훼손, 우량농지 잠식 등의 현상이 만연하였다. 난개발은 물질 순환이 원만한 자연생태계를 훼손하고 인공생태계로의 전환을 의미하는 것으로 물수지의 불균형, 열섬현상과 대기오염을 가중시키는 원인이 될 수 있다. 환경부는 이러한 환경문제의 근원적인 원인이 되고 있는 난개발에 대한 인식은 없었다.

(10) 유해화학물질관리 OECD가입

우리나라는 1996년에 경제개발협력기구(OECD)에 가입하였다. 이에 따라 한국은 OECD가 요구하는 각종 환경정책을 준수하기 위해 유해화학물질관리법(1996년)을 전면 개정하였다. 그 외에도 환경배출 화학물질량 조사, 금지물질취급제한유독물 지정제도 등을 도입하였고 유해화학물질 관리 종합대책을 수립하였다. OECD가입을 통해 환경선진국의 제도와 정책에 대해 밀접하게 접근할 수 있어 선진적인 환경정책 변화를 이루는 데 한몫을 할 수 있는 계기가 되었다.[53]

---

52 농사나 산림조성 목적으로 이용되고 있지만 일정한 요건을 갖춘 뒤 전용허가를 거쳐 도시적 용도로 사용할 수 있는 지역을 말한다.

53 정회성, 한국의 환경정책회고와 전망.

4) 새천년 환경정책(2000~현재)

새천년을 맞이하여 환경정책의 영역이 전통적인 환경 분야에서 보건과 빛 공해 및 화학물질분야로 확대되고, 전통적인 환경계획과 국토계획과 연계되며, 국내 환경문제 외에 지구적 환경문제를 다루는 국제적인 환경정책으로 발전한다.

- 2000년 환경·교통··재해·인구영향평가법
- 2000년 지속가능발전위원회 설립
- 2007년 지속가능발전기본법
- 2008년 저탄소녹색성장기본법
- 2008년 기후변화대응 종합기본계획
- 2008년 국가 기후변화적응 종합계획
- 2009년 환경영향평가법
- 2009년 녹색성장위원회 설립
- 2003년 수도권 대기환경 개선에 대한 특별법 제정
- 2005년 수도권 대기환경관리 기본계획 수립
- 2003년 다중이용시설 등의 실내공기질 관리법 제정
- 2008년 환경보건법
- 2012년 환경영향평가법 전부개정
- 2012년 전략환경영향평가 도입
- 2012년 환경영향평가사 국가자격 제도 도입
- 2012년 인공조명에 의한 빛공해 방지법
- 2013년 화학물질의 등록 및 평가 등에 관한 법률(약칭:화학물질등록평가법)
- 2015년 화학물질관리법
- 2015년 배출권거래제 도입
- 2016년 환경계획과 국토계획 연동제 도입

새천년을 맞이하여 우리나라 환경정책에서 환경거버넌스
(Environment Governance)가 부각되고 있다. 정부의 힘으로만 환경문제를
해결할 수 없다는 인식 하에 정부와 민간이 협정하는 형태인 환경거버넌
스는 새천년 환경비전과 2000년 "대통령자문 지속가능발전위원회"의
설립을 통해 큰 걸음을 내딛게 되었다.

대통령 직속의 지속가능발전위원회의 설립은 우리나라 환경정책의
중요한 변화를 의미한다. "환경보전이 경제성장의 후순위가 아니라 적
어도 수사학적으론 경제성장, 사회발전과 동등한 중요도를 가지고 동
시에 달성해야 하는 정책과제로 범위가 넓어지고 위상이 격상된 것이
다."[54] 국가지속가능발전위원회는 2007년 지속가능발전기본법 제정에
따라 법률상 위원회로 격상되었고 법적기반을 가지게 되었다. 하지만 이
명박 정부에서는 저탄소 녹색성장을 국정비전으로 선언하였고 이를 위
해 2010년에 저탄소 녹색성장기본법을 제정되었다. 이에 따라 녹색성장
위원회의 위상이 더 커졌다.

1994년 김영삼 정부(문민정부) 출범 이후 경제활성화를 위해 규제를
완화한 준농림지역에서의 난개발은 환경오염과 자연생태계의 훼손, 우
량농지 잠식 등의 현상을 초래한 결과를 낳았다. 전국적으로 난립한 준
농림지역에서는 고층아파트와 소규모 공장과 간선도로변의 숙박업소
및 음식점은 각종 환경문제가 발생하는 부작용의 원인을 제공하였다. 이
러한 문제점을 인식한 김대중 정부(국민정부)는 2002년 '선 계획, 후 개발'

---

54 문태훈, 2013, 새정부 환경정책의 과제와 환경정책의 발전방향, 「한국사회와 행정연구」 제
　　24권 제2호(2013. 8): 673~701.

기조로 한 국토의 계획 및 이용에 관한 법률을 제정하여 난개발을 정리할 수 있었다. 결국 자연생태계 훼손의 근본적인 원인을 제공하는 난개발에 대해 환경부는 무기력하였던 것이다.

그 밖에 2002년 우리나라는 한일 공동 월드컵 축구대회를 개최하였으며 이를 계기로 1999년에 '2002년 환경월드컵 개최를 위한 추진방안'을 마련하였다. 한일 월드컵 개최 기간에 차량 2부제를 실시하는 등 선수들의 건강과 경기진행에 부정적 영향을 미치지 않도록 대기환경질을 개선하는 노력을 하였고 "공동 개최국의 여러 도시에 비해 손색없는 우리나라의 깨끗하고 정돈된 도시경관 조성"하는 데도 초점을 맞췄다.

2003년에는 '수도권 대기환경 개선에 대한 특별법'을 제정하였고 2005년에 수도권 대기환경관리 기본계획을 수립하였다. 수도권 대기환경 개선을 위해 자동차·사업장 등의 주요 오염물질 배출량을 2024년까지 전망치의 절반 수준으로 줄여나가는 내용을 담은 '제2차 수도권 대기환경관리 기본계획'도 수립되었다. 또한 이전에 하천의 수질개선에 중점이 아닌 자연형 하천조성이라는 방식을 취해 수환경분야의 접근 방식에 있어서 큰 변화를 가져 오게 된다.

새천년에는 전통적인 환경매체 중심에서 환경정책이 환경보건으로 확대되었다. 1970~80년대에 담양 고씨의 수은중독사건과 연탄공장 부근 여성의 진폐증 소송사건 등이 발생하였으나 이슈화되지 못했다. 그러나 2000년대 초반에 발생한 평택 소각장 지역주민의 다이옥신에 의한 암발생 논란, 광양 산업단지 주변 주민의 호흡기 질환 사건, 경남 고성 폐광 인근 마을에서 발생한 이따이이따이병으로 의심되는 환자의 사례는 잘 알려진 환경보건 사건이다. 또한 환경호르몬, 아토피 피부염, 새집 증후군 등이 사회 문제화되어 환경보건은 주요 환경정책이슈로 등장하였다. 이에 따라 지하생활공간 공기질 관리법을 2003년에 "다중이용시설 등의 실내공기질 관리법"으로 전부 개정되었다. 이어 실내공기질 관리 중기계획(2004~2008)과 환경보건 10개년 종합계획(2006~2015)이 수립되었다. 2008년에는 환경보건법이 제정되었고 동법 제6조에 따라 10년마다 환경보건종합계획이 수립되고 있다.

많은 환경과제를 환경부처의 노력만으로는 해결할 수 없다. 각 정부부처는 환경적 고려가 재정, 무역, 산업, 에너지, 교통, 농업 및 보건 등 주요 부처의 대응책에 반영될 수 있도록 정책의 조율을 이루는 데 협력해야 한다. 예를 들어, 이미 과거의 오염배출로 인해 피할 수 없게 된 기후변화에 대한 적응을 위해서는 에너지, 교통 및 물 관련 시설, 국토이용계획, 개발협력 관련 정책에 이러한 사안이 반영되어야 할 필요성이 점점 더 커진다. 또한 바이오연료 개발은 전반적으로 인간의 라이프사이클에 있어 환경과 식품 가격에 미치는 영향을 고려해야 한다.

정부가 행정계획을 수립하는 과정에서 환경계획과 국토계획은 서로의 존재를 고려하지 않고 분리하여 시행되고 있다. 예를 들어 환경비전21(1996~2005)에서 "생태축"을 언급하고 있는데 이는 국토계획에서 추진하는 도로와 같은 경제축과 상충된다. 이러한 경우 생태와 경제축이 교차하거나 충돌할 때 그 접점 또는 우선순위를 어떻게 정립할 것인가 하는 '교차원칙'에 관한 언급이 국토 및 환경계획에서 다루고 있지 않고 있음을 의미한다. 이에 따른 문제를 다루기 위해서 박근혜정부에서는

"국토 – 환경계획 연동제"를 국정과제로 제시하였다. 이 연동제 추진을 위해 환경부와 국토교통부는 환경정책기본법과 국토기본법에 연동의 근거를 신설하고, 기존 국토계획의 환경성과 환경계획의 공간성을 보완하여 두 계획이 서로 반영할 수 있는 체계를 마련하였다. 이를 통해 환경계획은 국토의 공간구조, 지역 내 기능분담 방향 등을 고려하여 수립하도록 하는 등 공간환경 분야의 강화를 추진할 수 있는 기반을 마련하고 있다.

환경정책은 국내 상황에 국한되어 있지 않고 이미 동북아지역 협력과 교류로 확대되고 있다. 향후 환경정책은 남북환경 분야로 확대될 것으로 전망된다. 그럼에도 다른 경제 협력에 비해 환경 분야가 협력은 미미하다. 공식적으로 환경문제를 놓고 토론한 적은 없으며 시민단체 차원에서 한번 논의한 적은 있지만 성과는 없는 것으로 알려져 있다. 환경문제는 남북 간의 이념문제가 아닌 공동의 생존문제이므로 남북 간의 환경정책적인 협력이 활성화되어야 한다.

1. 환경문제가 국가적 의제가 되고 공공정책의 일부로 부각되면서 정착되는 환경정책의 과정을 간략하게 서술하시오.

2. 국가, 시·도 및 시·군·구의 환경정책의 개념을 서술하시오.

3. 환경정책이 정착되면서 환경보전을 위한 수단이 새롭게 도입되고 정책수단이 다양화되는데 어떤 수단들이 있는지 예를 들어 설명하시오.

4. 환경정책의 중요한 수단 중에 한 가지는 규제인데 이에 대한 개념을 설명하시오.

5. 환경정책은 환경 정책의 태동기 → 환경 정책의 형성기 → 환경 정책의 발전기 → 새천년 환경정책의 발전단계를 거치면서 환경영향평가제도는 어떻게 발전하였는가에 대해 설명하시오.

6. 환경정책기본법에 명시된 환경기준의 정의와 환경기준에 대해서 설명하시오.

7. 지속가능발전목표(SDGs: Sustainable Development Goals) 에 대해 설명하시오.

8. 사전예방적 자연환경관리정책의 수단을 설명하시오.

9. 환경정책 형성과정에서 환경영향평가제도화를 위한 기반이 어떻게 마련되었는가에 대해 설명하시오.

---

55 매사에 묻고, 따지고, 사안의 본질에 대하여 끊임없이 질문하는 Mister Q

제2장

지속가능발전과 환경성 평가

학습목표

    1962년 라이첼 카슨의 『침묵의 봄』[1]은 환경운동의 기폭제가 된 책자로 살충제인 DDT의 살포로 인해 발생한 야생 동식물의 피해 사례를 통해 인간에게까지 미칠 수 있는 잠재적인 위험을 경고했다. 1972년 로마클럽은 「성장의 한계」라는 보고서에서 경제개발과 인구증가에 따른 환경오염과 자원고갈로 인해 지구의 수용능력이 멀지않은 미래에 한계에 부딪히게 될 것이라고 주장하면서 세계의 관심은 지구환경과 미래에 주목하게 되었다. 결국 환경파괴로 인류의 생존에 대한 위협이 제기됨에 따라 전지구적 차원에서 대책을 강구하기 위해 1972년 유엔인간환경회의(UNCHE: United Nations Conference on Human Environment)를 필두로 1992년

---

1 『침묵의 봄』은 미국에서 1969년 '국가환경정책법'을 제정하게끔 만들었고 전 세계적으로 환경윤리의 중요성을 일깨우고 1992년 '리우 선언'까지 이끌어 내는 동력이 됐다.

에 리우환경회의(UNCED, UNs Conference on the Environment and Development) 가 개최되어 "지속가능한 발전"이라는 모델을 제시하는데 있어 동력이 되었다. 따라서 환경을 개발하기 전의 의사결정 단계에서 환경성 평가의 중요성이 인식되었다. 이를 통해 심각한 환경피해를 유발할 수 있는 개발에 있어 추진방식을 변경하여 지속가능발전과 부합되도록 할 수 있기 때문이다. 이러한 의미에서 환경성 평가는 지속가능발전 이행에 기여할 수 있는 제도로 적용되고 있다. 본 장의 목적은 우선 지속가능 발전의 개념과 지속가능 발전 모델이 탄생하기까지의 과정을 이해하고 환경영향평가의 관련성을 파악하는 것이다.

1. 지속가능한 발전의 개념

"환경에 영향을 미치는 계획 또는 사업을 수립·시행할 때에 해당 계획과 사업이 환경에 미치는 영향을 미리 예측·평가하고 환경보전방안 등을 마련"하도록 하는 환경성 평가의 목적은 "친환경적이고 지속가능한 발전"을 도모함에 있다.[2] 이처럼 환경영향평가법에서 규정하고 있는 지속가능한 발전이란 무엇인가?

지속가능한 발전(Sustainable Development)이란 용어는 사회의 다양한 분야에서 매우 광범위하게 사용되고 있으나 그 구체적인 정의는 각 사용

---

2 환경영향평가법 제1조(목적), 법률 제11690호, 2013.3.23

분야에 있어서 조금씩 다른 의미를 내포하고 있다. 심지어는 본래의 의미와 동떨어진 채 왜곡되어 사용하고 있다고 지적한다.[3] 가장 일반적으로 사용되는 지속가능한 발전의 정의는 세계환경개발위원회(The World Commission on Environment and Development)의 Brundtland 보고서(1987) 및 유엔환경계획(UNEP) 집행위원회(1989)에서 정립한 것이다. 이에 따르면 지속가능한 개발이란 후세대의 필요성을 충족시킬 수 있는 능력을 손상시키지 않고 현세대의 필요성을 충족시키는 개발이라고 할 수 있다. 좀 다르게 표현하면 지속가능 발전이란 미래세대가 필요한 부분을 충족시킬 수 있는 능력을 위태롭게 하지 않으면서 현재 세대의 필요를 충족시키는 발전 모델이다. 한편 지속가능한 발전의 개념은 광범위하고 애매모호하여 용어의 의미가 사용하는 사람마다 다르게 이해하는 있는 측면이 있다. 그럼에도 불구하고 자연이 허용하는 환경용량 범위 내에서 경제, 사회, 환경 부문 간의 균형이 있고 조화로운 발전을 의미하는 것이라는 대전제에 있어서의 전반적인 합의는 형성되고 있다. 이러한 지속가능발전의 개념은 예를 들어 임업분야에서 수백 년 전부터 사용하였으나 1987년 브룬트란트 보고서에서 주창되고 1992년 지구정상회담(Earth Summit)으로서의 유엔환경개발회의(UNCED)[4]에서 향후 인류가 지향해야 할 가치이자 새로운 발전의 패러다임으로 합의를 보면서면서부터 본격적으로

---

3 하수정, 2012, '지속가능'의 오남용 - 지속가능한 발전을 위한 의미 명확화 필요성, HERI Insight 연구보고서 6호 2012. 5. 7

4 1992년 각국 정부 대표가 중심이 된 '유엔환경개발회의(UNCED: UnitedNationsConferenceon Environment & Development, 일명 EarthSummit)'와 각국 민간단체가 중심이 된 '지구환경회의(GlobalForum '92)'가 함께 개최되었는데, 이를 통칭하여 '리우회의'라 한다.

세계에 널리 알려지게 되었다.

우리나라는 2007년에 지속가능발전법[5]이 제정되면서부터 법적으로 지속가능발전의 용어가 정의되었다. 이에 따르면 '지속가능발전은 지속가능성에 기초한다'라고 명시하고 "지속가능성"을 현재 세대의 필요를 충족시키기 위하여 미래 세대가 사용할 경제·사회·환경 등의 자원을 낭비하거나 여건을 저하(低下)시키지 아니하고 서로 조화와 균형을 이루는 것으로 정의하고 있다. 이에 근거하여 "지속가능발전"이란 지속가능성에 기초하여 경제의 성장, 사회의 안정과 통합 및 환경의 보전이 균형을 이루는 발전을 의미한다.[6] 이에 따른 환경의 보전이라는 지속가능발전을 위한 3대 축이 균형을 이루는 발전모델을 제시하고 있다. 즉, 지속가능발전을 위한 3대축인 경제성(경제의 성장), 사회성(사회의 안정과 통합) 그리고 환경성의 균형적 발전을 강조하고 있다.

반면에 지속가능 발전의 개념은 자연의 지속가능성을 고려한 것이 아니라는 점에서 문제점을 인식해야 한다. 즉, 자연이 아닌 인류(사회)의 지속성에 중점을 두고, 기본적으로 경제성장에 초점을 맞추고 있다는 지적이 되고 있다.[7] 이런 문제를 안고 있는 지속가능성을 '약 지속가능성'이라고 할 수 있고 이에 대한 대안적 개념으로 '강 지속가능성'이라는 용어를 사용한다.

---

5 지속가능발전법은 녹색성장기본법이 2013년에 제정되면서 그 취지가 퇴색되었다.

6 법률 제11530호, 2012.12.11

7 최병두 외 3인, 2004

자연을 환경경제학에서는 경제적으로 유용한 자원으로 보기 때문에 자연자본(natural capital)이라고 하며 이는 노동과정을 통해 가공자본(man-made capital)이 된다. 자연자본을 어떻게 이해하는가에 따라 약 또는 강 지속가능성으로 구분된다. 약 지속가능성은 자연환경을 자연자본으로서 단지 하나의 생산요소로 취급하고 가공자본으로 대체가능한 것으로 이해한다. 강 지속가능성에서는 자연은 고유한 불확실성과 비가역성을 가지고 있는 것이다. 예를 들어 습지의 수질오염 정화 기능과 같은 자연자본의 기능을 가공자본이 쉽게 대체할 수 없는 점을 강조한다. 이에 지속가능성은 〔표 2-1〕과 같이 약·강 지속가능성 외에 균형 지속가능성으로 구분된다. 약 지속가능성은 생태성을 경제성과 사회성의 동일선상에서 보고 있다. 반면 강 지속가능성은 생태성을 경제성과 사회성의 위치보다 위에 있다고 보는 견해로서 재생가능한 자원은 재생가능 한 수준에서 사용하고, 재생 불가능한 자원은 재생이 불가능하기 때문에 사용자체를 하지 않아야 한다는 주장이다. 즉, 균형 지속가능성은 강·약 지속가능성 사이에 있는 모델이다.

【표 2-1】 지속가능성의 강도 (약, 균형, 강)[8]

약 지속가능성	균형 지속가능성	강 지속가능성
• 인간 중심적 • 성장과 환경의 조화 • 자연자본 대체 가능 • 전략: 기술과 성장 및 시장을 통한 효율성 • 전통적인 비용편익분석	• 생태·인간중심적 • 환경정책을 통해 긍정적인 복지전환 가능 • 자연자본 부분적으로 전환가능 • 친환경·지속가능 성장 지향적 • 전략: 생태적 소비패턴과 기술, 정책과 시장을 통한 효율성 • 생태적 관점이 확대된 비용편익분석	• 생태 중심적 • 성장과 환경간의 갈등 • 자연자본 대체 불가능 • 지속가능 발전 불가능 • 전략: 경제성장 중단, 개인과 정책을 통한 효율성 • 반 비용편익분석

위에서 환경성 평가의 목적이 '친환경적이고 지속가능한 발전'을 도모함에 있다고 했는데 이는 3가지 형태의 지속가능발전 중에 어떤 형태를 말하는지는 명확하지 않다. 정책계획 전략환경영향평가의 경우 환경보전계획과의 부합성을 평가하고, 개발기본계획 전략환경영향평가의 경우 자연환경과 생활환경 보전의 관점에서 입지의 타당성을 평가한다. 또한 환경영향평가의 평가항목은 대부분이 사람의 건강을 위협하는 환

---

8 https://www.nachhaltigkeit.info/artikel/schwache_vs_starke_nachhaltigkeit_1687.htm(2015.12.25)

경위해를 방지하기 위해 설정되어 있고 동식물 상의 생태적 관점은 일부분에 해당된다. 지속가능 발전 지표와 관련성이 있는 전략환경영향평가와 환경영향평가의 평가항목은 대부분 환경 분야이고 환경영향을 집중적으로 검토함으로써 표면적으로 생태중심적 사고를 강조하는 것처럼 보이지만 실제로는 중점적으로 다루지 않는 약 지속가능 발전의 형태를 추구하는 환경성 평가 제도라고 할 수 있겠다. 강 지속가능성 형태의 특징인 대체 불가능 자원을 사용하는 등의 강력한 생태주의적 가치를 추구하고 있지 않기 때문이다.

이와 같은 지속가능 발전에 대한 여러 견해에도 불구하고 지속가능 발전에 대한 두 가지 공통적 요소는 다음과 같다. 첫째는 환경자산의 과도한 사용을 제한함으로써 환경과 사회경제의 조화된 발전을 추구한다는 것이고, 둘째는 미래세대의 후생을 고려한다는 것이다. 이러한 성향은 영국, 독일, 프랑스, 네덜란드, EU 등 유럽 쪽에서 특히 두드러지게 나타나고 있다. 선진 유럽국가에서는 지속가능한 발전이 국가발전전략의 핵심으로 자리 잡고 있고 여러 분야에 녹아 들어가 반영되고 있다. 우리나라에서도 도시·군 기본계획수립 지침에 따르면 도시·군 기본계획은 환경적으로 건전하고 지속가능하게 발전시킬 수 있는 정책방향을 제시하고 있으며, 지속가능 교통물류 발전법은 "현재 세대와 미래 세대를 위한 교통물류의 지속가능 발전기반을 조성하는 데 목적을 두고 있다(법률 제12705호, 2014.5.28.)고 명시하고 있다.

2. 지속가능한 발전 개념의 형성사

지속가능성 개념의 역사를 논의할 때 많은 연구자들은 로마클럽의 "성장의 한계"가 발표되었던 1972년을 기점으로 삼으나, 이미 18세기 초에 독일에서는 비록 산림분야이지만 이에 대한 논의가 있었다. 폰 카를로비츠는 1713년 자신의 저서 『Sylvicultura Oeconomica』에서 나무가 숲에서 다시 자라나 보충될 만큼만 제한적으로 벌목을 해야 한다는 지속성(Nachhaltigkeit)에 대해 언급했다. 18세기 초, 목재는 건축에 사용될 뿐만 아니라 가장 중요한 에너지원이었던 까닭에, 초기 산업 과정에서 과도하게 산림이 벌목으로 인해 몸살을 앓았고 숲은 황폐화되었다. 그리하여 폰 카를로비츠는 숲의 재생 및 회복을 도모할 여지를 두고자 지속가능한 산림 관리를 제창하였던 것이다.

사회적으로 큰 반향을 불러일으켰던 레이첼 칼슨의 "침묵의 봄"(1962년)에 이어서 발표된 로마클럽 보고서 "성장의 한계"(1972년)에서 경고한 환경문제는 선진국을 중심으로 큰 관심사로 부각되면서 세계적인 주목을 받게 되었다. 그런 의미에서 1972년에 스웨덴 유엔인간환경회의(UNCHE, UN Conference on the Human Environment)는 전지구적 환경문제를 논의하기 위해 지구 역사상 처음으로 지구 환경문제를 의제로 개최된 회의였다. 이 회의에서는 환경적인 제약을 적절히 배려하지 못한 경제개발은 낭비적이고 지속 불가능하다고 강조하였다. 이 회의의 결과 7개의 선언문과 26개의 원칙으로 구성된 "유엔인간환경선언(스톡홀름선언)"이 채택되었으며, 26개의 원칙은 "인간은 품위 있고 행복한 생활을 가능하게 하는 환경 속에서 자유, 평등 그리고 적정 수준의 생활을 가능하게 하는 생활조건을 향유할 기본적 권리를 가지며 현세대 및 다음세대를 위해 환경보호 개선의 엄숙한 책임을 진다"고 말하고 있다. 그럼에도 불구하고 스톡홀름회의는 동서간의 냉전시대와 선진국들과 개발도상 국가들 간의 갈등과 더불어 개발과 환경보전에 대한 현격한 시각차이가 있어 큰 성과를 내지 못했으나 향후 지구의 환경문제에 돌파구 찾는 디딤돌이 되었다는 점에서 의의가 크다.

국제적으로 1980년에 국제자연보호동맹(IUCN)에서 작성한 세계자연보전전략(World Conservation Strategy)과 같은 해에 미국 정부에서 발표한 Global 2000에서 지구 환경문제에 대해 우려를 표명하였고 동시에 그 해법으로 지속가능한 발전(sustainable development)이 제시되어 국제적으로 전문가들로 하여금 논의가 되었다. 이러한 과정을 거쳐 1987년 UN에 의해 구성된 〈세계환경개발위원회(WCED)〉의 「우리공동의 미래」 (Our Common Future) 보고서에서 '환경적으로 건전하며 지속가능한 발전' (ESSD: Environmentally Sound and Sustainable Development)의 개념을 정의하였고 이러한 발전모델을 1992년 브라질 리우에서 열린 유엔환경개발회의 (UNCED)에서 채택하면서부터 '지속가능한 발전' 개념은 전 세계적으로 확산되는 큰 전기를 맞게 되었다.

.

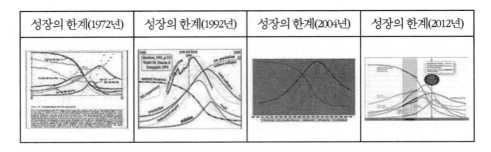

| 성장의 한계(1972년) | 성장의 한계(1992년) | 성장의 한계(2004년) | 성장의 한계(2012년) |

【그림 2-1】 "성장의 한계" : 유한한 환경에서 계속 인구증가 · 공업화 · 환경오염 · 식량감소 ·
자원고갈이 일어난다면 성장은 한계에 이른다는 보고서

　　1992년 유엔환경개발회의(UNCED)에서 환경과 경제의 통합개념인
'지속가능한 발전'이 주목을 받았다면 2002년 지속가능발전세계정상회
의(WSSD, World Summit on Sustainable Development), 일명 Rio+10에서는 '요하
네스버그 이행계획(JPOI)'이 채택되었고 환경과 경제 그리고 사회의 통
합과 균형을 지향하는 지속가능발전의 개념이 21세기 인류의 보편적인
발전전략을 함축하는 핵심개념으로 뿌리를 정착하게 되었다.

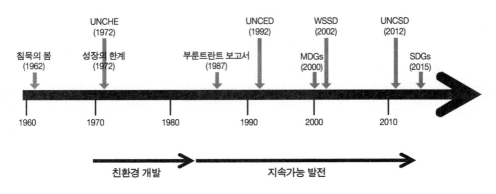

【그림 2-2】 지속가능발전 개념의 진화

유엔지속가능발전회의(UNCSD, United Nations Conference on Sustainable Development)인 Rio+20에서 "The Future We Want"이란 제목으로 채택한 결의문은 지속가능발전 외에 녹색경제를 추가하였으나 녹색경제는 지속가능한 발전을 이루기 위한 하나의 수단(tool)으로 이해하고 있다.[9]

2015년에 리우에서 개최된 유엔총회에서 새천년개발목표(MDGs)를 대체하는 새로운 지속가능발전목표(SDGs, Sustainable Development Goals)를 채택하였고 이로 인해 국제사회의 빈곤퇴치와 지속가능발전의 중요성이 더 중요한 역할을 하게 되었다.

3. 환경평가와 지속가능 발전

유엔환경개발회의(UNCED)에서 환경에 대한 관심을 세계적으로 고취시키고, 환경과 개발의 문제를 조화시키기 위한 지속가능한 발전이라는 이념적 방향이 설정되었고 이를 위해 기본적 원칙과 실행계획[10]을 제시하였다. 이 회의에서 선포한 "환경과 발전에 관한 리우 선언(Declaration on Environment and Development)"은 '1972년 스톡홀름 선언을 재확인하고, 이를 더욱 확고히 하며, 모든 국가와 사회의 주요 분야, 그리고 모든 사람

---

9 환경부, 2013. 6, Post Rio+20에 적합한 지속가능발전 정책 추진방안 연구

10 리우 선언의 실행계획을 담은 '의제21(Agenda 21)은 4개 부문 40개의 장으로 구성되어 있다:
   - 제1부: 사회경제 부문을 다루는 7개의 장
   - 제2부: 자원의 보존 및 관리 부문을 다루는 14개의 장
   - 제3부: 주요그룹의 역할 강화를 9개의 장
   - 제4부: 이행방안을 다루는 8개의 장

들 사이에 새로운 사회의 주요 분야와 새로운 차원의 협력을 창조함으로써 새롭고 공평한 범세계적 동반자 관계를 수립할 목적으로 발표되었다. 더불어 모두의 이익을 존중하고, 또한 지구의 환경 및 발전 체제의 통합성을 보호하기 위한 국제 협정 체결을 위하여 노력하며, 우리들의 삶의 터전인 지구의 통합적이며 상호 의존적인 성격을 인식한다.'고 하면서 27개의 원칙을 제시하였다. 27개의 원칙 중에 환경성 평가와 관련된 원칙은 기본원칙 15와 17이다. 기본원칙 15는 "환경을 보호하기 위하여 각 국가의 능력에 따라 예방적 조치가 널리 실시되어야 한다."고 명시하여 사전예방의 원칙을 제시하고 있다. 이러한 사전예방의 원칙에 입각하여 기본원칙 17은 환경에 심각한 악영향을 초래할 가능성이 있는 사업 계획에 대해서는 환경영향평가를 국가적 제도로서 실시하여야 함을 강조하고 있다.[11]

국내에서도 "개발사업이 유발하는 환경적 영향을 사전적으로 평가하는 환경평가는 체계적인 제도적 절차로 지속가능발전 이행을 위해 필수적인 수단"이라고 하고 있다.[12] 환경평가는 일반적으로 그 적용 단계에 따라 '환경영향평가'(environmental impact assessment)와 '전략환경평가'(strategic environmental assessment)로 구분된다. 환경평가와 지속가능발전은

---

11 지구환경대책기획단, 1992 – 기본원칙 17의 영문본: Environmental Impact Assessment, as a national instrument, shall be undertaken for proposed activities that are likely to habe a significant adverse impact on the environment and are subject to a decision of a competent national authority. 지구환경대책기획단, 1992.10, 21세기 지구환경 실천강령, –리우지구환경 회의 문서 영문본–

12 김호석, 송영일, 김이진, 임영신, 2007, 환경평가와 지속가능발전지표 연계운용 방안에 관한 연구, 한국환경정책평가연구원, 기본연구보고서

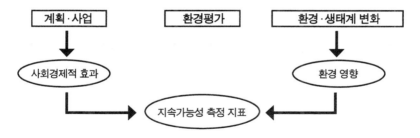

【그림 2-3】 경제성과 환경성의 연결고리[13] - "지속가능성"

서로 어떤 관계에 있는가? 지속가능 발전은 위에서 언급하였듯이 경제성(경제의 성장), 사회성(사회의 안정과 통합) 그리고 환경성이라는 3대축으로 구성되어 있으며 이들의 균형적 발전을 강조하고 있다. 아래 그림 2–3과 같이 환경평가의 대상이 되는 계획이나 사업은 뚜렷한 경제적 목적을 가지고 있으며 통상 그 영향은 사회경제적 편익(socio-economic benefits)을 통해 표현된다. 사회경제적 발전을 목적으로 추진되는 계획과 사업은 반면 환경분야에 악영향을 유발할 수 있다. 사회경제적 발전을 목적으로 추진되는 계획과 사업에 대해 전략환경평가와 환경영향평가를 통해 환경이나 생태계의 변화를 사전적으로 평가한다. 즉 환경평가는 사회경제적 발전을 위한 활동으로 인해 유발되는 부정적 환경영향을 검토함으로써 환경영향을 저감할 수 있다. 이를 통해 사회경제적 편익(economic benefits)에 치중되어 있는 계획이나 사업을 지속가능 발전의 한 축인 환경성을 고려할 수 있어 균형적이고 지속가능한 발전을 도모할 수 있다. 계획이나 사

---

13 OECD, 2006, p. 34의 재구성– Applying Strategic Environmental Assessment, Good Practice Guidance for Development Co-Operation

업을 추진하는 의사결정자는 사회·경제·환경을 통합적으로 고려할 수 있는 지속가능성 측정 지표를 개발하여 지속가능발전을 추진할 수 있다.

지속가능발전의 개념이 보편화되어 사회·경제·환경의 통합성의 중요성은 잘 알려져 있는 상황이다. 이러한 단계에 오기까지는 여러 발전 과정을 거친다. 초기 단계에서는 경제성과 사회성만 고려되어 사회가 발전하였다. 다음 단계에서는 환경문제가 대두되면서 경제사회보다는 원의 크기가 작은 형태로 미흡하지만 환경을 고려하는 상황으로 시대가 발전하였다. 환경에 대한 인식이 높아지고 환경정책이 국가정책으로 자리를 잡으면서 경제성과 사회성의 수준으로 환경의 원형이 커지고 환경의 중요성이 증가한다. 마지막 단계인 가장 우측의 발전단계는 지속성의 3개의 축이 동일하게 중요도를 갖고 있고 통합을 이루게 되는데 이는 진정한 지속가능성을 의미한다. 이를 위해 계획이나 사업에 대한 의사결정을 할 때에 사회·경제적인 면과 환경의 축을 고려할 수 있도록 통합적인 평가방법이 강구되고 있다.

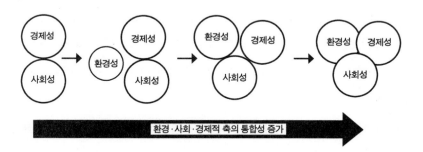

【그림 2-4】 환경·사회 경제의 통합성[14]

---

14 OECD, 2006, p. 34의 재구성- Applying Strategic Environmental Assessment, Good Practice Guidance for Development Co-Operation

미스터 Q[15]

1. 지속가능한 발전의 개념을 설명하시오.

2. 지속가능발전의 개념을 어업, 농업 또는 토지이용 등의 분야에서 어떻게 이해할 수 있는지에 대하여 설명하시오.

3. 지속가능발전의 개념이 법이나 지침, 제도 등의 분야에 어떻게 녹아 들어가 있는지 그 예를 찾아보시오.

4. 지속가능한 발전에 있어서 환경성 평가의 역할에 대해 설명하시오.

5. 리우 선언 기본원칙 17의 주요 내용을 적으시오.

6. 리우 선언 기본원칙 17에서 환경영향평가제도 도입의 필요성이 언급된 이후 이 제도는 어떻게 발전하였는가에 대하여 한 나라의 예를 들어 설명하시오.

---

15 매사에 묻고, 따지고, 사안의 본질에 대하여 끊임없이 질문하는 Mister Q

제3장

환경 거버넌스(Governance)와 주민참여

학습목표

사회는 민주화, 지방화, 세계화 흐름으로 다원화되고 분권화되어 '삶의 질'을 중요시 여기는 가치관 변화 등으로 사회적 갈등이 발생한다. 갈등(葛藤)은 '칡 갈'과 '등나무 등'의 두 글자가 합쳐져 이루어진 단어로서 일이나 사정(事情)이 서로 복잡(複雜)하게 뒤얽혀 화합(和合)하지 못함의 비유하며 서로 상치되는 견해(見解)·처지(處地)·이해(理解) 따위의 차이(差異)로 생기는 충돌(衝突)을 의미한다.[1] 도로 및 철도, 댐, 산업단지 등 SOC 국책사업과 이에 관한 행정계획은 환경평가(environmental assessment, EA)대상이며 그 평가 과정에서 환경갈등이 표출되는데 이때 해소되거나 증폭될 수 있다. 환경갈등은 사회적 비용을 유발한다. 그 비

---

[1] 류재근, 남궁형, 2016, 환경영향평가 갈등해소 개선방안, 첨단 환경기술, 2016년 1월호

용을 최소화하면서 환경갈등을 해결하기 위해서는 갈등의 원인을 사전에 예방하거나 완화하는 것이 가장 바람직하다. 바로 이 점에서, 제안된 개발사업의 시행 이전에 거쳐야 하는 환경평가가 환경갈등의 유발 혹은 해결과 관련해서 중요한 의미를 갖게 된다. 반면에 환경평가가 부실하거나 주민의 의견을 제대로 반영하지 못하면 환경갈등이 발생할 수 있지만 역으로 환경갈등을 예방·완화·해소하는 장치로 환경평가를 활용할 수도 있다. 이때 환경평가 과정에서 수렴하는 주민의견은 거버넌스(Governance)의 관점에서 이해할 수 있다.

환경 문제에 대해 깊은 인식을 가진 시민들이 환경과 관련된 의사결정에 참여하는 것은 환경보전을 위하여 중요하고 효과적이다. 사회 변화에 따라 많은 시민들은 자신들에게 직접적으로 영향을 미치는 환경과 관련된 정책 결정에 더 많은 참여기회가 있기를 기대하고 있다. 주민참여는 환경평가절차에 있어서 중요한 제도 중에 하나이다. 주민참여는 공공참여의 일부분으로 사회적 갈등을 미연에 방지하는 데 큰 도움이 될 수 있어 그 의미는 점차 중요해지고 있다. 환경정책기본법에 따라 국가환경종합계획과 시·도 환경보전계획 수립 시에 국민의견을 수렴하여야 하고[2], 환경영향평가법에 따라 환경평가시에 주민의견을 수렴하여야 한다.[3] 환경갈등 해소 방안으로 환경분쟁조정법[4](1991)이 제정되었고

---

2 환경정책기본법 제14조와 제19조.

3 환경영향평가법 제4조, 제13조, 제25조.

4 이 법은 환경분쟁을 신속·공정하고 효율적으로 해결하여 환경을 보전하고 국민의 건강과 재산상의 피해를 구제함을 목적으로 한다(제1조, 목적).

환경분쟁조정 위원회[5]가 운영되고 있다. 유럽에서 오르후스 협약(Aarhus Convention)에 따라 일반 대중이 환경 관련 결정과정에 활발히 참여의 길을 열어놓고 있다.[6]

환경갈등 해소방안으로 언급되고 있는 거버넌스(Governance)와 주민참여에 대한 기본지식을 이해하는 것이 본 장의 학습목표이다.

1. 환경갈등

1) 환경갈등의 원인

1970년대부터 1990년대까지 정부 주도의 대규모 개발사업은 국민의 암묵적인 합의가 있었기 때문에 비교적 원활하게 추진되었다. 하지만 민주화 지방화 및 세계화 흐름으로 사회가 다원화되고 또한 삶의 질을 중요시 여기는 가치관 변화는 정부 주도형의 국책사업을 종전처럼 시행하는데 어려움을 겪게 된다. 흔히들 화장장, 비행장 및 사격장과 같은 군사시설, 쓰레기 매립장, 소각장 등 폐기물 처리시설, 한전 송전탑, 원자력 등 자원발전소 그밖에 정신병원, 장애인수용시설, 교도소 등을 '기피시설'이라고 한다. 이러한 기피시설을 추진할 때에 환경갈등이 발생할 수 있

---

5 http://ecc.me.go.kr/

6 1998년 9월 25일 UNECE2)의 주도 하에 덴마크 Aarhus에서는 통과된 Aarhus Convention의 주요내용은 협약 제 4-5조에 해당하는 환경정보에 대한 접근 (access to environmental information) 과 협약 제 6-8조의 환경정책 결정 시 대중의 참여권 보장 (public participation in environmental decision-making) 및 협약 제 9조에 해당하는 법정에 참여할 권리(access to justice)이다.

다. 경기도의 경우 1990~2012년간 117건의 분쟁 중 정부와 주민 간에 발생한 분쟁이 88건으로 전체의 75%를 차지하는 등 지역 내 대규모 시설이 위치하거나 변화하는 과정에서 나타나는 입지 분쟁이 많이 발생하였다.[7]

환경갈등은 환경문제를 둘러 싼 사회갈등을 말한다. 환경갈등은 특성상 지역공동체를 파괴하고 다양한 갈등을 양산하여 지역사회에 심각한 후유증 야기할 수 있다. 따라서 환경갈등 해소 방안으로 환경분쟁조정법[8]이 제정되었고 환경분쟁조정 위원회[9]가 운영되고 있다.

환경갈등은 아래의 사항을 둘러싸고 발생할 수 있다.
• 개발사업(예 도로건설)의 필요성 여부
• 상수원보호구역 지정과 같은 환경규제의 실시
• 환경기초시설 등의 입지 선정 및 운영 등

환경갈등은 아래의 주체 사이 발생할 수 있다.
• 중앙정부와 지역주민(환경단체)
• 지방정부와 지방정부
• 지방정부와 지역주민(환경단체)
• 사업자와 지역주민(환경단체)

---

7 이상대, 정유선, 김보경, 2015, 기피시설 설치와 입지갈등의 해결, 이슈와 진단 No.190 (2015.7.8), 경기연구원

8 이 법은 환경분쟁을 신속·공정하고 효율적으로 해결하여 환경을 보전하고 국민의 건강과 재산상의 피해를 구제함을 목적으로 한다.(제1조)

9 중앙환경분쟁조정위원회 http://ecc.me.go.kr/

• 지역주민과 지역주민

환경갈등 발생 원인으로 아래와 같은 사항을 제시할 수 있다.

• 주민참여 기회 미흡
• 정보공개의 미비
• 미흡한 보상체계
• 의사결정과정의 절차적 합리성 부족
• 환경위험에 대한 상이한 지각
• 정책불신
• 갈등조정기구의 미흡 등

2) 환경갈등의 유형

환경갈등의 유형은 아래와 같이 4가지 형태로 구분할 수 있다.

(1) 이해관계 갈등(interest conflict)

이해관계 갈등(interest conflict)은 한정된 자원이나 권력(권한)에 대해 서로 경쟁하거나 이해관계의 분배 방법 및 절차 등에 대해 서로 다른 입장을 보이는 경우로써 쓰레기 소각장 및 매립장 반대운동이 대표적 사례로 들 수 있다. 이러한 이해관계갈등은 보통 지역주민들의 이주 및 직·간접 보상 문제 등과 관련하여 발생한다. 자원회수시설에 따른 직·간접영향권의 지역주민 간의 갈등이다.

(2) 가치관 갈등(value conflict)

가치관 갈등(value conflict)은 환경의 경제적 가치, 생명가치 등에 대한 가치관이나 신념체계, 종교와 문화 등에 대한 시각차가 현격하여 경제적 보상으로 해결하기 어려운 갈등으로써 새만금 사업과 사패산 터널 반대 운동 등이 대표적인 사례로 들 수 있다. 환경을 둘러싼 가치관 갈등은 개발과 보전이라는 가치관이 대립하는 경우가 대부분이다. 결국 개발사업으로 인한 경제적 편익을 중시하는 입장과 그로 인해 파괴되는 환경을 보전해야 한다는 입장의 충돌이라 할 수 있다.

(3) 사실관계 갈등(data conflict)

사실관계 갈등(data conflict)은 어떤 사건이나 자료, 상대방의 언행에 대한 해석차이로 인해 객관적인 사실이나 평가 등에 있어 사실관계나 절차 등의 확인이 필요한 갈등으로 과학기술의 한계가 갈등의 원인이 되는 경우에 속한다. 즉, 사실관계에 대한 객관적 정보 혹은 평가가 부재하고, 사실관계의 확인 절차나 조사 절차에 대한 입장 차이가 원인으로써 경제성 평가가 이에 속하는 경우가 많다. 하지만 환경을 경제적 잣대로 평가하는 것이 사실상 불가능한 것으로 여겨지는데, 경제성 평가를 둘러 싼 갈등은 종종 과학적 지식의 불확실성으로 인한 사실관계 갈등의 성격을 띠면서도 개발 혹은 보전의 가치관에 따라 그 값이 차이를 보임으로써 가치관 갈등의 성격도 함께 갖는다.

(4) 구조적 갈등(structural conflict)

구조적 갈등(structural conflict)은 사회구조나 제도 등 갈등 당사자 외부의 상황적인 요인으로 인한 갈등이다. 구조적 갈등에는 왜곡된 제도나 관행, 차별, 억압 등에 대한 논란이 주를 이루며 절차상의 적법성이나 운용의 충실성이 문제가 되는 경우까지도 포함될 수 있다.

3) 환경평가와 환경갈등

환경영향평가제도 운영과정에서 개인이나 집단 사이에 목표나 이해관계가 달라 서로 적대시하거나 충돌하여 주민이나 시민단체 등과의 이해관계가 상치하는 상황이 발생한다. 이런 상황을 환경갈등이라고 할 수 있다. 환경영향평가의 꽃은 '주민의견 수렴'이라 할 정도로 주민의 참여와 의견수렴은 매우 중요한 기능인데 실제 운영과정에서 평가의 제 기능이 발휘되지 못하고 주민의견 수렴이 미흡하여 다양한 갈등이 표출되고 있다.[10]

이렇게 표출되는 환경갈등은 기본적으로 미흡한 의견수렴제도에서 비롯된다고 할 수 있다. 과연 환경영향평가제도와 관련하여 환경갈등은 언제 표출되는가?

주민의견은 일차적으로 평가준비서 심의 과정과 2차적으로 설명회를 통해 수렴된다. 평가준비서 심의 단계에서는 매우 제한적으로, 설명회 단계에서는 지역주민을 대상으로 폭넓게 의견수렴이 이루어진다. 주민 설명회 개최 시점에서 지역주민은 개발사업이나 개발계획의 내용을

---

10 류재근, 남궁형, 2016, 환경영향평가 갈등해소 개선방안, 첨단 환경기술, 2016년 1월호

알게 된다. 개발계획에 따른 주민의견수렴 제도는 없기 때문에 전략환경영향평가의 일환으로 시행되는 주민설명회를 통해 처음으로 사업에 관한 정보를 접하게 된다. 주민 설명회 개최를 위해 평가서 초안이 공개되고 어떤 사업 또는 계획에 대해 환경영향평가를 하는지를 알 수 있다. 이때 비로소 어떤 사업이 그리고 어떤 규모와 형태를 갖고 있는지 알 수 있고 지역사회에 그리고 개개인에게 어떠한 환경적 영향이 발생할 수 있는지를 감지하게 된다. 이 감지 시점에서 환경갈등이 발생한다. 그 이유는 이 시점에 주민들이 사업내용을 파악하고 환경영향평가의 적정성을 판단할 수 있기 때문이다.

환경갈등은 왜 발생하는가?

환경갈등이 표출되는 시점은 사업의 추진단계로 본다면 실시설계 완료된 상태이고 개발기본계획이 수립된 단계이다. 이 시점에서 주민들은 사업규모와 형태 및 입지변경을 요구할 수 있다. 하지만 이미 확정된 상황까지 진척되어 사업자의 입장에서는 받아들이기 어렵기 때문에 주민 요구사항 수용은 거의 불가능하다. 결국 환경영향평가에서 주민의견수렴을 한다 해도 환경영향을 최소화할 수 있는 수준은 매우 낮을 수 밖에 없다는 점에서 환경갈등이은 발생하게 되는 것이다. 따라서 평가 및 조사항목을 좀 더 보완하여야 한다거나 또는 평가방법을 달리하여야 한다는 등 정도의 의견수렴으로는 환경영향의 최소화는 거의 실현하기 어려울 뿐 아니라 주민의 목소리를 반영하기에는 역부족일 수밖에 없다.

주민의견을 수렴하는 근본적인 목적은 주민의 입장에서 환경영향을 줄이기 위한 방법을 강구하는 것이다. 예를 들면, 사업 규모 및 형태의 변경, 또는 입지변경이 그 방법이 된다. 하지만 우리나라 환경영향평가 제도는 이를 반영하기 어려운 구조이다. 근본적인 환경영향 최소화 방안은 상위단계인 계획단계에서 의견수렴 기회가 있어야 한다. 즉 환경영향을 줄이기 위해서는 사업 규모 및 형태 또는 입지를 구상하는 계획단계에서 의견수렴이 이루어져야 원천적으로 환경영향을 줄일 수 있기 때문이다.

개발 기본계획의 전략환경영향평가에서는 이러한 취지를 살릴 수 있는 의견수렴제도가 있다. 하지만 환경영향평가에서처럼 여기서도 입지변경 등의 보다 효과적인 환경영향을 최소화할 수 있는 가능성은 매우 낮다고 할 수 있다. 그 이유는 간단하다. 전략환경영향평가 단계에서는 이미 정해진 틀, 즉 확정된 개발 계획 하에 환경영향을 평가하기 때문에 의견수렴을 거친다 해도 계획 내용을 바꿀 수 없는 단계에까지 왔기 때문이다.

사회적 갈등은 환경영향평가 제도의 문제점에서 발생하지만 어떻게 보면 다른 요인에 의해 표출된다고 보여진다. 이는 개발사업이나 개발계획 시행에는 주민의견수렴제도가 없으므로 사업내용은 처음으로 환경영향평가 제도의 의견수렴과정에서 공개되는 본질적인 문제점 때문이다.

2. 거버넌스

거버넌스(Governance)란 무엇인가?

거버넌스를 "다양한 행위자와 이해관계자들이 공통의 목적을 달성하기 위하여 참여와 파트너십 하에 이들 간의 자발적이며 수평적으로 형성되는 상호협력에 바탕을 둔 문제해결 방식"이라고 정의할 수 있다. 거버넌스는 우리말로 쉽게 협치(協治)라고 할 수 있으며 이는 힘을 합쳐 잘 다스려 나간다는 의미를 갖고 있다.

과거에는 강한 정부의 역할을 강조하였다면 현대사회에서는 정부역할이 축소되고, 정부와 시민 간의 수동적 관계 역시 협력적 관계로 전환되고 있다. 강한 정부의 특징은 공중을 설득대상으로 삼았고 시민은 정부 정책 결정을 따라야 하는 입장이었다. 과거에는 시민은 관료의 통제대상만 되어왔을 뿐, 국정관리를 위한 진정한 동반자 역할을 할 수 있는 기회는 주어지지 못했다. 또한 주민의 참여기회와 의사전달을 할 수 있는 제도적 장치도 미흡하였다. 하지만 정부, 기업, 시민이 사회 책임성을 공유하는 형태로 사회가 변하면서 환경갈등과 같은 공공문제를 해결하는 방식으로 거버넌스가 대두되고 있다. 이러한 공공문제를 해결하기 위해서는 한 정부기관이나 부서 혹은 전문가가 담당할 수 있는 것이 아니고 여러 이해관계자들이 다층적으로 광범위하게 참여하여야 하며 시민의 동반자 역할은 강조되고있다.[11]

---

11 김경민 · 김진수, 2016, 통합적 · 참여적 물 거버넌스 도입의 필요성, 국회입법조사처, 이슈와 논점 제42호

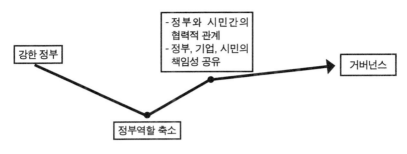

【그림 3-1】 거버넌스의 등장 배경

시민 참여[12]는 사회가 성숙되면서 강하게 나타나는 기본적인 욕구로서 국민의 알권리의 충족일 것이다. 알권리를 충족시키기 위해서는 정보 공유가 중요하다. 그 방법은 4가지로 구분할 수 있다. 정부가 시민을 위해 정보를 생산하고 전달하는 일방적인 관계인 정보의 전달과 시민이 정부에게 피드백을 보내는 양방향 관계인 수동적 참여 및 정부와 파트너십에 바탕을 둔 적극적인 참여의 방법이 있다. 그 외에 거버넌스 참여 방법이 있는데 이를 통해 공공이슈에 대한 협력적 의사결정을 위하여 이해당사자의 협의과정을 통해 상호입장과 정보를 공유하여 합의 형성이 원활하게 이루어 질 수 있다.[13]

---

12 유럽연합은 2003부터 공공참여 지침(public participation directive)을 제정하여 운영하고 있다. http://eur-lex.europa.eu/legal-content/EN/TXT/?uri=CELEX%3A32003L0035

13 이진희, 김지영, 김태형, 지용근, 2010, 물환경 거버넌스를 위한 의사결정체계 구축, 환경정책평가원 연구보고서 2012-12

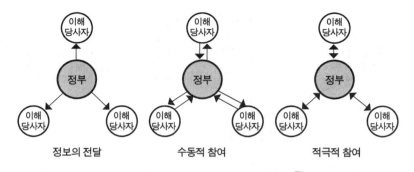

정보의 전달　　　　　　수동적 참여　　　　　　적극적 참여

〈의사 결정 과정에서의 이해당사자의 영향력이 증대하는 수준〉

【그림 3-2】 의사결정 과정에서의 시민참여와 영향력

　　1990년대 이후 세계화와 분권화가 계속되면서 나타난 패러다임의 변화로 인해 의사결정의 형식도 하향식(Top-Down Approach)에서 상향식(Bottom-Up Approach) 또는 역류식(Down-Up Approach)으로 전환되고 있다.(그림 3-3)

　　하향식 의사결정은 강한 중앙정부 역할을 강조하고, 중앙에서 지방으로 전달하여 지역상황 고려가 미흡하고, 밀어붙이기식 사업을 추진하는 위계적 개발계획을 수립하였다. 이해관계자들의 저항과 갈등을 초래하는 근본적인 이유는 행정가·전문가가 주도하는 하향식인 관주도형 의사결정에서 비롯된다고 할 수 있다. 이 접근법은 의사결정 후에 그 내용을 발표하고 문제가 발생하는 경우 방어하는 형태(DAD, Decide-Announce-Defend)이며 행정관료와 계획전문가의 역할에 의존하고 경제성과 효율성에 편중하여 의사결정 절차에서 투명성·신뢰성이 부족하다는 특성을 갖고 있다. 이 경우 사회적 갈등이 빈번하게 발생하는 문제점을 야기하

게 된다.

상향식 또는 수요자 중심의 의사결정 접근법은 아래의 사항을 중시한다.

- 주민참여(Public participation) 강화
- 협력을 통해 의사결정(Collaborative decision-making) 강화
- 의사결정 절차의 투명성과 신뢰성 강화
- 다양한 이해관계자의 역할 부각

개발사업에 대한 공감대 형성에 초점을 맞춘 상향식은 사업을 둘러싸고 발생하는 사회적 갈등은 해소될 수 있으나 국가 전체 목표와 부합하기 어려운 측면이 생겨날 수 있다.

역류식 의사결정은 중앙과 지방정부의 조화를 이루면서 추진하는 방식으로 지방에서 수립하는 하위계획은 중앙정부에서 수립하는 상위 계획에 상충하지 않고 상위 계획은 하위계획을 고려함으로써 지방정부와 중앙정부 간의 갈등을 해소할 수 있다.

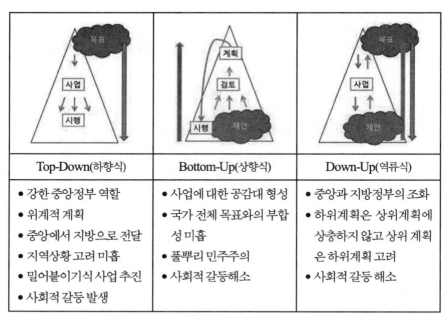

Top-Down(하향식)	Bottom-Up(상향식)	Down-Up(역류식)

• 강한 중앙정부 역할
• 위계적 계획
• 중앙에서 지방으로 전달
• 지역상황 고려 미흡
• 밀어붙이기식 사업 추진
• 사회적 갈등 발생
	• 사업에 대한 공감대 형성
	• 국가 전체 목표와의 부합
	  성 미흡
	• 풀뿌리 민주주의
	• 사회적 갈등해소
		• 중앙과 지방정부의 조화
		• 하위계획은 상위계획에
		  상충하지 않고 상위 계획
		  은 하위계획 고려
		• 사회적 갈등 해소

【그림 3-3】 Top-Down(하향식), Bottom-Up(상향식), Down-Up(역류식) Approach

국내에서도 최근에 환경거버넌스에 대해 중요성을 인식하고 이를 정책에 반영하고 있는 추세이다. 예를 들어 「제2차 물환경관리기본계획안」은 유역계획 수립 및 이행시 유역에서 벌어지는 물 문제와 물 갈등을 해소하기 위해 물거버넌스를 활성화하겠다는 내용을 담고 있다. 이를 위해 4대강 수계위원회를 중심으로 유역단위별로 민·관·학·연 거버넌스를 구축하는 기반을 마련할 계획이다. 또한 4개의 「물관리기본법(안)」들도 기후변화로 인해 야기되는 물 문제를 통합적으로 해결하기 위해 주민의 참여에 관한 조항을 담고 있다.[14]

---

14 김경민·김진수, 2016, 통합적·참여적 물 거버넌스 도입의 필요성, 국회입법조사처, 이슈와

3. 거버넌스 유형

1) 지구적 거버넌스

지구적 거버넌스는 국경을 초월한 이슈들을 단일주권에 기반한 통치 권위 없이 통치(governing)하는 것으로, 환경이나 인권, 여성과 같은 초국 가적 이슈에 대한 공동대응을 목적으로 하며 국가 간 협력기구에서 출발 하여 국가 이외의 다양한 사회적 행위자들의 참여수준과 폭을 넓히고 있 다. 대표적인 예로는 지구적으로 온실가스 배출을 감축하기 위해 국가들 간에 도출된 '기후변화협약'이 있다.

2) 지방(지역)적 거버넌스

지방(지역)적 거버넌스는 전통적으로 중앙정부가 독점하던 국내적 사 안에 대한 일방적 통치에서 비정부 행위자들의 참여와 협력에 의한 문제 해결 방식으로 변화하는 양상을 다루고 있으며, 특히 지방단위에서 일어 나는 거버넌스에 초점을 맞추어, 지방자치와 참여민주주의, 시민의 직접 참여, 지방자치단체의 역량 등의 이슈를 다루고 있다. 초기에는 지방 거 버넌스가 지역사회의 행위자들이 참여·협력하여 지방 경제를 활성화하 는 목적으로 주로 출현하였으나 최근에는 사회·문화·환경적 문제들에 공동대응하기 위한 대안적 협력체로서 활발히 논의되고 있다.

또한 지리적으로 인접한 국가들 간의 공통의 문제 해결을 위해 혹은 협력을 통한 국제사회에서의 영향력 증대를 위해 주로 발생하고 있으며, 대표적인 예로는 황사문제 해결을 위한 동북아 국가들 간의 네트워크와 EU 공동체의 탄생을 들 수 있다.

3) 시장주도형 거버넌스

시장주도형 거버넌스는 전통적 상하 구조의 정부 주도형보다 수평적, 협력적, 참여적 관계 속에서 다양한 이해관계자들과의 상호작용을 강조하고 있다는 점에서 우수한 것으로 평가를 받고 있다. 시장주도적 거버넌스는 작고 효율적인 정부구조를 지향하면서 거대정부의 비효율성 문제를 해결하기 위해 민영화(privatization)를 주장한다. 이런 민영화의 배경은 정부 기능을 사적 부문으로 이전시켜 서비스 범주와 질을 높이는 반면, 정부의 비용을 감소시켜 경제적 효율성을 극대화하는 데 있다.

4) 정부주도형 거버넌스

정부주도형 거버넌스는 시장주도적 거버넌스와 운영논리 측면에서 유사하지만 문제의 원인을 정부규모의 크고 작음이 아니라 잘못된 통치형태에 두고 있다. 따라서 정부규모의 축소나 민영화를 최선의 해결책으로 보지는 않으며, 새로운 형태로 변모한 정부가 문제해결의 중심 역할을 해야 한다고 보는 점이 특징이라 할 수 있다.

5) 시민사회 주도형 거버넌스

시민사회 주도형 거버넌스는 시민사회가 적극적으로 참여하여 효과적인 의사결정에 필요한 정보교환을 촉진하고 의사결정에 정당성을 부여하며 실행수단의 효과성을 높일 수 있는 것이 특징이다. 관리의 대상이나 고객이 아닌 실질적 주인의 자세로 자발성에 기초한 능동적인 시민들이 중심이 되어 시민사회 내에 소통적 거버넌스 체계를 구축하는 노력이라고 할 수 있다.

이러한 거버넌스의 유형들을 종합해볼 때 바람직한 거버넌스는 결국 사회적 공익성을 핵심 가치기준으로 하여 보다 활성화된 시민사회와 새로운 기능과 역할을 부여받은 정부가 유기적으로 결합됨으로써 당면한 사회적 과제를 보다 효과적이고 민주적으로 해결할 수 있는 것을 말한다. 이에 시민사회의 활성화는 단순히 시민사회의 영향력과 권력자원의 정도가 높다는 차원을 넘어 성찰성과 공익적 가치에 대한 책임성을 동반하는 것을 의미한다.

4. 환경 거버넌스 유형

환경 거버넌스에 대한 일반적인 논의들은 크게 지구적(global) 수준과 국가적(national) 수준에서 주로 다루어지고 있다. 지구적인 수준의 환경 거버넌스는 지구온난화, 생물다양성, 오존층파괴와 같은 지구적 환경문제를 다루기 위한 '국가간 협약(treaties)'의 형태로서 나타나고 있으며, 국가수준에서는 주로 협상의 전통이 강한 중서부 유럽국가들의 경험을 토대로 '협력적 관리체제' 형태가 주로 제시되고 있다.

환경 거버넌스의 유형 역시 다음 표와 같이 협의와 광의의 의미로 구분해볼 수 있다. 또한 환경분야별로 환경 거버넌스의 구분이 가능하다.

【표 3-1】 협의와 광의의 환경 거버넌스

구분	내용
협의의 환경 거버넌스	- 자연생태계와 자연자원에 대한 공동관리에 초점 - 오염물질을 중심으로 한 매체별 환경문제대 대한 공동해결 추구
광의의 환경 거버넌스 (녹색 거버넌스)	- 환경문제 발생 원인이 사회구조적 특성에서 기인한다는 점에 주목하여 사회시스템과 제도를 개선하는데 초점 - 합의형성을 통한 공동결정과 공동운영을 위한 거버넌스 제도 형성

1) 고랭지 밭 환경 거버넌스

'고랭지 밭'은 표고가 높아 고지기후의 특성을 보이는 지역으로, 소양강 상류에 위치한 고랭지 밭의 경우 밭의 표고가 인접한 도로, 배수로 및 하천제방 표고보다 높다는 점이 특징이다. 밭의 높이가 도로보다 높은 지역에서는 강우가 없어도 도로 면으로 토양이 흘러내려오는데 특히, 영농

작업이 이루어지면 상당한 양의 토사가 도로로 유실되며, 일단 도로로 유실된 토양은 작은 강우 시에도 탁수가 되어 하천으로 유입된다. 고랭지 밭에서 발생되는 탁수의 양과 질은 밭의 경사도 등 지형의 영향을 받지만 재배작물과 영농방법 등 농업활동에 더 많은 영향을 받기 때문에 관련 정부기관과 전문가 집단, 그리고 실제 농사를 짓는 농업인의 공동노력이 반드시 필요하다. 즉, 전문분야가 다른 연구자나 입장이 다른 사람끼리 의사소통을 해나가면서 지역 주민이 자발적으로 지역 발전을 도모하도록 노력하는 개념의 환경 거버넌스가 고랭지 밭에서도 필요한 것이다.[15]

고랭지 밭에서 발생하는 오염부하를 줄이기 위하여 사용되는 대표적인 최적관리기법은 토양 유실과 관개용수의 최소화, 그리고 비료와 농약의 최소화 기술이다. 최적관리법을 달성하기 위하여 정부에서 비용을 분담해서 최적관리법을 시행해도 실제 농민들이 받아들일 수 있을 때만 성공할 수 있다. 농지 소유자나 운영자(농민)의 의지와 참여가 있어야 수질을 개선할 수 있다. 또한 해당 지역 지자체의 역할이 중요하다.

2) 대기 분야 거버넌스

대기정책결정의 초기단계부터 관계부처, 전문가, 시민단체, 산업체 관계자 등이 참여·합의하는 대기분야 신 거버넌스를 구성·운영하는 것을 말한다. 현재 OECD 최하위 수준인 수도권의 대기개선 특별대책의 본격적인 시행과 함께 수도권 외 오염심화지역에 대한 대기개선대책도

---

15 환경부, 2004, 지속가능한 지역발전을 위한 환경 거버넌스 구축방안

추진해야 할 시점에서 환경부는 '수도권 T/F', '경유차환경위원회' 등의 성공경험을 대기분야 전반에 확산시켜 다양한 이해관계를 사전에 조정하고 국민의 눈높이에 맞는 정책을 개발함으로써 정책실패를 예방하고 품질 개선을 도모하였다.

이를 위해 구성된 대기환경정책포럼은 관계부처, 전문가, 시민단체, 산업계 등 분야별로 대표하는 관계자 20명 내외로 구성·운영(분기별 1회)되며, 대기환경개선 10개년 종합계획, 대기환경기준 조정, 통합대기환경정책 등 대기보전 전반에 걸친 대책수립과 시행을 지원한다. 또한 대기환경정책포럼을 뒷받침하는 6개 분과위원회(위원장: 담당과장, 15인 내외)를 설치하여 온실가스 감축, 수도권특별대책 시행성과 모니터링, 사업장관리, 자동차공해, 새집증후군, 악취관리 등 분야별 세부대책의 수립·시행을 계획하였다.

3) 물환경 거버넌스

지역적인 용수부족과 수질오염으로 인한 물환경 관련 갈등과 분쟁의 의사결정과정에서 중앙정부, 지방정부, 민간기업, 시민사회 등의 다양한 이해당사자를 의사결정에 포함시켜 서로 협력하는 형태를 말한다. 국가 중심의 물환경 정책결정과 하향적인 정책집행의 틀에서 벗어나 현재 발생하고 있는 물환경 정책과 계획의 추진상 문제점을 해결하기 위해 다양한 이해당사자가 상호작용과 협력체계를 구성하고 있다. 물환경 문제의 본질적인 해결을 위한 바람직한 물환경 거버넌스는 다양한 이해당사자들의 참여와 협의를 통한 학습과정 속에서 공동의 합의를 이끌어내는 실질적인 방법론이 중요하게 다루어져야 한다. 또한 당면한 이수, 치수, 환경문제 관련 이슈에 대한 공동해결을 추구하는 좁은 의미의 거버넌스의 적용이 아니라, 사회제도의 개선과 합의형성을 추구하는 넓은 의미의 거버넌스가 필요하다.

물환경 정책을 추진함에 있어 갈등 사례를 살펴보면 대부분 댐 개발로 인한 물 수급 불균형, 개발과 보전 간 갈등, 불확실성에 따른 위험부담, 물관리 원칙이나 제도의 미비와 같은 문제에서 발생하는 갈등유형이다.

이수와 관련된 측면에서 구조적 갈등을 겪은 대표적 사례로 용담댐 사례를 들 수 있다. 용담댐은 금강수계에 위치 한 다목적 댐으로 2000년 10월에 완공되어 11월 9일 담수를 시작하였으나 건설 이후 충청권의 용수배분 반발에 따른 정상담수가 지연되는 등 수리권을 중심으로 지방정부 간에 심각한 분쟁이 발생하였다. 주요 쟁점은 금강수계의 용담댐이 건설되면서 충청·대전광역시는 대청호의 유입량이 줄어들게 되었고, 물의 순환 또한 감소하게 되어 수질 악화를 발생시킬 수 있으므로 대책을 마련해야 한다는 것과 댐 건설 시의 용수배분계획에서 전북·전주권의 인구 과잉 산정으로 인해 용수배분이 적절하지 못하기 때문에 재조정이 필요 한 점, 그리고 충청·대전광역시의 수질 악화 대책 마련과 물배분 재조정은 지역이기주의이므로 당초 계획대로 추진해야 한다는 입장이 주요 쟁점사항이었다.

초기에는 분쟁주체 간의 극단적인 대립양상으로 전개되면서 주체자 간 비협력적인 자세를 취함으로써 분쟁이 지속되었으나, 결국 수질개선

기획단, 감사원 등 제 삼자의 조정 및 중재를 거치게 되었다. 그러나 조정 기관의 중재활동에 의해서 분쟁해결방법의 기초가 만들어졌지만 분쟁의 주요쟁점에 대해서는 합의를 형성하지 못하였으나 결국 지속적인 토론과정을 통해서 운영규칙을 마련함으로써 핵심적인 쟁점사안과 직접적인 사항을 구분하여 분쟁주체자 간의 협력을 이끌어 낼 수 있었다.

이어서 지역 간의 갈등 속에 2001년 3월에 '금강수계 물관리대책 협의회' 구성하고, 이후 합의를 통해 협의회 운영규정을 제정하기까지 지방정부 간의 다양한 갈등과 이를 해결하기 위한 꾸준한 토론과정을 거쳐, 7차례의 용담댐 관련 공동조사위원회를 구성하여 합리적인 용수배분을 위한 공동용역을 발주하기로 합의하고, 그 결과를 수용함으로써 분쟁이 해결된 바 있다.

환경갈등을 해결할 수 있는 방안은 아래와 같이 사후적 방안과 사전적 방안으로 구분할 수 있다. 전자는 설득, 타협, 협상, 보상 등과 같은 방법으로 일단 갈등이 발생했다는 상황을 전제로 갈등을 사후적으로 해결하는 방안이고, 후자는 왜 환경갈등이 발생하게 되었는지에 대한 원인을 파악하여 환경갈등 발생을 사전적 방지하는 방안을 말한다.

국책사업의 갈등관리의 주요 기제, 즉 갈등 해소 방안으로 다음과 같이 9가지를 제시할 수 있다.[16]

---

16 채종헌, 2012, 환경갈등 해결을 위한 협력적 거버넌스의 성공요인에 관한 연구, 환경행정연구원(KIPA), 2012.7.4

- 주민참여의 기회 보장
- 사업주체의 적극적인 홍보와 교육, 설득을 통한 갈등요인 사전차단
- 투명한 정보공개로 지역주민의 불안감 해소
- 구체적이고 실질적인 보상 안 마련
- 정부의 강력한 의지와 일관적인 정책추진으로 사업에 대한 신뢰성 확보
- 지역사회 모니터링을 통한 여론관리
- 시의회 등 주민참여기구를 통한 사업의 지속적인 감시·감독
- 갈등발생시 제3자에 의한 공정하고 체계적인 중재
- 상시 관리체제 확보

5. 이해관계자

1) 이해관계자의 개념

이해관계자란 간·직접적인 이해관계를 공유하고 있는 주체들을 통칭하는 표현이다. 부연하면, 어떤 의사결정을 함에 있어서 영향을 주거나, 목표 달성에 따라 발생하는 영향을 받는 사람과 그룹(단체, 기관)들이다. 이해관계자는 서로 간의 공통적인 의사결정의 과제 또는 이슈에 관심을 갖는 주체이며 어떤 문제를 해결하기 위해 취하는 행동에 직접적으로 영향을 받는 개인, 집단, 조직을 모두 포함한다.

2) 이해관계자의 중요성

이해관계자의 역할이 중요한 것은 의사결정에 있어 이해관계자를 포함시킴으로써 지역 사회와의 신뢰를 강화할 수 있다는 점이다. 또한 개발주체자와 지역사회 간에 계획에 대한 공감대가 형성되어 개발계획의 효율성을 제고시킬 수 있다. 그러므로 원활한 계획을 수립하고 추진하기 위해서는 이해관계자를 의사 결정에 포함시키는 것은 아주 중요하다.

3) 이해관계자의 구분

(1) 1차적 이해관계자와 2차적 이해관계자

이해관계자는 1차적 이해관계자와 2차적 이해관계자로 구분 할 수 있다. 1차적 이해관계자는 우선 소유권 및 권리에 대한 이해관계의 범주를 갖는다. 그리고 개별 활동과 직접적 관련을 갖는다. 이와 같이 지역 생존 문제와 직결되기 때문에 주민과의 갈등의 심각해 질 수 있다. 1차적 이해관계자는 직접 영향권 안에 있으며 실체가 상대적으로 명확하다. 반면에 2차적 이해관계자는 이해관계의 범주가 이익 및 이해에 관련되어 있다. 따라서 개별 활동과 간접적 관련이 있으며 정상적 활동에 제약을 주는 정도의 문제가 있다. 1차적 이해관계자에 비하여 상대적으로 실체가 모호하기 때문에 간접 영향권 안에 있을 때 2차적 이해관계자로 구분된다.(표 3-2)

【표 3-2】 1차적 이해관계자와 2차적 이해관계자의 구분

구분	1차적 이해관계자	2차적 이해관계자
이해관계의 범주	소유권 및 권리를 가지고 있음	이익 및 이해관계에 있음
개별 활동과의 관련성	직접적으로 관련되어 있음	간접적으로 관련되어 있음
문제의 심각성	지역 생존 문제와 직결됨	정상적 활동의 제약을 받음
실체의 명확성	상대적으로 명확함	상대적으로 모호함
위치	직접 영향권 안에 거주함	간접 영향권 안에 거주함

(2) 이익·피해 집단의 관점에서의 이해관계자

이익, 피해 집단의 관점에서 이해관계자를 구분할 수 있다. 어떤 의사 결정에 따라 이익을 보는 지역 주민 또는 산업 및 업체를 이익을 보는 집단으로 분류된다. 그리고 피해를 보는 지역 주민이나 산업 및 기업은 피해를 보는 집단이다.

(3) 궤도모델(Orbital model)에 의한 이해관계자의 구분

계획은 선택적 수단을 사용하여 목표 달성이라는 지향점을 둔 미래의 행동을 위한 일련의 의사결정을 준비하는 과정이다. 이는 의사 결정 과정에서 이해관계자의 역할이 중요하다는 점을 시사한다. 계획 수립 과정에서 이해관계자는 여러 절차의 단계와 시간 차이를 두고 관여하며 이해관계자 간의 관련성에 대해 이해할 수 있다.[17] 궤도 모델(Orbital model)

---

17 Kaule, Giselher, 2002, Umweltplanung, UTB

에 따르면 의사결정자(Decision-Maker)는 국회의원, 도·시의원과 같은 정치가, 예산 집행자 또는 인허가 기관의 의사결정자이다. 작성자(Creator)는 계획에 직접적으로 참여하는 계획전문가이며 자문 전문가(Advisor)는 전문가이다. 리뷰어(Reviewer)는 정책결정에 적극적으로 의견을 개진하고 참여하는 시민이다. 관찰자(Observer)는 정책적 의사결정을 주의 깊게 살펴보는 시민을 뜻하며 반면에 냉담한 시민(Unsurprised Apathetic)은 정책적 사안에 대해 무관심한 태도를 보이는 시민이다.

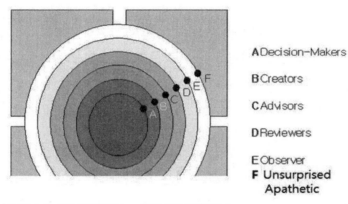

A Decision-Makers

B Creators

C Advisors

D Reviewers

E Observer

F Unsurprised Apathetic

【그림 3-4】 궤도 모델(Orbital model)에 따른 이해관계자

4) ABCD 이해관계자

주민의 영향력과 중요성과 기초하여 이해관계자를 아래 표 3-3과 같이 ABCD로 구분할 수 있다.

【표 3-3】 ABCD 이해관계자

		영향력	
		고 → 저	
중요도	고 ↑ 저	A : 피해나 수혜가 크면서 영향력이 큰 이해관계자	B : 피해나 수혜가 크지만 영향력이 낮은 이해관계자
		C : 영향력이 크나 피해나 수혜가 낮은 이해관계자	D : 피해나 수혜가 낮으면서 영향력도 낮은 이해관계자

　　영향력과 중요도에 있어서 각각 A그룹에 속하는 이해관계자는 개발계획에 의해 직접적으로 피해를 보거나 수혜를 받는 주민이면서 동시에 의사결정에 직·간접적으로 영향력을 발휘할 수 있는 주민을 의미한다. 토지 수용에 따라 금전적 보상을 받거나 환경적으로 직접 영향을 받는 환경영향권에 거주하는 중요한 주민으로 분류되면서 정책적 의사결정에 영향력을 가진 사회적 지위에 있는 주민들이 A그룹에 속하는 이해관계자이다.

　　B그룹의 주민은 1차적 이해관계자로서 피해나 수혜를 보는 중요한 이해관계자 그룹에 속하나 정책적으로 영향력이 낮은 일반 주민을 뜻한다. C그룹은 예를 들어 개발 사업의 인근에 거주하여 직접 보상을 받지 못하거나 간접적인 환경영향을 받는 2차적 이해관계자로 중요도가 낮으나 시의회의 의원과 같이 정책결정에 큰 영향력을 가진 이해관계자들이다. D그룹은 정책적 영향력과 중요도가 낮은 개발 사업의 인근에 거주하는 이해관계자이다. 따라서 C와 D의 그룹은 개발사업의 영향권 밖의 주

민을 뜻하며 의사결정에 직간접적으로 영향력이 크거나 작음으로 구분
되는 이해관계자들이다.

6. 주민 참여

1) 주민 참여의 개념

주민 참여란 정부의 정책 과정에 영향을 미치기 위한 지역 주민의 행
위라 할 수 있다. 주민 의식 구조를 향상시키고, 기존의 정부 주도형의 규
제 방식보다는 협력 관계를 통해 주민과의 득과 실이 공존하도록 하기
위해서는 주민 참여가 필요하다. 주민 참여에서 주민은 누구인가? 여기
서 주민은 지역 사회의 구성원인 비 엘리트 주민들이자 특정 지식인들이
아닌 보통 사람들을 의미한다. 특히, 종래에 정치 과정에서 소외되었던
저소득층이나 소수 인종 집단의 사람들을 강조한 말이다.

정부에서도 주민참여에 대한 인식을 하고 있다. 일 방향의 정부 1.0[18]
을 넘어 雙방향의 정부 2.0[19]을 구현하고 이를 바탕으로 개인별 맞춤형을

---

18 웹 1.0(Web 1.0)은 월드 와이드 웹 상태를 일컬으며, 서비스 사업자가 일방적으로 제공하는 인
   터넷 환경으로 1994년부터 2004년까지의 기간 동안에 있던 대부분의 웹 사이트가 이에 해당
   한다. 정부 1.0은 웹 1.0의 발달과 맥락을 같이하며 전자정부를 뜻한다.

19 웹 2.0(Web 2.0)은 웹 1.0의 진화 모델로 터이터의 소유자나 독점자 없이 누구나 쉽게 데이터를
   생산하고 인터넷에서 공유할 수 있는 인터넷 환경으로 블로그(Blog), 위키피디어(Wikipedia),
   트위터 등이 웹 2.0를 대표한다. 이는 일방적으로 정보를 전달하는 것이 아니라 인터넷상에서
   양방향으로 정보를 주고받고 공유하며 이용자가 적극적으로 참여해 스스로 정보와 지식을
   만들고 공유하는 열린 인터넷을 뜻한다(네이버 지식백과). 웹 2.0 발달과 함께 정부도 2.0 수준

추구하고 3.0 정부[20]의 정책을 추구하고 있는데, 이를 달성하는 기반이 바로 참여라고 할 수 있다. 이는 과거에 정부의 실패가 있었기 때문에 정부에 다 맡기지 않겠다는 주민의 생각이 바뀌고 있기 때문이다.

2) 주민 참여의 기능

주민 참여를 통해 아래와 같은 기능을 기대할 수 있다.

- 첫 번째로 정보의 공개 기능이다. 즉, 정부는 '우리가 이렇게 일하고 있다'라고 정보를 공개하는 기능이다.
- 두 번째는 정부가 '이렇게 일하고 있으니 알아 달라'라고 정보를 전달하고, 이 정보가 확산되는 기능인 정보의 전달 및 확산 기능이다.
- 다음은 정보에 대한 주민의 이해 및 의견의 조정 기능이다. 이는 정부가 하는 일이 사실을 고지하고 서로 이해해 달라는 기능이다.
- 네 번째 기능은 정보의 수집 기능으로 정부가 주민의 소리를 들어보는 것을 뜻한다.
- 다섯 번째는 주민의 정책 관여 기능으로 정책 결정을 할 때 이러한 점은 고려해 달라는 주민의 의견을 전달하는 기능이다. 그리고 정부의 일방통행 방식의 정책을 방지하는 기능인 정부의 독선화 방지 기능이 있다.

으로 도약하여 개방과 공유를 기반으로 하여 정부 자료를 개방하고 민간이 다양한 서비스를 제공하여 정부 중심의 의사 결정 과정에 시민들의 참여를 확산하고, 정부의 공공 정보와 애플리케이션 인터페이스를 개방하는 정부를 말한다.

20 웹 3.0(Web 3.0)은 지식을 연결하는 인터넷 환경을 의미하며 모바일·SNS 등의 확산에 따라 정책에 대한 참여, 투명성 요구가 늘어나고 있고 정부와 국민의 관계가 변화하여 정부 2.0보다 한 단계 진전된 지식정보사회로 전환하는 정부를 의미한다.

• 마지막으로 신호(Signal) 기능이다. 이는 주민이 지켜보고 있다는 시그널을 가능하게 하는 기능이다.

주민 참여의 순기능에는 여러 가지가 있다. 우선, 어떤 정책 결정으로 인해 발생할 수 있는 불이익에 따른 갈등을 예방할 수 있는 재산상의 침해 방지 기능이 있다. 행정 실태 파악 기능 또한 주민 참여의 순기능이다. 이는 '일을 잘하고 있나?'와 관련하여 내가 낸 세금에 대한 권리를 누릴 수 있는 기능이다. 또한 행정 의식 성숙의 기능이 있다. 이는 '우리는 언제까지 수동적이 아니다'라고 하는 시민의 성숙성을 판단하는 기능이다. 즉, 정책 결정과 계획을 집행함에 있어서 지지와 협조를 구하는 좋은 수단으로서의 행정의 지지와 더불어 협조 기능과 행정 집행에 있어 주민이 원하는 것을 파악하는 기능인 행정 수요 파악 기능 또한 순기능이다. 그러므로 주민 참여는 지역 사회의 주인으로서 자부심을 고취시킨다.

반면에 주민 참여의 역기능 또한 존재한다. '언제까지' 많은 시간과 노력을 투입하여 주민 의견을 수렴하는가에 따른 행정집행의 지체를 초래하는 역기능이 있다. 그리고 큰 기대를 하고 참여하였지만 기대치에 못 미치는 결과에 따라 주민 참여의 실망감에 빠질 수 있다. 또한 공정성 시비 기능이 있다. 일부 주민에 의해 특별한 이익을 과대하게 대표하여 공정성을 초래할 수 있는 역기능이다.

3) 주민 참여의 필요성

사회가 성숙되면서 강하게 나타나는 기본적인 욕구로서 국민의 알권리가 부각되고 있다. 알권리를 충족시키기 위해서는 주민이 참여할 수 있는 기회가 마련되어야 한다. 오늘날 행정의 기능은 다기능화, 전문화되고 행정 수행을 위한 절차와 방법도 복잡해지고 있다. 국민의 대표기관인 의회나 지방의회만으로 복잡한 행정 기능을 해결하기에는 역부족이므로 주민 참여를 통해 행정의 효율성을 도모할 필요성이 높아지고 있다. 주민참여에 대한 일반적인 필요성은 다음과 같다:

• 첫째, 현대의 간접 민주주의 제도 하에서 주민의 참여는 기본적으로 선거를 통한 대의체제의 틀 속에 한정되기 때문에 주민의 의사를 충분히 반영시킬 수 없는 여건이라 할 수 있다. 이는 곧 대표와 주민의 의사 사이에 괴리현상을 수반하게 되는데 이를 보완하는 위한 기능으로 주민을 정책결정 및 집행과정에 참여시킬 필요가 있다.

• 둘째, 오늘날 교육의 표준화, 소득수준의 향상, 산업화, 도시화, 등의 현상에 따라 시민들의 권리의식이 강해지고 행정에 대한 주민의 요구는 더욱 증대 내지 다양해지고 있어 주민참여의 필요성을 더해가고 있다.

• 셋째, 사회, 경제가 발전함에 따라 필연적으로 조직도 대규모화, 전문화되면서 평범한 주민들의 의사와 괴리현상이 발생하는 바, 이를 방지하기 위하여 행정과정에서 주민의 참여가 필요하다.

• 넷째, 환경문제가 다양해지고 심각해지면서 정부에 의한 단순하고 일방적인 규제방식으로 문제를 해결하는데 역부족으로 나타나고 있다. 따라서 직접적인 영향을 받는 지역주민의 참여의 이해와 협력, 지원 등이 필요하다.

• 다섯째, 지역개발사업의 경우 대부분이 다수 주민의 이익을 위하여

추진되는 바, 이로 인하여 소외되거나 피해를 입는 소수자가 발생할 수 있다. 소수자의 입장을 이해시키고 참여시켜 이들의 이익을 보호할 수 있다.

• 여섯째, 현대 행정의 목적이 사회적 형평을 실현하고 인간의 소외감을 없애며, 인간의 존엄성을 회복하는데 있다고 볼 때 시민참여는 이러한 목적을 실현하고 이에 부응하기 위하여서도 필요한 것이다.[21]

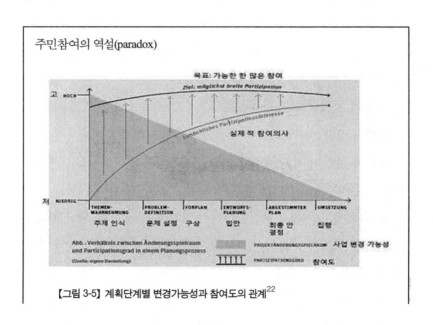

【그림 3-5】 계획단계별 변경가능성과 참여도의 관계[22]

---

21 유헌석 외 6인, 2001. 11. 환경영향평가의 객관성 확보를 뤼한 평가 절차 개선 연구, 주민참여 제도를 중심으로

22 참여 핸드북 독일 베를린 도시개발과 환경부, 제2판, p.83 (Senatsverwaltung für Stadtentwicklung und Umwelt Berlin, 2012, Handbuch zur Partizipation, 2. Auflage

그림 3-5은 사업추진과정(x축)과 영향력 및 관심도(y축)의 관계에 있어서 사업추진초기단계서는 주민들이 참여의사가 낮다가 사업추진 마지막 단계로 가면서 참여의사가 높아지는데 이 때 주민참여를 통해 얻을 수 있는 주민제안의 채택과 같은 참여효과가 최저수준으로 떨어진다. 초기 단계에서 참여효과가 가장 크다고 할 수 있으며 이는 주민 제안을 통해 원안을 바꿀 수 있는 변경가능성이 가장 높다는 것을 의미이다. 반면 추진 후반부로 내려가면서 참여 효과는 떨어진다. 계획 절차의 초기단계에서는 초록 색 곡선(참여 의사)에 나타나고 있듯이 주민의 관심과 개입이 대체적으로 낮은 상태이다. 하지만 이 시점에 주민참여를 통해 영향력을 발휘할 수 있는 가능성은 가장 높다. 추진과정이 진행되면서 높아지는 주민참여의 증가율은 집행단계에서 가장 높다. 그 이유는 사업이 막바지로 진행되면서 이에 따른 변화가 보이고 피부로 느낄 수 있기 때문이다. 동시에 의사결정에 대한 영향력은 떨어지는데 그 이유는 이미 의사결정이 끝나고 집행단계로 넘어 갔기 때문이다. 참여에 대한 관심도가 가장 높은 시점에는 어떤 의사결정에 미칠 수 있는 영향력은 거의 전무하다. 이러한 참여의 역설을 방지하기 위해 초기단계에서 적극적인 참여 프로그램을 운영하여야 한다. 이는 관심을 가진 주민에게 참여가능성과 기회에 대해 각인시키고 주민참여의 효력을 극대화할 수 있다는 참여에 대한 동기부여를 줄 수 있다.[23]

4) 주민 참여 단계

제1장에서 서술하였듯이 일반적으로 정부의 정책과정은 ① 의제설정 및 입안, ② 결정, ③ 집행, ④ 평가의 4개 단계로 구분할 수 있는 연속적인 정책 활동이라고 할 수 있다. 사회문제가 정책의제가 되고 이를 해

---

23 Senatsverwaltung füur Stadtentwicklung und Umwelt Berlin, 2011, Handbuch zur Partizipation

결하기 위해 입안을 거쳐 정책결정을 하게 된다. 문제 해결을 위해 결정된 정책을 실현시키기 위한 집행활동을 할 때, 정책결과가 나오게 되는데 이를 평가하는 과정이 마지막 정책과정이다. 과거에는 주민참여가 주로 ③정책의 집행과정에서 이루어졌지만 오늘날에는 주민의 참여범위가 날로 확대되어 전반적인 정책과정이 참여의 대상이 되고 있다.

정책의 의제설정 및 입안 및 결정과정은 목표설정, 자료의 수집과 분석 및 예측, 대안작성과 평가, 최종계획안의 선택 등으로 구분되는데, 이 과정 중에서 특히 목표설정과 최종대안의 선정과정에서 주민참여가 가능하다. 이는 행정과 정보의 공개라는 민주주의적 원칙과 집행단계에서 불필요한 민원을 사전에 줄인다는 측면에서 의의가 있다. 다음으로 정책 집행과정은 정책이 확정되고 난 다음 개발·시설입지·용도지정 등 정책 대안을 실천하는 단계이다. 대부분의 정책내용이 집행단계에서 실질적으로 공개되기 때문에 주민참여 형태가 과격한 집단행동 등 비제도적인 형태를 보이기 쉬운데 이 단계는 특히 주민의 실질적 생활과 관련된 이해관계가 그대로 드러나기 때문이다. 마지막 평가단계는 집행결과를 평가하여 환류 시키는 과정으로서 계획의 전시성·일회성과 주민참여의 단기성을 방지하는데 중요한 측면이지만 대부분의 주민참여에서 배제되고 있다. 평가과정에서 참여가 중요한 이유는 공공계획은 일정한 집단의 이해관계를 대변하는 것이 아니라 지역 또는 도시주민 전체의 이익을 보호하고 향상시키는데 그 기본적인 의의가 있는데 새로운 정책 또는 계획 수립에서 기초자료를 제공할 수 있기 때문이다.

이러한 전반적인 정책과정으로 확대되는 주민참여는 여러 단계로 구분될 수 있다. 단계는 주민참여가 어느 정도인가를 의미한다. 낮은 주민

참여는 예를 들어 정보를 받는 수준이며 이 경우 의사결정에 미치는 영향력은 없다고 할 수 있다. 높은 주민참여의 협력 단계의 경우 계획이나 환경평가에 관여하여 큰 영향력을 발휘할 수 있다.

(1) 아른스타인(Arstein)[24]의 주민참여 단계 구분

아른스타인은 미국 도시화의 특수성에 입각하여 시민의 영향력을 기준으로 참여를 8단계로 구분한다.[25] 각 단계는 비 참여, 명목적 참여(정보 제공, 상담, 회유), 시민 권력(협력, 권한 위임, 자주 관리)과 같이 3가지로 분류한다. 이는 아른스타인의 8단계 사다리 모형이다.

【표 3-4】 시민의 영향력을 기준으로 한 참여 단계 구분[26]

분류	단계
Degree of citizens' power (참여 단계)	Citizen control (시민통제 / 자치) Delegated power (권한 위임) Partnership (제휴 / 협력 / 공동의사결정)
Degree of Tokenism (명목상의 참여 단계)	Placation(회유) Consultation (상담 / 자문 / 협의) Informing (정보제공 / 교육)
Nonparticipation (비참여 단계)	Manipulation (조종 / 조작)

24 S.R. Arnstein, A Ladder Of Citizen Of Citizen Participation , Journal Of American Institute Of Planners, Vol.35, July, 1978
25 문석기 외 12인, 2005, 환경계획학, 보문당
26 문석기 외 12인, 2005, 환경계획학(자체 수정)

- 조작단계(manipulation)는 참여가능성을 배제한 상태에서 공무원이 일방적으로 교육, 설득시키고 주민은 단순히 참석하는 데 그치는 단계이다.
- 처방단계(therapy)는 주민의 욕구불만을 일정한 사업에 분출시켜서 치료하는 단계로서 행정의 일방적인 지도에 그친다. 절차상의 참여보다는 주민 상처에 대한 치유에 주안점을 두는 단계이다.
- 정보제공(informing)은 행정이 주민에게 일방적으로 정보를 제공하며 환류는 잘 일어나지 않는다.
- 협의(consultation)는 공청회나 집회 등의 방법으로 행정 참여를 유도하고 있으나 형식적인 단계에 그친다.
- 회유(placation)는 각종 위원회 등을 통해 주민의 참여범위가 확대되지만 최종적인 판단은 행정기관이 한다는 점에서 제한적이다.
- 파트너십(partnership)은 행정기관이 최종결정권을 가지고 있지만 주민들이 필요한 경우 그들의 주장을 협상으로 유도할 수 있다.
- 권한위임(delegated power)은 주민들이 특정한 계획에 관해서 우월한 결정권을 행사하고 집행단계에 있어서도 강력한 권한을 행사하게 된다.
- 시민통제(citizen control)는 주민들이 스스로 입안하고 결정에서 집행 그리고 평가단계에까지 주민이 통제하는 단계이다.[27]

Arstein의 시민 참여 단계는 1960년대 미국 사회의 상황에 맞게 설정한 한 예시이지만 여전히 현재의 추세와 관련성이 있으며 특히 참여의 강도, 참여의 범위, 참여의 질에 대해서 구분하였다는데 그 의미를 부여

---

27 (사)뉴 거버넌스 연구센터, 2007.2, 주민참여 촉진을 위한 민간참여 현황 분석

할 수 있다. 그러나 이러한 참여의 형태는 행정과 정책의 관점에서 구분하였기 때문에 참여를 통한 주민의 영향력과 개입가능성을 단순하게 배제하였다는 점이 제한점이다.

(2) 이호의 주민참여 단계 구분

표 3-5는 이호의 시민의 영향력에 참여 단계 구분이다.

【표 3-5】 이호의 시민의 영향력에 참여 단계 구분[28]

참여 정도	참여자의 위상	주민조직과의 관계
높음	기획·집행에서의 책임과 권한부여	지역문제의 분석, 활동 계획의 수립 과정뿐만이 아니라 그 계획의 실행에 있어서도 명확한 책임과 권한을 위임받아 수행
	의사 결정권을 지님	문제의 분석과 활동 계획 등을 수립하는 과정에서부터 참여하여 그 구체적인 계획을 함께 마련
	계획 단계에의 참가	활동 계획을 수립할 때부터 참여하여 그 내용을 검토하는 등의 역할을 부여
	자문 담당자	분석한 문제나 활동 계획 등에 대해 단순히 그 의사를 문의하고 참고하는 정도의 관계
	조직 대상자	계획한 활동에 이해관계나 욕구를 갖고 있는 사람들로, 일차적인 동원의 대상
낮음	단순 정보 수혜자	계획한 지역 활동 계획이나 지역의 문제점 등에 대해 단순히 홍보 등을 통해 소식을 접하는 정도의 관계

28 한국도시연구소(2001), 23쪽, 이호, "시민 참여와 풀뿌리 운동"에서 재인용

(3) IAP2의 주민참여 단계 구분

2007년 '공공참여를 위한 국제 협회(International Association for Public Participation; IAP2)는 시민 참여의 발전 단계를 5단계로 구분한다. 여기서 시민 참여란 시민들이 정부의 정책 결정 과정에 영향력을 행사하려는 행위를 말한다. 1단계는 웹사이트, 자료 등의 정보를제공의 단계이다. 2단계는 의견 수렴, 설문조사 등의 협의단계이며, 3단계는 워크숍, 토의 등을 통한 개입단계이다. 4단계는 시민 자문 위원회 등을 통한 협업단계이고, 마지막 5단계는 시민 배심원, 주민 투표 등을 통한 권한 부여단계이다. 이와 같은 틀을 적용한다면, 우리나라의 공공정책이나 정부계획에서 시민참여 제도나 실천 수준은 1단계의 정보제공이나 2단계의 협의 수준에 그친다고 할 수 있다.[29]

【그림 3-6】 IAP2의 주민참여 단계 구분[30]

(4)오스트리아 정부의 공공참여 단계의 공공참여의 단계(강도)

오스트리아에서는 공공의 참여를 그림 3-7과 같이 3단계로 구분한

29 이상대, 2016.07.29, 시민 참여 정책과 계획, 중부일보 칼럼
30 공공참여를 위한 국제 협회(International Association for Public Participation; IAP2)

다.[31] 공공은 광의의 공공과 조직화된 공공으로 구분하며 전자에는 개개인 주민과 시민단체를 말하고 후자는 법적 요건을 갖춘 상공회의소와 시민사회단체를 의미한다. 국내에서 사용하는 주민은 광의의 공공에서 개개인인 주민 개념에 포함된다.

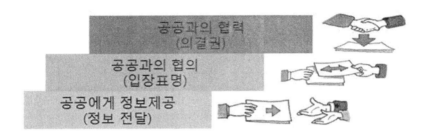

【그림 3-7】 오스트리아 정부의 공공참여 3 단계

• 정보 전달 단계: 공공에게 계획이나 의사결정에 대해 알리는 단계로서 공공은 이에 대해 영향력을 발휘할 수 없이 일방적으로 정보가 전달되는 가장 낮은 단계의 주민참여이다.

• 협의 단계: 공공이 전달받은 어떤 사안에 대해 입장표명을 하여 수동적으로 참여하는 단계이다.

• 협력 단계: 공공이 계획이나 의사결정에 대해 적극적으로 참여하여

---

31 Bundeskanzleramt, Bundesministerium für Land- und Forstwirtschaft, Umwelt und Wasserwirtschaft, Externe Prozesssbegleitung und fachliche Unterstützung Buero Abter, 2008, Standards der Öffentlichkeitsbeteiligung, Empfehlungen für die gute Praxis

같이 만들어 가는 가장 높은 단계이다.[32]

5) 주민참여의 유형

정책과정 전반에 걸쳐 주민이 참여함으로서 책임성 있는 행정을 구현할 수 있고 민주성을 달성할 수 있는 바 주민 참여는 아래와 같이 여러 형태로 구분할 수 있다.
- 개별적 참여와 집단적 참여
- 비제도적 참여와 제도적 참여
- 행정 주도형, 수평형, 주민주도형
- 직접적 참여와 간접적 참여

6) 주민참여의 효과

주민참여를 통해 얻은 효과에 대한 분석은 도시계획에서 찾아볼 수 있다. 우선 주민참여를 통해 지자체에 대한 이해도를 높이고 사전에 정보를 제공함으로써 수립된 계획에 대한 수용도를 높이는 효과를 가져 온다. 또 전문가들과 공무원들 또한 일반 시민들과 소통하는 방법을 학습하는 계기가 될 수 있다. 또한 '참여하는 시민'의 육성에도 큰 역할을 하고 시정 전반에 대해 관심을 가지고 참여하려는 '시민'들이 늘어나고, 참여 경험을 가진 시민의 증가는 결국 또다시 참여의 질적인 수준을 올리는 데

---

32 이진희, 김지영, 김태형, 지용근, 2010, 물환경 거버넌스를 위한 의사결정체계 구축, 환경정책평가원 연구보고서 2012-12

기여한다. 마지막으로 시민참여 프로그램에는 시장, 부시장뿐만 아니라 시의원 등 정책결정자들이 많이 참여하여 사전 공감대가 형성되고 도시계획이 정한 미래상과 전략들을 추진하는 데 좋은 환경을 만들 수 있다.[33]

공공참여 사례

비엔나시의 폐기물처리기본계획 전략환경평가에서의 공공참여 (Strategische Umweltprüfung (SUP) zum Wiener Abfallwirtschaftskonzept 2007)

공공참여가 추구하는 목표는 비엔나市의 '폐기물처리기본계획 2007 현대화'에 그 목표점을 맞추고 있다. 이 과정에서 시행된 전략환경평가를 통해 환경측면을 사회·경제적 관점을 동일 선상에서 고려되도록 하는 데 있다.

• 참여자: 비엔나 시청 담당부서, 열병합 발전소, 비엔나 환경변호사[34]

---

33 이상대, 2016.07.29, 시민 참여 정책과 계획, 중부일보 칼럼
34 지방 환경법에 의거 설립된 기관으로 정부기관과 대부분 분리되어 있으며 환경분제 해결을 위해 전문지식을 제공하므로 정부, 행정, 주민, 주민단체, NGO, 사업제안자에게 동반자 역할

(Umweltanwaltschaft), 환경 단체, 외부 폐기물 전문가, 기타 관심 있는 단체, 비엔나 市와 니더 외스터라이히 (Niederoestereich) 州 지역 부서와 관심 있는 시민

• 주민참여의 이정표: 라운드 테이블에서 관련 주무 부서와 환경단체, 외부 전문가(전략환경평가 전문가)와 함께 공동으로 비엔나市의 '폐기물처리기본계획 2007 초안 작성 및 전략환경평가 이행'
• Feedback-Workshop을 통해 기타 관심 단체와 비엔나 시 및 니더 외스터라이히 주 지역 부서와의 협의하여 중간 결과 도출
• 공공에게 비엔나市의 '폐기물처리기본계획 2007'과 의견수렴을 위한 전략환경평가서 공람
비엔나市 정부에 의해 '폐기물처리기본계획 2007'의 결성과 전략환경평가 팀은 폐기물처리기본계획 2007 초안에 대해 공감하고 정책 결정자에게 공동의 권장사항을 건내 줌
• 비엔나市 정부는 참여과정에서 도출한 결과 전체를 '폐기물처리기본계획 2007' 의결

7) 주민참여의 한계점

도시계획 분야의 예를 들면 주민참여는 여러 가지 한계가 들어났다.[35] 계획안이 완성된 후 실시하는 사후적·형식적인 시민참여의 문제점을 이 지적되고 있다. 계획초기에는 전문가들 위주로 운영되고, 계획안이 거의

을 함. 고 오스트리아(Ober Oesterreich)에서 1985년에 최초로 환경변호사 협회를 설립하였다 http://www.umweltanwaltschaft.gv.at/de/wir-ueber-uns, 검색일 2016.9.25).

35 양재섭, 김태현, 2011, 서울시 도시계획 수립과정에서 시민참여 실태와 개선 방향, Working Paper 2011-BR-03

완성된 후에 공청회, 의견 청취, 열람이 진행되는 등 시민의견 수렴이 뒤늦게 이루어지는 경향이 있다.

도시계획 수립과정에서 이루어지는 시민참여는 공청회, 설문조사, 열람 등이 대부분이어서 단조롭고 소극적인 경향이 있다.

그 외에 참여 대상 선정과 대표성의 확보문제이다. 참여자 선정에서 시민의 대표성이 확보되지 않은 경우도 있다. 지역 전체적인 시각보다는 자신과 관련된(대표적인 것이 내 땅이나 내 집의 부동산 가치 상승) 이해관계자의 시각으로 보는 경우도 있다. 또 미래 세대가 충분하게 참여하지 못하는 문제도 있었다. 도시기본계획이나 지구단위계획은 제한된 기간과 예산범위 내에서 계획이 수립되기 때문에, 시민의 의견을 폭넓게 수립하기 어려운 상황이다. 시민들을 참여시키는데 드는 비용 대비 효과를 감안하면 시간, 인력, 예산이 많이 소요되지만, 이러한 여건을 충족시키지 못해 평이한 수준에서 시민의견 수렴이 진행되는 경우가 많다.[36]

8) 댐건설계획과 환경평가 제도상의 주민참여

(1) 댐건설 추진 시의 주민참여

댐건설 계획 및 사업 추진 과정과 환경평가의 과정을 통해 주민의견 수렴과정을 분석 해야 한다. 댐건설은 유역치수종합계획에 따라 댐건설이 필요한 경우 지자체의 건의를 거쳐 국토교통부에 전달되면 이를 댐건설 장기계획에 포함되게 되고 댐건설은 기본계획과 실시계획을 통해 착

---

36 이상대, 2016.07.29, 시민 참여 정책과 계획, 중부일보 칼럼

공된다. 댐건설의 과정에는 주민참여의 가능성이 배제되고, 댐건설 장기 계획 및 댐건설 기본계획 수립 시에 시행되는 전략환경영향평가와 댐건설 실시설계 단계에는 추진되는 환경영향평가를 통해 주민참여 가능성이 처음으로 열린다.

이렇게 2013년 전에는 댐건설과 관련하여 직접적인 주민참여 가능성은 없었으나, 2013년부터는 댐건설 사전검토 협의회를 신설하여 주민 참여 가능성을 열어 놓았다. 중앙 댐건설 사전검토 협의회 외에 지역 사전검토협의회를 운영하여 지역의 의견을 들을 수 있도록 하였다.

2016년부터는 댐 희망지 신청제를 도입하여 시민참여의 문을 더 개방하게 되었다.

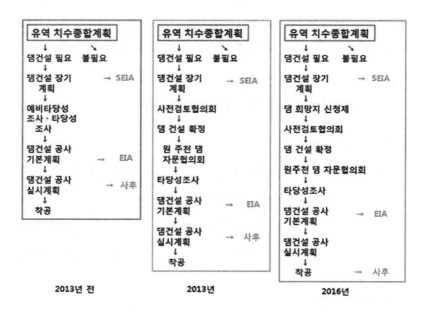

【그림 3-8】 댐 건설에 따른 환경갈등 해소 방안의 변천사 (자체 작성)

(2) 환경평가 상의 주민참여

주민참여는 댐 건설 추진 과정에서는 댐 희망지 신청제와 사전검토 협의회라는 2단계를 걸쳐 주민참여의 기회가 있으며, 환경평가 과정에서는 댐건설 추진 단계에 따라 주민참여의 기회가 주어진다. 댐건설 기본계획 수립 시에 시행되는 전략환경영향평가와 댐건설 실시설계 단계에는 추진되는 환경영향평가의 절차에서 지역주민은 참여하여 의견개진을 할 수 있다. 우리나라의 전략환경영향평가 제도 상 주민의견수렴은 평가절차의 한 부분으로 중요한 역할을 한다. 따라서 환경영향평가 등의 대상이 되는 계획 또는 사업에 대하여 충분한 정보 제공 등을 함으로써 환경영향평가 등의 과정에 지역주민이 원활하게 참여할 수 있도록 노력하여야 하고 환경영향평가 등의 결과는 지역주민 및 의사결정권자가 이해할 수 있도록 간결하고 평이하게 작성되어야 한다는 것이 환경영향평가 등의 기본원칙이다.[37] 또한 환경영향평가법 제13조는 "개발기본계획을 수립하려는 행정기관의 장은 개발기본계획에 대한 전략환경영향평가서 초안을 공고·공람하고 설명회를 개최하여 해당 평가 대상지역 주민의 의견을 들어야 한다."고 명시하고 있다.

전략환경영향평가 대상 계획 및 환경영향평가 대상사업에 대한 주민이해를 돕고, 내용을 공개하여 공정한 평가가 이루어지도록 주민의견 수렴절차를 도입하고 있다.

주민의견 수렴절차의 핵심적인내용은 설명회 또는 공청회의 개최이

---

37 환경영향평가법 법률 제13426호, 2015.7.24

며, 특히 동 법은 주민의 요구가 있는 경우 공청회 개최를 의무화하고 있고, 주민 이외의 자의에 대한 의견을 듣고 이를 평가서 내용에 반영하도록 하고 있다.

현행 환경영향평가법에 명시된 주민의견수렴 관련조항은 다음과 같이 평가준비서 단계, 평가서초안 단계, 평가서(최종) 단계 등 총 3단계로 대별하여 볼 수 있다.

- 평가 준비서 단계: 심의위원으로 참여, 의견서 제출
- 평가서 초안 단계: 설명회 및 공청회 참여, 의견서 제출
- 평가서 최종 단계: 주민의견 반영여부에 대한 공람

전략환경영향평가에 관해 주민참여는 직접적인 방법과 간접적인 방법으로 구분할 수 있다. 평가준비서 단계에서 평가 준비서에 대한 의견서를 제출하고, 평가서 초안 단계에서 시행되는 주민설명회 혹은 공청회에 지역 주민이 참석하여 의견을 제출하거나 주민의견 반영여부에 대한 공람을 하면 이는 직접적인 방법이 되고, 평가준비서 단계에서 주민대표로 심의위원으로 참여하면 이는 간접적인 방법이 된다.

평가서 초안단계에서 시행하는 설명회 및 공청회에 앞서 전략환경영향평가서 초안의 공람이 이루어지는 데 그 주된 목적은 개발사업과정에서 환경에 미치는 환경영향을 사전에 지역주민에게 인식시키고 이에 대한 이해관계 여부를 사전에 조정하여 사후 민원사항을 방지하는데 있다. 또한 영향평가 활동과정에서 누락되었거나 확인이 어려운 당해 지역 만

의 특수한 환경에 대한 사항에 대해 지역사정에 밝은 주민들만이 가지고 있는 정보를 미리 입수하여 대처함으로써 내실 있는 환경영향평가를 시행할 수 있도록 하는데 있다.

9) 주민참여 방안

주민참여는 빠른 시점에서 하면 할수록 그 효과가 클 것이므로 가급적 행정계획 수립 초기 단계에 지역 주민의 의견을 수렴하는 것이 바람직하고 그 연장 선상에서 환경영향과 관련하여 주민의견 수렴을 하는 것이 적절할 것이다. 특히 계획변경으로 환경영향을 최소화 할 수 있다면 이러한 연계된 주민의견수렴은 유용할 것이다.

주민참여는 일반적으로 준비과정 → 시행 → 모니터링 → 점검의 과정을 거치는 것이 필요하다.

주민참여를 위한 준비과정에는 아래의 사항에 대해 미리 준비가 필요하다.

- 어떤 목적으로 주민 참여를 추진하는가?
- 주민참여가 어느 정도까지 의사결정에 관여할 수 있는가?
- 누가 최종의사결정을 하는가?
- 참여하는 주민의 범위를 어디까지 하고 참여하는 주민의 구성을 어떻게 균형 있게 할 것인가?
- 주민참여를 어느 정도까지 그리고 어떤 방법으로 할 것인가?
- 주민참여 진행을 위해 전문 인력을 투입 할 것인가?

- 주민참여의 절차와 기간을 어떻게 정할 것인가?
- 어떻게 균형 잡힌 정보를 제공 할 것인가?

주민참여 시행은 위 그림에서와 같이 정보 전달 단계와 협의 단계 및 협력 단계로 구분하여야 하며 이에 따라 주민참여 방안도 차이가 난다.

정보 전달 단계에서는 다음 사항을 고려하여 진행하여야 한다.

- 균형감각을 유지하면서 참여 대상에 적합하게 정보를 제공하기 위해 어떤 의사소통 방법을 투입할 것인가?
- 광의의 공공과 조직화된 공공에게 적극적인 방법으로 정보를 제공하는가?
- 이미 결정된 사항에 대한 정보를 제공하는 경우 이에 대한 사유를 설명하고 있는가?

협의 단계에서는 아래의 사항을 주의 있게 다루어야 한다:

- 협의를 위한 자료는 참여 여부를 판단 할 수 있도록 간략하고 일반적으로 쉽게 이해 할 수 있도록 요약 형태를 갖추고 있는가?
- 협의 대상 외에 참여 과정의 대상과 목적 외에 주제, 이미 정해진 사항, 협의 배경과 협의를 추진하는 이유를 서술하고 있는가?
- 공공참여를 위한 담당자가 있는가?
- 입장표명 후에 과정이 어떻게 진행되는가?
- 표명된 입장의 내용과 공공참여 보고서는 어떻게 공개되는가?
- 입장 표명의 기한을 얼마간 둘 것 인가?
- 주민참여 담당자를 쉽게 연락할 수 있는가?

- 표명된 입장의 내용을 신뢰 있게 다루는가?
- 입장표명의 주요 내용이 고려되는가?

협력 단계

협력단계는 라운드 테이블(Round Table), 합의 회의(Consensus-Conference), 이해관계자 다이어록(Stakeholder-Dialog) 등의 형태로 진행할 수 있다.

바람직한 협력단계의 주민참여는 아래의 사항을 고려하여야 한다.

- 주민참여의 목적과 대상, 예산 및 공공참여 기간에 맞춰 주민참여 방법을 구상하는가?
- 투입되는 시간을 어느 정도 예상하는가?
- 참여에 투입되는 시간에 대한 보상을 하는가?
- 주민참여 절차를 중립적으로 이끌어 가는가?
- 주민참여 절차에 대해 공개되는가?
- 주민참여가 의사결정에 어떤 영향을 미쳤는지 기록되는가?

모니터링과 점검의 과정

모니터링과 점검은 주민참여 과정의 마지막 단계이며 아래의 사항을 고려하여야 한다.

- 주민참여 과정에서 획득 한 경험을 기록화 하여 향후 미래에 있을 절차에서 고려되고 계속 사용할 수 있도록 모니터링 하는가?
- 초기 주민참여 과정에서 설정한 목적을 달성하고 있는가?
- 모니터링과 점검의 과정에 주민이 참여하는가?

1. 거버넌스의 등장 배경과 개념에 대해 설명하시오.

2. 환경갈등의 원인과 개념에 대해 설명하시오.

3. 3가지 환경갈등의 유형에 대해 서술하시오.

4. 환경갈등과 환경 거버넌스의 관계에 대해 논의하시오.

5. 정부와 주민(이해관계자)간의 관계 유형을 구분하시오.

6. 도시계획수립 시 운영되는 주민참여 제도에 대해 서술하시오.

7. 전략환경영향평가 제도에서 시행되는 주민참여에 대해 서술하시오.

8. 바람직한 주민참여 방안에 대해 설명하시오.

9. 전략환경영향평가 제도와 관련하여 어느 정도 수준까지 주민참여가 바람직한가에 대해 논하시오.

---

38 매사에 묻고, 따지고, 사안의 본질에 대하여 끊임없이 질문하는 Mister Q

제4장

의사결정

학습목표

    사회과학이나 경영학에서 자주 사용하는 용어 중에 하나는 의사결정이다. 전략환경평가와 관련해서 외국의 전략환경평가를 의사결정의 상위단계인 정책(policy)·계획(plan)·프로그램(program)으로부터 발생할 수 있는 환경영향을 사전에 평가하는 과정으로 설명할 때 사용한다. 일반적으로 어느 주체가 문제 해결을 위해 특정행동이나 방향을 선택하고 이를 추진하겠다고 결정하는 과정이 의사(意思)결정(decision making)이다[1]. 계획을 수립하고 시행하는 일은 계획수립자가 취하는 일련의 의사결정이다. 이러한 의사결정과정에 환경평가제도가 적용되고 있다. 개발위주의 의사결정이 친환경성을 제고할 수 있도록 지원해 주는 역할을 하는 것이

---

1 행정학사전, 대영문화사

환경평가인데 이와 관련하여 자주 논의되고 있는 의사결정에 대해 기본 지식을 습득하는 것이 본 장의 학습목표이다. 이에 앞서 행정계획의 수립 절차에서 어떤 과정을 통해 의사결정이 이루어지는지를 알아본다.

1. 전략환경영향평가의 행정적 의사결정과정

우리나라 환경영향평가법에 따르면 전략환경영향평가 대상 계획은 정부가 수립하는 계획이며 이를 행정계획이라고 한다. 행정계획은 관련 법에 근거하여 관련 부처에서 수립하므로 법정 계획이라고 한다. 일반적으로 계획은 그 해당 분야의 문제점 해결을 위해 계획수립을 결정한다. 그러나 이러한 결정은 전략환경영향평가가에서 사용하는 의사결정과는 무관하다.

계획수립과정은 그림 4-1과 같이 우선 관련법에 근거하여 행정계획 안을 작성하면서 시작된다. 행정계획 수립주체가 그 시행여부에 대해 전략환경영향평가의 결과를 참고하여 의사결정을 할 수 있다. 하지만 우리나라의 경우 계획수립자의 의사결정에 앞서 반드시 환경부의 협의를 거쳐야 한다. 환경부의 협의는 사업과 행정계획에 대해 동의, 조건부 동의 또는 부동의하는 3가지 형태를 가지고 있다. 환경부의 협의 과정을 거친 후에 계획수립자는 최종적으로 의사결정을 할 수 있다. 이는 계획수립자가 최종적으로 의사결정을 하기 전에 환경부의 협의, 즉 환경부의 의사결정을 들어야 한다는 것이다. 따라서 환경부의 협의는 용어상 협의라고 정의하고 있지만 사실상 행정계획의 수립주체가 의사결정을 하는데 있어서 핵심적인 사항이 되고 있고 이에 의존하고 있다. 외국의 전략환경평가제도에는 이러한 협의 과정이 없이 계획수립자의 선에서 환경평가의 결과를 토대로 의사결정을 한다. 유럽의 전략환경평가제도에서는 계획수립자가 스스로 의사결정을 하여야 하고 이에 따라 수반되는 책임도 감수하여야 하는 형태라면 우리나라는 계획수립자가 환경부의 협의제도라는 의사결정에 의존하는 형태이다. 의사결정의 형태는 서로 차이가 나지만 전략환경영향평가가 의사결정 지원을 목적으로 하는 데 있어서 동일하다.

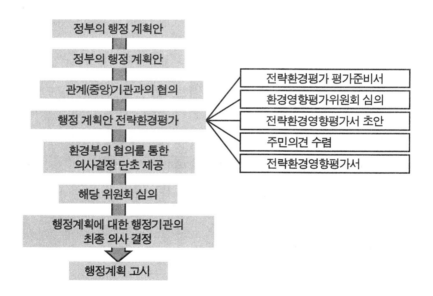

【그림 4-1】 전략환경영향평가의 의사결정과정

2. 의사결정의 개념

　의사결정은 둘 이상의 대안 중에서 하나를 선택하는 사고 및 행동으로 정의된다. 부연하면 둘 또는 그 이상의 문제를 해결하기 위한 대안 들 중에서 의사결정자, 즉 행정계획의 경우 계획수립기관이 자신이 의도하는 목적을 달성하는데 있어 가장 적절한 안이라고 생각되는 것을 선택하는 행위이다. 설정한 목적을 달성하기 위한 여러 안 중 가장 유리하고 실행가능한 안을 선택하는 것이다. 예를 들어 수자원 전문가가 수자원 확보(설정한 목적)를 위해 댐을 건설할 것인지(action) 아니면 댐 건설 외의 다른 대안을 모색할 건지, 댐을 건설한다면 어느 지역(location)에 어떤 규모(size)와 종류(type)의 댐을 건설할 건지에 대해 의사결정을 할 수 있다. 이 경우 대안은 댐건설 또는 다른 대안, 여러 입지에 대한 안들, 규모에 대한 안들, 댐 중류의 안들이 선택 사항이 된다. 만약에 대안이 없다면 선택할 수도 없을 뿐만 아니라 의사결정을 할 상황도 아니다. 다만 대안이 다수라면 이 중 하나의 최선인 안을 찾아야 한다. 결국 의사결정은 여러 대안 중에서 객관적인 기준(criteria)에 근거하여 가장 적합한 하나의 안을 선택하는 사고의 과정이다. 습관적, 직관적 또는 압력에 의해 결정을 내린다면 이는 선택을 하는 행동이지 의사결정이라 할 수 없다.

　의사결정과정은 일반적으로 우선 목표 설정이고, 대안을 수집하고, 여러 대안을 평가하고, 이 중 한 안을 선택하는 것으로 진행된다. 합리적인 의사결정은 개인은 물론 사회에 직접적인 영향을 미치기 때문에 중요하다.

3. 의사결정 단계 및 접근방법

의사결정 과정은 4단계로 구분된다.

단계 1: 희망하고 실질적으로 실행 가능한 상태에 대한 문제 인식

단계 2: 문제 해결을 위한 조사와 평가

단계 3: 문제 해결에 가장 적절한 행위 대안 결정

단계 4: 선택한 대안의 이행

의사결정에 대한 이론적 접근 방법은 기술적 의사접근(descriptive decision making)과 규범적 의사결정(normative decision making)으로 나눈다. 기술적 의사접근 방법은 관찰, 설문, 실험을 통해 실제로 실행한 의사결정 행위를 분석하는 방법으로 경험적 방법이라고도 한다. 여기서는 실제적으로 의사결정 상황이 일어났을 때 어떻게 생각하고 어떻게 행동하는가를 분석한다. 반면 규범적 의사결정에서는 사람들이 합리적이고 이성적으로 생각한다면 어떻게 해야 하는가를 제시한다. 이러한 규범적 분석의 특징은 결정 논리, 즉 일관성(coherence)과 합리성(rationality)에 초점이 맞추어져 있다.

국가 또는 지역경제의 발전 또는 복지 증진, 환경질 개선 등 삶의 질 향상에 영향을 미치는 어떤 정책이나 계획을 결정한다는 것은 반드시 미지의 사항을 포함하고 있다. 가령 장래 어떻게 될 것인지 알 수 없는 불확실성에 대한 의사결정자의 결단이 요청된다. 또한 불확실이 포함된 결정

문제에서는 우리가 알지 못하는 미지의 정보를 포함하고 있다. 따라서 우리가 가능한 한 많은 정보를 확보하여 미지정보를 줄인다면 위험이 감소하여 더 좋은 선택을 할 수 있다. 의사결정과정에서 자료를 수집하고 분석하는 것은 미지의 정보를 최대한 확보하려는 활동이다. 의사결정의 과정에서 미지의 정보가 미흡하거나 이에 대한 분석이 부정확하게 되면 개인의 통찰력이나 직관적 기준에 따라 판단하게 된다. 그러나 직관에 의한 결정은 인간의 인지능력의 한계로 잘못된 결론에 이르는 경우가 많다.

우리가 당면하게 되는 대부분의 실제 문제는 매우 복잡하여 문제 자체를 이해하기 조차 힘들 때가 많다. 또한 미래의 상황에 대한 평가정보는 불확실할 수밖에 없으므로 의사결정의 결과에 따른 위험을 완전히 배제할 수 없다. 그 위험은 잘못된 의사결정에 따른 환경파괴, 경제적 손실, 시민 피해 등으로 국가 또는 개인의 손실로 이어질 수 있다.

의사결정분석에서는 미래가 분석의 대상이다. 그러므로 우리가 선택한 결과의 성과에 대한 불확실성은 불가피하다. 미래의 상황을 사전에 정확히 예측한다는 것은 불가능하다. 불확실하다는 것은 정보가 부족하다는 뜻이다. 그러므로 불확실함의 정도를 줄이기 위해서는 보다 많은 정확한 정보를 수집해야 한다. 이때 불확실성이 평가에 미치는 영향이 크다면 정보수집에 보다 많은 시간을 할애하고 전문가의 의견을 취합하여야 한다.

결정을 어렵게 하는 요인 중의 하나는 선택의 결과로 우리가 얻게 될 성과를 의사결정 시점에서는 평가하기 곤란하다는 점이다. 의사결정의 단계에 따라 결과를 평가할 수 있는 정보의 양과 질이 다르기 때문이다. 어떤 경우에는 그 성과를 비교적 정확히 예측할 수 있거나 또는 예측할 수 있다고 가정할 수 있다. 때로는 어떤 사건이 발생한다는 것은 알 수 있으나 그 가능성은 전혀 예측 할 수 없는 경우도 있다. 이처럼 의사결정문제는 수집 가능한 평가 정보에 따라 다음과 같이 세 가지 타입의 의사결정으로 나뉜다.

- 불확실성 하의 의사결정
- 확실성 하의 의사결정
- 그 중간 형태에 속하는 위험성 하의 의사결정

불확실성은 기간과 관련되어 있으며 현재에서 먼 장기미래로 갈수록 증가한다고 할 수 있다. 20년 단위의 행정계획을 수립한다면 20년 사이에 많은 변수들이 발생할 수 있어 계획의 목적을 달성할 수 있는지는 매우 불확실할 것이다. 이런 장기계획의 경우에 환경영향예측 또한 많은 불확실성이 내포되어 있다.(그림 4-2)

전략환경평가는 일반적으로 정책, 계획을 대상으로 하고 있고, 사업에 대해서는 환경영향평가를 실시한다. 정책적 의사결정은 장기적인 성격이고 계획은 정책결정 하에 수립되는 계획으로 중기적인 특성을 갖고 있으며 사업은 단기적이라고 할 수 있다. 이러한 특성에 따라 불확실성은 정책에서 가장 크게 작용하며 사업단계로 내려가면서 불확실성은 낮아진다.(그림 4-3)

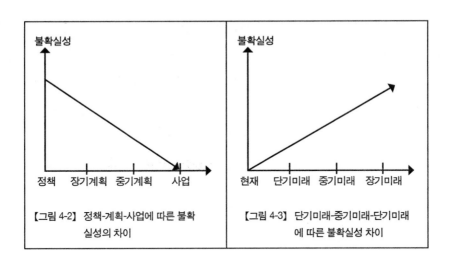

【그림 4-2】 정책-계획-사업에 따른 불확실성의 차이

【그림 4-3】 단기미래-중기미래-단기미래에 따른 불확실성 차이

1) 불확실성 하의 의사결정(decision making under uncertain)

확실성하의 의사결정과 대비되는 상황이다. 의사결정에 필요한 확실한 정보가 없고 판단을 해야 하는 시점에서 그 선택의 결과로 얻게 될 성과를 정확히 알 수 없다. 여러 예상되는 상황이 실제로 나타날 가능성에 대한 정보가 없다. 이러한 상황에서의 의사결정 문제를 불확실성 하의 의사결정이라고 한다. 의사결정에 필요한 정보가 매우 부족하여 분석적 판단이 곤란하다. 주로 장기적 전략의사결정(예: 수자원장기종합계획 또는 국토종합계획) 문제가 이에 속한다.

불확실한 상황 하에서 의사결정을 할 경우 어떤 판단기준으로 의사결정을 하는가?

우리는 보통 여러 선택대안 간의 선호를 비교할 때 각 대안의 기대성과를 이용한다. 불확실성하의 의사결정에서는 선택할 대안들은 있으나, 하나의 대안을 선택했을 때 그 결과로 얻게 될 성과의 가능성에 대한 정보가 없다. 그러므로 기대성과를 선택의 기준으로 사용할 수 없다. 사용할 수 있는 선택기준은 다음과 같다.

- 우월기준
- 낙관적 기준
- 비관적 기준
- 라플라스 기준
- 후르비쯔 기준

(1) 우월 기준 (superior criterrion)

하나의 대안이 어떠한 상황에서도 다른 대안보다 환경영향이 적다면 그 대안을 선택하는 것이 최선이다. 이러한 선택기준이 우월기준이다. 우월기준에 의해 하나의 대안을 선택할 수 있는 상황이라면 의사결정은 간단명료해 진다. 종합적인 의사결정 문제에서 이런 경우는 많지 않다. 종합 의사결정에서는 경제사회적 부분을 포함하여 환경도 함께 고려하여 의사결정을 하여야 한다.

(2) 낙관적 기준(optimist criterion)

최선의 상황이 발생한다는 가정하에서 각 대안에 대한 최선의 조건부 값을 서로 비교하여 최적 대안을 선택하게 하는 기준을 낙관적 기준이라 한다. 의사결정자가 미래 환경변화에 대한 판단에서 낙관적 경향을 가지고 있다면, 보다 환경중심적인 전략방침을 선택할 것이다. 낙관적 의사결정자는 자신이 어떤 선택을 하든 불확실한 상황은 항상 비환경적인 분야와 비교하여 환경적인 관점에서 가급적 유리한 방향으로 전개될 것이라고 믿는다.

(3) 비관적 기준(pessimist criterion)

최악의 상황이 발생한다는 가정 하에서 각 대안에 대한 최악의 조건부 값을 서로 비교하여 최적 대안을 선택하게 하는 기준을 낙관적 기준이라 한다. 이러한 낙관적 기준이 친환경적이라면 비관적 기준은 환경성 고려를 소극적으로 대변한다. 비관적 기준에서는 미래의 환경변화가 불확실할 때에는 최악의 환경변화를 가정하여 의사결정을 한다.

(4) 라플라스(Laplace) 기준[2]

라플라스 기준은 평균 기대값 기준이다. 불확실성하의 의사결정은 불확실한 각 상황의 발생확률을 알지 못할 때의 문제이다. 우리의 문제에서 내년도 경제성장률이 세 가지 중의 어느 하나로 나타날 것이나 그 중 어느 것이 사실로 나타날지에 대해서는 아무런 정보가 없다. 세 가지 상황 중 어느 상황의 발생확률이 더 높을지 알 수 없다. 이것은 다시 말하면 세 상황의 발생 가능성을 동일하게 보아도 무방하다는 말이다.

이러한 의미에서 라플라스 기준(Laplace insufficient reason criterion)은 각 대안별 이익의 산술평균을 구하고 그 중에서 가장 큰 값을 주는 대안을 선택한다는 규칙이다. 불확실성 하에서 의사결정시, 라플라스 기준은

---

2 프랑스 수학자 피에르시몽 라프라즈

모든 상황이 동일한 확률로 발생한다고 가정한다. 불확실성 하의 의사결정에서는 불확실 상황의 발생확률을 모르는 경우의 문제라고 하였으나 라플라스 기준에서는 발생확률 분포를 가정하고 있다.

(5) 후르비쯔(Hurwicz) 기준

낙관적 기준이나 비관적 기준은 의사결정자가 최선의 상황이나 최악의 상황만을 고려한다는 점에서 비난을 받을 수 있다. 왜냐하면 의사결정자가 완전히 낙관적이거나 또는 완전히 비관적인 경우는 드물기 때문이다. 우리는 다만 의사결정자가 낙관적 경향이 있다거나 비관적 경향이 있다고 만 평가할 수 있다. 후르비쯔 기준(Hurwicz criterion)은 이것을 반영한 결정기준이다. 즉 의사결정은 항상 낙관적 또는 비관적 측면에서만 이루어지는 것이 아니며 어느 정도는 두 가지 측면을 동시에 고려한다는 기준을 의미한다. 후르비쯔 기준은 낙관적(Optimism) 기준과 비관적(Pessimism)기준을 종합하고 있는 셈이다.

2) 확실성 하의 의사결정(decision making under certain)

의사결정에 필요한 모든 정보가 의사결정자에게 제공되는 경우 확실성 하의 의사결정을 할 수 있다. 하나의 대안을 선택하였을 때, 그 결과로 의사결정자가 얻게 될 성과의 크기를 정확히 알 수 있다면 대안 간의 선호 비교가 용이하여 선택이 쉬워진다. 이러한 경우의 의사결정을 확실성 하의 의사결정이라고 한다.

확실성을 가정할 경우에도 결정이 단순하지 않고 결정을 어렵게 만드는 문제가 발생한다. 이때 그 이유는 하나의 대안을 선택하면 다른 어떤 대안은 선택할 수 없다든가 또는 어떤 대안이 반드시 먼저 선택되어야 한다는 등 대안 사이의 상호종속성 때문이다. 또 결정을 어렵게 만드는 또 하나의 걸림돌은 시간, 경제적 자원과 인적 자원의 한정된 여건의 범위 내에서 가장 적절한 계획을 수립하여야 하는 여건의 제약성이다.

3) 위험성 하의 의사결정(decision making under risk)

의사결정에 필요한 정보가 확실치는 않지만 의사결정에 의한 발생확률은 알고 있다. 불확실성하의 의사결정보다는 정보가 많은 상황으로 미래 발생 가능한 여러 상황이 나타날 가능성(probability)에 대한 정보가 있을 경우의 의사결정 문제를 위험성 하의 의사결정이라고 한다.

4. 정보와 의사결정

일상생활에서 당면하는 많은 문제에서 우리는 이미 가지고 있는 지식을 바탕으로 최선의 대안을 선택한다. 그러나 중요한 문제에서는 대안들을 비교 평가하는데 우리가 가지고 있는 지식이 충분하지 않다고 느낀다는 점이다. 그래서 우리는 여기 저기 물어보면서 더 많은 정보를 수집하려고 노력한다. 경우에 따라서는 정보를 수집하기 위하여 많은 비용을 지불하기도 한다. 비용을 지불하면서도 정보를 얻으려고 하는 것은 정보량이 많아질수록 의사결정의 성과가 높아지기 때문이다. 이러한 정보수집 활동은 결국 의사결정에 따른 불확실성을 줄이기 위한 활동이다. 따라서 정보가 많을수록 의사결정과 관련한 불확실성이 감소하여 보다 좋은 선택이 가능하고 의사결정의 성과를 높일 수 있다. 즉, 다량의 유익한 정보는 의사결정의 가치를 높여 준다. 여기에 정보의 가치가 있고 정보의 중요성을 알 수 있다.

전략환경영향평가와 관련하여 정보 수집은 개발계획에 따라 어떤 환경문제가 발생할 수 있는지에 대한 정보를 의미하며 이 환경정보는 경제성과 기술적 정보 외에 고려하여야 하는 추가적인 정보이다. 개발계획에 따라 발생할 수 있는 환경문제를 고려하지 않는다면 사회적 갈등이 발생하고 계획수립 및 시행에 있어서 지연 또는 중단과 같은 큰 변동이 일어나 불확실성이 발생할 수 있다. 이러한 불확실성을 줄이기 위해 전략환경영향평가를 시행하는 것이며 이를 통해 개발계획수립이라는 의사결정의 질이 개선될 수 있다. 의사결정의 질은 개발계획이 환경 갈등 없이 원만하게 시행될 수 있다는 의미로 이해 할 수 있다.

【그림 4-4】 정보 수집의 목적

5. 정보가치 결정요인

자료는 객관적 사실로서 그 자체로는 아무 가치가 없다. 정보는 사용자의 지식을 높이기 위해 자료를 모형화하거나 조직화 과정을 거쳐 의사결정의 질을 높이도록 전환한 결과이고 의사결정에 유용하게 사용된다.

의사결정에 포함되어 있는 불확실을 줄이기 위해 우리는 정보를 수집한다. 전문가로부터 자문을 얻거나 문헌 및 설문조사 자료를 수집하고 통계적 방법을 이용하여 필요한 정보를 추출한다. 기타 신문, 잡지, 서적 등의 문헌을 통해 정보를 얻기도 한다. 이러한 모든 노력에는 비용이 발생한다. 그러나 이렇게 획득한 정보로부터 비용을 초과하는 가치를 얻을 수 있다면 정보를 얻기 위해 비용을 지출한 것은 현명한 판단이 된다.

정보의 가치는 불확실성 하의 의사결정 문제에서 대두되고 의사결정자의 위험선호 성향에 따라 달라진다. 정보는 미래 상황에 대한 불확실을 줄이는 역할을 한다. 그러므로 정보의 가치는 불확실을 줄여주는 정도에 따라 달라지고, 또 그 정보가 어디에 이용되는가 하는 점도 정보의 가치에 영향을 미친다.

검토하고 있는 의사결정 문제에 내재한 불확실의 정도가 클수록 정보의 가치는 더 높다. 개인에 따라 위험을 선호하는 사람보다는 위험을 회피하는 정도가 높은 사람은 불확실을 줄이기 위해 더 많은 비용을 지불할 것이다.

위에서 정보의 가치를 결정하는 첫 번째 요인은 주어진 정보의 정확성이다. 정보의 정확성이란 해당 정보가 사건의 미래 발생을 얼마나 정확히 알아맞추는가를 의미한다. 정보가치를 결정하는 요인은 아래와 같다.

- 정보의 정확성
- 정보의 용도
- 상황의 불확실 정도
- 의사결정자의 위험성향

6. 전략환경영향평가와 불확실성

계획은 사회과학과 관련이 있는데 특히 정책학, 사회학, 의사결정론과의 관련성이 매우 높다. 그 외에도 사이버네틱(Cybernetic), 카오스 이론(Chaos theory), 시스템 이론 (System Theory) 등과 관련성이 있다. 정책과 계획 및 사업을 결정하는 의사결정과정에는 환경문제가 발생할 수 있는 불확실성이 내포되어 있는데 이는 환경평가 수단을 도입하게 된 이유 중에 하나라고 할 수 있다. 환경평가를 통해 의사결정 전에 환경영향에 대한 세밀한 분석을 하더라도 계획의 이행단계에서 예상하지 못한 불확실성이 나타남은 물론이고 현 상황에서 알고 있지 못한 지식의 한계를 알 수 있다.

계획의 불확실성 수준을 높음, 보통(중간), 낮음으로 구분할 수 있다. 전략환경영향평가는 계획의 불확실성 수준에 걸 맞는 방법으로 평가하여야 한다. 계획에 의한 환경영향을 예측하는데 높은 불확실성이라는 문제에 직면하게 되는데 예를 들면 계획의 내용이 하위단계에서 어떻게 이행되는지, 어떤 새로운 기술이 개발되는지 또는 다른 계획에 어떤 영향을 미치게 되는지 등이 이에 해당한다.[3]

전략환경영향평가의 평가 대상인 계획은 환경을 고려하여야 한다. 계획과 환경의 두 가지 요소는 역동적이고 복합적인 시스템으로 수시로 변화하고 있다. 이런 이유로 예측의 불확실성은 크다고 할 수 있다. 환경평가 상에 나타나는 불확실성은 다른 분야와 별반 차이가 있는 것은 아니다. 예를 들어 경제 분야에서의 불확실성은 환경평가의 분야와 별 차이가 있는 것도 아닌데 유독 환경평가분야에서 불확실성에 대해 엄격한 잣대를 적용하고 있다는 불만을 토로하고 있다. 일반적으로 미래 환경변화에 대한 예측은 항상 불확실성을 갖고 있다.[4]

사용할 수 있는 정보의 질과 양과 관계없이 그리고 전략환경영향평가 과정에서 환경영향에 대한 면밀한 분석을 통해 의사결정을 한다 해도 계획의 실행단계에서 환경영향이 어떻게 나타날지에 대해 불확실하고 이를 판단하는 데는 지식의 한계가 있다. 이와 관련하여 전략환경영향평가는 불확실성에 대해 잘 대처하지 못하고 있다는 지적이 있는데 그동안 이 부분에 대해서 소홀히 다룬 측면이 있었다.

전략환경영향평가 시행에 있어서 예상되는 불확실성을 투명하게 만

---

3 Therivel, Riki, 2004, Strategic Environmental Assessment in Action, Earthscan

4 (Joao, 2005; Weiland 1999b)

드는 것은 엄격히 보면 법에서도 요구하고 있다. 유럽 전략환경평가 지침(EU SEA Directive)에 따르면 평가서에 포함되는 정보 중 기술적인 어려움이나 현대 지식으로 알 수 없는 것과 같은 정보를 취합하도록 되어 있는데 이는 바로 불확실성에 대해 서술하여야 한다는 것을 의미한다.[5] 전략환경평가에서는 환경영향평가와 다른 수준의 확실성을 추구하여야 한다. Therivel은 전략환경영향평가 차원에서 내포되어 있는 불확실성에도 불구하고 많은 경우 충분한 (good enough) 평가 결과를 얻을 수 있다고 보고 있다. 예를 들어 한 대안이 다른 대안보다 더 좋다는 것은 정량적인 증거 없이도 확인할 수 있다. 전략환경영향평가에서 정량적인 예측에서 나타나는 불확실성을 해소하기 위해 또 다른 예측을 하는 등의 실수를 범해서는 안 된다. 또한 전략적인 차원에서 시행되는 더 확실한 영향 예측을 위해 추가적인 노력이 더 필요한지 심사숙고하여 판단하여야 한다.

Therivel은 구체적인 예를 들어 정량적인 자료를 토대로 하는 수학적인 방법이 정성적인 추정을 하는 방법보다 무조건 더 적절한 방법이라고 할 수 없다고 말한다. 정성적인 접근은 대충 추측하는 것과는 전혀 다른 방법이기 때문에 동일선상으로 보아서는 안 된다는 것이다. 정성적인 평가도 설문조사와 같은 방법으로 어떻게(불확실한 부분을 포함하여) 그런 예측 결과를 얻었는지 증거를 제시하여야 한다.

---

5 SUP-RL, Anhang I (h)

※ 불확실성의 예

대기오염은 문화 및 스포츠 이벤트로 인해서 발생한다.

지역경제 발전 전략의 일환으로 시행되는 문화스포츠 행사에 의한 대기오염 모델링은 불확실성을 내포하고 있다. 지역 발전을 위해 추진하는 더 많은 문화스포츠 행사에 따른 대기질 변화를 정량적으로 평가하기 위한 방법은 다음과 같다.

- 어떤 행사(행사의 종류)를 얼마나 많은 행사(행사의 수)를 진행하는가에 대한 가정
- 행사와 관련된 이동 거리와 횟수에 관한 가정;
  예) 한 행사 당 200~100건의 이동을 하게 되며 그 이동 길이는 각각 5~20Km가 됨
- 이동수단의 종류에 관한 가정
  예) 자동차 80~100%, 버스 0~20%
- 카풀과 버스를 이용하는 인원 수에 관한 가정
  예) 자동차 탑승 인원 1~2 명, 5~10명 버스 탑승
- 1Km 이동 거리에 따라 발생하는 운송수단별 대기오염의 종류와 배출량

이런 값을 곱해본다면 연간 질소산화물 발생량은 2천400에서 400만 마이크로그램으로 예측을 할 수 있다. 결과적으로 각 가정의 여러 불확실성을 가진 수치들을 곱하면 예측범위는 최저값보다 100배 까지 벌어지는 큰 차이를 보이고 있다. 대기오염의 경우 그 예측치는 더 심하게 벌어질 수 있다.

미스터 Q[6]

1. 의사결정의 개념에 관해 서술하시오.

2. 의사결정 접근방법에 관한 서술하시오.

3. 의사결정은 둘 이상의 대안 중에서 하나를 선택하는 행동이라고 하는데 어떤 의사결정이 있는지를 예를 들어 설명하시오. (예 : 지역의 낙후성을 극복하기 위해 균형발전이라는 국토정책 하에 구축되는 인프라 구축, 폐기물 처리를 위한 의사결정)

4. 불확실한 상황 하에서의 의사결정을 할 경우 어떤 판단기준으로 의사결정을 하는가에 대해 설명하시오.

5. 미래에 대한 의사결정 시에 불확실성의 최소화 방안에 관한 설명하시오.(예 : 전문성, 기술력, 정보력 등)

6. 20년 단위의 장기계획은 어떤 상태에서 의사결정을 하는 계획인지 설명하시오.

---

6 매사에 묻고, 따지고, 사안의 본질에 대하여 끊임없이 질문하는 Mister Q

제5장

정책 – 계획 – 사업

학습목표

전략환경영향평가 대상계획은 정책계획과 개발기본계획으로 구분되는 행정계획이다. 행정계획은 정부의 정책에 따라 수립되고 이는 환경영향평가 대상에 적용되어 구체적인 사업으로 이어진다. 따라서 정책-계획-사업은 상하 단계로 이어지는 일련의 의사결정이고 각 단계는 일반적으로 서로 연계되어 있다.

사회·경제적 발전을 위한 정책과 행정계획은 통상적으로 전략의 개념으로 이해할 수 있다. 따라서 이들에 대한 환경영향평가를 국제적으로 전략환경평가라고 한다. 정책과 계획은 사회경제적인 분야의 문제해결을 위한 바람직한 활동이지만, 그 이면에는 개발에 따른 환경문제가 존재한다. 따라서 환경을 고려하지 않은 정책과 계획으로 인해 지속가능발전에 걸림돌이 될 수 있으므로 이러한 우려를 정책과 계획에 대한 전략환경평가를 통해 사전에 불식시킬 수 있다.

정책과 계획에 대한 개념은 적절한 전략환경영향평가 시행의 기본이 된다. 따라서 이 장의 학습목표는 다음과 같다.

- 정책-계획-사업이 하나로 이어지는 일련의 과정을 이해할 수 있다.
- 정책과 계획의 개념과 이들 간의 관련성을 이해할 수 있다.
- 계획이 어떤 것인지에 대한 개념, 정의, 기능, 종류 등 그 의미를 이해할 수 있다.
- 계획과 환경영향의 관계를 이해할 수 있다.
- 계획과 전략환경영향평가와의 관련성에 대한 이해와 지식을 습득할 수 있다.

1. 정책-계획-사업의 연계성

정책(policy)은 정부가 앞으로 나아갈 노선이나 취해야 할 방침이며 정책결정자가 정책목표를 설정하고 만들어 낸다. 또한 특정 정책의 집행(policy implementation)은 사회에 영향을 미친다. 정책분야에 따른 정책영향((policy impacts) 은 경제, 고용, 교통, 수자원, 환경 등의 분야에 나타난다. 정책의 집행을 위해 일반적으로 해당 정책분야에 적합한 계획(planning)을 해야 한다.

계획(planning)은 결정된 정책을 구체화하는 수단이라 할 수 있다.

사업(project)은 정부 또는 기업이 어떤 일을 일정한 목적을 가지고 짜

임새 있게 어느 시점과 정해진 목표를 향해 진행하는 일이라 할 수 있다. 사업(project)은 시간과 비용 등의 제약조건 하에서 예정공정표에 따라 일관성을 가지고 투입하는 노력의 결과물이다.

정책, 계획, 사업은 상-중-하의 의사결정 과정으로 서로 연계되어 있다. 의사결정은 이상적인 형태로 본다면 위에서 아래로 물이 흐르는 물계단(cascade)처럼 상위단계인 정책(상)에서 중위 단계인 계획(중)으로 그리고 하위단계인 사업(하)으로 이어진다(그림 5-1). 의사결정이란 4장에서 거론된 바와 같이 인식한 문제에 대해 반응하고 바람직한 결과를 가져오는 해법을 규명하고 둘 이상의 대안 중에서 하나를 선택하는 과정이다. 정책과 계획을 수립하고 이에 따라 사업을 시행한다는 것은 일련의 의사결정과정이다.

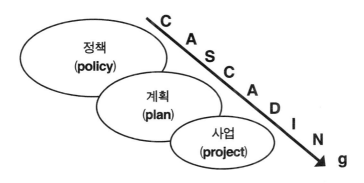

【그림 5-1】 정책, 계획, 사업의 상-중-하 의사결정 과정

정책(policy)은 계획 수립의 바탕이 되며, 이 계획을 토대로 사업이 시

행된다. 정책의 방향에 따라 계획의 내용이 정해지고 수립된 계획을 근거로 사업이 실행된다. 즉, 정책의 방향이 계획이 되고, 계획의 구체적 내용은 사업으로 이어진다. 그러므로 정책, 계획, 사업은 별개의 것이 아니라 정책이라는 큰 시각에서 볼 때, 계획에서 사업으로 좁혀지는 것이다. 정책은 세밀한 것보다는 넓은 시각이 주가 되고, 계획은 정책보다 좁지만 사업보다는 넓은 시각의 관점을 강조하며 사업은 좁은 시각에 초점이 맞추어져 있다.(그림 5-2)

| 정책의 시각 | 계획의 시각 | 사업의 시각 |

【그림 5-2】 정책, 계획, 사업의 시각적 구분

정책-계획-사업의 연계성은 다양한 형태로 나타난다.

국제적으로 잘 알려진 마셜 플랜(Marshall Plan)이라고 하는 유럽부흥프로그램(European Recovery Program)과 유엔 환경발전회의(UNCED)에서 결의한 "환경과 발전" 선언문[1]에서 천명한 "지속가능발전"은 정책의 한 형태라고 할 수 있다. "환경과 발전" 선언문에 서명한 국가, 특히 네덜란드, 덴마크 등의 선진 국가들이 환경정책계획을 우선적으로 수립하였다.[2] 이 국가들은 계획의 구체화를 위해 후속조치로서 사업을 추진한다.

노무현 정부(2003년 – 2008년)의 '국가균형발전'과 이명박 정부의 광역화 정책과 '저탄소 녹색성장'은 중앙정부 차원에서 수립되는 정부 정책이다. 이러한 정책은 계획과 사업으로 이어지는데 그 관계는 아래와 같다.

노무현 정부는 '국가균형발전'을 국정과제로 선정하였다. 국가균형발전이라는 정책은 수도권의 집중화 문제를 해결하기 위한 의도적 행동 방침이며 이는 법률 등을 통해 정립되었다. 국가균형발전의 정책을 추진하기 위해 '국가균형발전특별법', '지방분권특별법', '신행정수도건설을 위한 특별조치법'이 제정되었고, 국가균형발전위원회와 정부혁신지방분권위원회가 운영되었다. 국가균형발전 정책을 구체적으로 실현하기 위해 국가균형발전특별법에 근거하여 〈국가균형발전 5개년계획〉을 수립하였다. 이를 토대로 수도권 분산정책과 관련하여 중앙부처의 지방이전을 위해 구체적인 사업이 추진되었는데 세종특별자치시 건설, 공공기관 지방이전을 위한 혁신도시건설, 그리고 기업도시건설이 바로 그것이다.[3] 노무현 정부의 정책과 계획 및 사업은 아래와 같이 구분할 수 있다.

---

1 Declaration on Environment and Development

2 Jaenicke/Juergens (1996),

3 전경구, 2012, 참여정부와 이명박정부의 지역정책비교와 차기정부의 과제, 2012년 한국지역

• 정책: 국가균형발전, 국가균형발전특별법 등의 제정, 국가균형발전 위원회 등의 구성
• 계획: 국가균형발전 5개년 계획
• 사업: 세종특별자치시 건설, 혁신도시 건설, 기업도시 건설

이명박 대통령은 기후변화에 대응하고 녹색기술을 통해 신 성장 동력을 창출하기 위해 2008년 8월 15일 광복절 경축사에서 저탄소 녹색성장(Low Carbon Green Growth)을 선언하였고 이는 이명박 정부(2008~2013년)의 대표적인 정책이 되었다. 이 선언에 따라 저탄소 녹색성장 기본법이 제정되고 에너지법은 개정되었다. 그 외에 녹색성장위원회[4]와 에너지위원회[5]가 조직되어 새로운 환경정책을 추진하였다. 또한 저탄소 녹색성장 구현을 위해 미래지향적 에너지정책 방향을 제시하는 에너지계획의 최상위계획으로 에너지기본계획[6]이 수립되고 그 하위계획으로 전력수급기본계획[7]이 수립된다. 전력수급기본계획은 전력수요를 중장기적으로 전망하고 발전설비를 어디에, 언제 건설할지 등 세부 사업계획을 담고 있다. 이를 토대로 한 예를 들면 서해안에 조력발전사업들이 추진되

4 녹색성장 위원회: 국가의 저탄소 녹색성장과 관련된 주요 정책 및 계획과 그 이행에 관한 사항을 심의하는 국무총리 소속의 위원회(저탄소 녹색성장 기본법 제14조)

5 에너지 위원회: 주요 에너지정책 및 에너지 관련 계획에 관한 사항을 심의하는 산업통상자원부장관 소속의 위원회(에너지법 제5조)

6 저탄소 녹색성장 기본법 제41조에 의한 에너지 부문의 모든 분야를 총망라한 최상위 계획, 2014년 제2차 에너지기본계획 수립

7 전기사업법 제25조에 의한 계획

고 있다.

제4차 신·재생에너지 기술개발 및 이용·보급 기본계획[8]은 점진적으로 2035년까지 1차 에너지의 11.0%를 신재생에너지로 공급하는 목표를 설정하고 있다.[9] 에너지원 별로 2014년에서 2035년까지 각각 태양열은 0.5%에서 7.9%, 풍력은 2.6%에서 18.2%, 바이오는 13.3%에서 18.0%, 해양은 1.1%에서 1.3%로 확대하는 계획이 수립되었다. 신재생에너지 공급 비중 확대를 위해 RPS(신재생에너지 공급 의무화 제도)[10]를 추진하고 있다. 이러한 계획에 따라 바이오매스 자원(펠릿, 성형화된 바이오 고형연료 등)을 전소하는 발전시설 또는 조력발전 시설 등의 에너지 개발사업을 추진하고 있다.

이처럼 정책은 계획으로 이어지고 계획에서 제시된 목표를 달성하기 위해 구체적인 사업이 추진된다. 이명박 정부의 정책과 계획 및 사업은 예를 들면 아래와 같이 구분할 수 있다.

• 정책 : 저탄소 녹색 선언, 녹색성장기본법, 에너지법, 녹색성장위원회, 에너지 위원회

---

8 신에너지 및 재생에너지 개발·이용·보급 촉진법 제5조에 의해 기술개발 및 이용·보급 목표, 발전량 비중, 추진방법 등을 담고 있는 계획, 2001년 제1차 대체에너지 기술개발, 보급 기본계획 수립, 2003년 제2차 신·재생에너지 기술개발 및 이용·보급 기본계획 수립, 2008년 「제3차 신·재생에너지 기술개발 및 이용·보급 기본계획 수립, 2014년 제4차 신·재생에너지 기술개발 및 이용·보급 기본계획 수립

9 산업통상자원부, 2014

10 RPS는 Renewable energy portfolio standard 의 약어로 500MW 이상의 시설을 보유한 발전 사업자에게 총 발전량에서 일정비율을 신재생에너지로 공급하도록 의무화하는 제도. 현재 국내에서는 2012년 1월 1일부터 시행되어 한전 발전자회사, 지역난방공사, 수자원공사 등 14개의 대형발전소를 공급의무자로 지정해 발전량의 일정부분을 신재생에너지로 생산하도록 의무화하고 있다.

● 계획 : 에너지기본계획 수립, 전력수급기본계획 수립, 신·재생에너
지 기술개발 및 이용보급 기본계획

● 사업 : 태양력·풍력 또는 연료전지발전소 사업 등

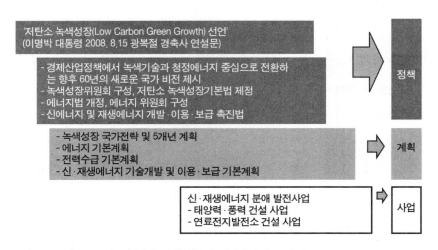

【그림 5-3】 사례1 – 이명박 정부 '저탄소 녹생성장 정책'

중앙정부 차원에서 뿐만 아니라 지방정부에서도 정책을 수립할 수
있다. 예를 들어 김태호 경상남도 지사는 경남도 의회 시정 연설 (2004. 11)
을 통해 남해안 시대를 열겠다고 정책의지를 천명하였고 박준영 전남지
사와 함께 남해안을 동북아 경제 중심지로 육성하기 위해 남해안 시대
공동선언(2005. 2)을 하였다. 그 이후 경상남도는 남해안발전특별법 제정
대책반(2005. 4)을 마련하였고 남해안발전 국제심포지엄, **Workshop**, 지역

공청회(2005. 4~6)를 개최하였다. 남해안균형발전법안, 남해안발전특별법안 등을 국회 발의하였(2006. 8~9)으며 동서남해안권발전 특별법이 제정되었다(2007. 11)

동서남해안권발전위원회는 이 특별법의 조항에 따라 수립된 '남해안권 발전 종합계획(안)'에 대해 심의·의결하였다. 이 과정을 거쳐 남해안권 발전 종합계획은 관보에 고시되고 남해안권 발전 종합계획이 법적으로 효력을 발휘하게 되었다. 남해안권 발전 종합계획(2010. 5)에 따르면 남해안 해당 73개 시군에서 산업 및 관광 개발 사업을 시행하도록 되어 있다. 예를 들면 친환경 해양 관광·휴양단지 조성(해양관광 클러스터 조성 사업, 판타지 아일랜드 개발, 도심형 해양관광 단지 조성, 스페이스 어드벤처 조성 사업 등), 문화예술·녹색생태관광 활성화(해상영웅벨트조성, 남도문화·문학·예술단지 조성, 남해안 녹색생태벨트 조성 등), 신해양관광 연계 인프라 조성(남해안국제크루즈기반조성, 남해안거점 마리나 조성 등) 사업을 추진한다.[11]

경상남도의 정책과 계획 및 사업은 아래와 같이 구분할 수 있다.
- 정책: 남해안 시대 선언, 동서남해안권 발전 특별법
- 계획: 남해안권 발전 종합계획
- 사업: 친환경 해양 관광·휴양단지 조성 사업, 문화예술·녹색생태 관광 활성화 사업, 신해양관광 연계 인프라 조성 사업

---

11 국토해양부, 부산광역시, 전라남도, 경상남도, 2010, 남해안권발전 종합계획

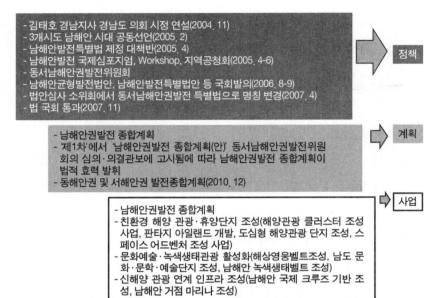

 안에는 다음 내용이 포함되어 있습니다.

- 김태호 경남지사 경남도 의회 시정 연설(2004. 11)
- 3개시도 남해안 시대 공동선언(2005. 2)
- 남해안발전특별법 제정 대책반(2005. 4)
- 남해안발전 국제심포지엄, Workshop, 지역공청회(2005. 4-6)
- 동서남해안권발전위원회
- 남해안균형발전법안, 남해안발전특별법안 등 국회발의(2006. 8-9)
- 법안심사 소위회에서 동서남해안권발전 특별법으로 명칭 변경(2007. 4)
- 법 국회 통과(2007. 11)

정책

- 남해안권발전 종합계획
- '제1차'에서 '남해안권발전 종합계획(안)' 동서남해안권발전위원 회의 심의·의결관보에 고시됨에 따라 남해안권발전 종합계획이 법적 효력 발휘
- 동해안권 및 서해안권 발전종합계획(2010. 12)

계획

- 남해안권발전 종합계획
- 친환경 해양 관광·휴양단지 조성(해양관광 클러스터 조성 사업, 판타지 아일랜드 개발, 도심형 해양관광 단지 조성, 스 페이스 어드벤처 조성 사업)
- 문화예술·녹색생태관광 활성화(해상영웅벨트조성, 남도 문화·문학·예술단지 조성, 남해안 녹색생태벨트 조성)
- 신해양 관광 연계 인프라 조성(남해안 국제 크루즈 기반 조성, 남해안 거점 마리나 조성)

사업

【그림 5-4】 사례2 - 국토해양부, 부산광역시, 전라남도, 경상남도, 2010, 남해안권 발전종합계획

2. 정책

정책(policy)[12]은 그리스어인 polis[13]서 유래하였다. 아리스토텔레스는 인간은 본래 '정치적(사회적) 동물'이라고 하였다. 여러 형태로 나타나는 정책은 일반적으로 "공공문제를 해결하고 바람직한 사회상태를 이룩하

---

12 정책 또는 정치로 번역하기도 한다.
13 아테네와 같은 한 지역을 중심으로 형성된 정치 공동체

려는 목표를 달성하기 위하여 정부가 결정한 행동방침"을 말한다. 공공기관은 중앙정부와 지방정부 등 공공분야의 공식적 기관을 말한다. 이에 해결하고자 하는 사회문제는 사회가 당면하고 있는 주택부족, 교통체증, 일자리 부족 등이며 개인문제는 이에 포함하지 않는다. 정책은 권위 있는 행정(정부)기관이 주체가 되어 당위성에 입각하여 사회문제 해결 또는 공익달성을 위한 목적으로 공식적 행정)인 정책과정을 거쳐 의도적으로 선택한 미래의 기본지침이라고 할 수 있다. 또한 정책의 다른 특징은 개별적 활동이 아닌 지속적 활동이며, 하나의 확정된 개념이 이기보다 과정 또는 진행형이거나 동적인 개념이라고 할 수 있다.

정부의 정책 분야는 다양한 분야에서 집행된다. 예를 들어 국토정책과 환경정책이 그것이다. 정부정책을 집행하는 주체는 입법부과 행정기관 등이다. 정부정책은 정책선언, 법률, 협약 등으로 표현되는 데 이 중 대표적인 형태가 법률이다. 이러한 정책은 정책목표, 정책수단, 정책대상자의 3가지 요소로 구성된다. 정책은 정책의제 설정 ⇨ 정책결정 ⇨ 정책집행 ⇨ 정책평가 ⇨ 정책종결 및 환류의 과정을 통하여 이루어진다.

정책(policy)외에 politics와 polity라는 용어들이 사용된다. 정치과정 또는 정책수립과정이라 할 수 있는 Politics는 선거, 투표와 로비와 같은 과정 및 절차를 말하고 자기주장을 어떻게 관철시키고, 어떻게 정치적 논쟁이 일어나는지를 분석하는 것을 의미한다. Polity는 정체, 즉 정치의 형태로서 헌법에 따른 사회구조(정부, 의회, 정당, 국제기구, 협회, 법령 등)를 포함하고 있으며 그 외에 가치관과 규범을 포함하고 있는 개념이다. 정책(policy)이 문제점 위주라면, 논쟁은 정책수립과정(politics)에서 일어나며 정책결정은 정체(polity)와 관련이 있다3).

예를 들어 수자원 분야에서 위의 정책을 이해할 수 있다. 수자원 부족이라는 문제점을 해결하기 위한 방안으로 법률을 제정하는 것은 정책(policy)이고, 의견수렴을 하는 과정은 politics라고 할 수 있으며 의회, 위원회 등의 정책기구는 polity라고 할 수 있다. 이러한 politics, polity, politics를 통해 댐건설이라는 정책결정을 할 수 있다.

정책은 계획 수립의 바탕이 되며, 계획을 토대로 사업이 시행된다. 정책의 방향에 따라 계획의 내용이 정해지고 수립된 계획의 구체적인 내용은 사업으로 이어진다. 그러므로 정책, 계획, 사업은 별개의 의사결정과정이 아니라 정책이라는 큰 시각에 따라 계획과 사업으로 좁혀지는 것이다. 〔그림 5-2〕와 같이 정책은 세세한 것보다는 넓은 시각이 주가 되고, 계획은 정책보다 좁지만 사업보다는 넓은 시각의 관점을 강조하며 사업은 좁은 시각에 초점이 맞추어져 있다.

일반적으로 3Ps, 즉 Policy, Plan, Programme을 전략환경평가의 대상으로 삼고 있다. 정책은 이 중 한 분야이다. 세계적으로 드물게 네덜란드와 덴마크에서는 정책을 전략환경평가 대상으로 하고 있으며 구체적으로 정책의 한 형태인 입법이 그 대상이다. 정책이 하위 의사결정에 큰 영향력을 발휘하는 하는 것을 감안하면 우리나라에서도 정책을 향후 전략환경영향평가 대상으로 삼아야 할 것이다.

3. 계획

　정책-계획-사업의 연계성에서 계획은 의사결정의 중간 단계로서 수립 한 정책이행을 수행하기 위한 정책수단이다. 국토의 건전한 발전과 국민의 복리향상을 위해 개발계획을 수립한다면 개발정책 수단이 되고, 환경보전을 위한 환경계획일 경우에는 환경정책 수단의 일부가 된다.

　계획은 체계적이고 과학적인 근거 위에서 가급적 합리성에 입각하여 수립되어야 한다. 따라서 합리적인 계획은 효율성[14]과 효과성[15]에 대한 검토를 통해 가능한 일이다.[16] 합리적이고 목표지향적인 관점에서 계획은 주어진 사회적 여건과 상황을 개선하는데 그 목적이 있다. 여기서 개선하고자 하는 목적은 대부분 경제성장 위주라고 할 수 있다. 이러한 경제적 관점에서 수립되는 계획은 지역발전에 도움을 주지만 환경적으로 직·간접적인 부정적 영향을 끼치게 된다.

　구체적인 사업을 명시하는 하위계획은 물론 부정적 영향을 유발하

---

14 효율성(Efficiency)은 투입대비 산출물의 비율을 의미함

15 효과성(Effectiveness)은 물리적 산출물을 포함하여 목표달성의 부합여부를 보는 개념임

16 Füurst, D. (2001): Planungstheorie. In: Füurst, D. & Scholles, F. (Eds.): Handbuch Theorien + Methoden der Raum- und Umweltplanung. Dortmunder Vertrieb füur Bau- und Planungsliteratur, Dortmund: 9-25.

지만 정책적이고 포괄적인 상위계획도 역시 환경적 측면에서 악영향의 원인을 제공하는 잠재력을 갖고 있다. 계획에 내포되어 있는 이러한 환경파괴 잠재력 때문에 계획은 전 세계적으로 전략환경영향평가의 대상이 되고 있다. 전략환경영향평가는 계획을 수립하고 확정하는 의사결정 과정과의 연계를 통해 환경적 측면에서 그 효율성을 담보할 수 있다. 따라서 전략환경영향평가는 계획과정에 포함되어야 하고 효율적이고 성공적인 평가를 위해서는 계획과 연계되어 시행되는 것이 중요하다. 전략환경영향평가를 통해 계획의 내용 중 환경적으로 문제가 있다면 이를 수정·보완하여 환경파괴 잠재력을 미리 줄일 수 있다.

본 장에서는 계획이 어떤 것인지 개념, 정의, 기능, 종류 등 그 의미와 환경영향과의 관련성을 살펴본다.

1) 계획의 개념

계획이라는 용어는 우리 주변에서 흔하게 사용되고 있지만 실제로 계획의 개념은 매우 다양하고 모호하다. 또한 개인의 일상생활에서 뿐 아니라 여러 규모의 기업이나 조직 혹은 국가의 경우에도 다양한 계획을 세우고 실천하려는 노력을 한다.

계획이란 용어의 사전적 의미는 '미래에 있을 일에 대하여 얼기를 잡아나가고, 그 일을 위하여 꾀를 세우는 것'이다. 계획은 계획수립과정인 planning과 계획 내용을 담고 있는 계획서(plan)로 구분할 수 있으며 전자는 일정한 과정을 거쳐서 계획안을 생산해 내는 과정이고 후자는 목표의 실현을 위한 수단 등의 내용에 대한 문서이다. 계획(計劃)은 계량(計量)과 획책(劃策)의 조합이다. 계는 단순한 계산(calculation)의 의미가 아니고 치밀한 현황분석과 예측을 통해서 정량적, 객관적, 과학적 정보를 확보하여 사태를 신중하게 판단하고 행동방침을 정하는 일이다. 이는 손자병법에서 정세를 최대한 신중하게 판단하고 파악하여 불확실한 앞날에 대응할 계책을 세우는 지모(智謀)와 같다.[17]

그러나 아무리 훌륭한 계획이라고 하더라도 실천에 옮기지 않고 결과를 얻지 못하면 그 계획은 미래에 있을 일에 대하여 아무런 영향을 미치지 못한다. 이러한 의미에서 Aaron Wildavsky (1974)의 "계획이 전부일 수도 있지만 아무것도 아닐 수도 있다."라는 말은 계획자들과 이론가들 사이에서 자주 인용되고 있다. 이 문장에서 나타내고 있는 것은, 인간이 계획하는 활동은 여러 상이한 형태와 사회맥락으로 나타날 수 있다는 것이다. 조직화된 계획의 실제 세계는 또한 아주 복잡하다. 원칙적으로 계획은 개인 또는 집단에 기초한 인간 행동의 특수한 사례이다.

계획은 정도의 차이는 있지만 미래 지향적이다. 따라서 계획은 성격상 장기적이고 전략적인 경우에는 보다 먼 미래를 지향할 수도 있으며, 또는 성격상 중단기적이면 가까운 미래를 지향하거나, 책략적이라 정의할 수도 있다.

---

17 권원용, 2010, 계획 활동의 개념화와 정당화에 관한 소고, 韓國都市行政學報 第23輯 第4號, 2010.12, 23-37

A. Wildavsk의 말로 돌아가서, 우리는 두 개의 결론을 내릴 수 있다. 그 첫 번째는, 계획은 아주 복잡한 현상으로서 많은 인간 활동의 부분으로 파악되어야 한다는 것이며, 두 번째로는 계획을 잘 이해하기 위해서는 상이한 사회 맥락과 상황에 따라 계획을 구분하는 것이 중요하다는 것이다.

2) 계획의 기능 및 특징

계획은 어떤 특정한 사회에서 실행되는 것이기 때문에 바로 그 사회의 구성원들이 공유하고 있는 사회적 가치 체계를 포함하여야 한다. 따라서 실제로 집행된 계획의 결과에 대한 평가와 판단은 특정 집단이나 사회의 특정한 조건과 밀접하게 연결된다. 계획 실행의 결과는 가장 효율적인 미래의 상태를 가져온다 하더라도 그 결과가 보편타당하게 모두에게 최선의 상태로 받아들여질 필요는 없다. 또한, 기술적 의미에서의 좋은 결과가 언제나 모든 사람에게 좋은 결과를 가져온다고 할 수도 없다. 예를 들어 산업용 로봇의 발전이 공장 노동자들의 실직 사태를 초래할 수도 있을 것이고, 자연보전지구 지정으로 야생동물은 보호되지만 야생동물에 의한 농작물의 손실이 초래될 수도 있으며 상수원보호구역 지정은 토지소유자에게 토지가격 하락이라는 결과를 초래할 수도 있는 것이다.

사회적 기술과 합리적인 사회적 행위로서의 계획은 항상 '합리적 계산'과 '효율적 통제'라는 두 가지 속성을 가져야 하지만, 계획 행위는 그 계획이 실행되는 특정 사회의 사회적 여건 아래서만 정당성과 유의성을 가질 수 있다. 즉, 계획 실행의 결과에 대한 사회의 평가가 중요한 계획 요소의 하나가 된다.

계획의 1차적인 기능은 사회에 산재되어 있는 지식을 행동으로 전환하기 위한 의사결정에 있다. 계획은 이러한 지식과 행동의 연결을 통하여 미래의 목표를 달성하기 위한 합리적으로 고안된 시도, 혹은 행위라고 할 수 있다. 즉, 계획이란 미래를 예견하여 취하게 되는 일련의 선택을 통하여 가장 적절한 미래의 행동을 결정하고자 결정된 행동을 실제 행동으로 옮기는 과정인 셈이다.

결국 계획이란 지속가능한 발전을 위한 수많은 행위들에 대한 의사결정을 위한 과정을 의미한다. 이러한 일련의 의사결정 과정은 문제의 제기, 문제의 분석, 목표의 설정, 예측, 대안의 설정, 대안의 평가, 의사결정 과정, 관찰 및 통제 등을 포함하게 된다.[18]

계획을 일련의 의사결정과 그에 따른 행동을 통하여 보다 나은 미래사회를 건설하는 과정이라 하는 관점에 대하여 일반적으로 동의할 수 있다. 그러나 어떻게 미래에 대한 예측을 통하여 가장 합리적인 행동을 결정하고 계획의 결과가 어떻게 공공의 이익을 가장 잘 대변하느냐에 따라 계획은 다양하게 정의되며, 또한 계획이 서로 다른 이론과 철학적, 사상적 배경을 가지게 되는 것이다. 계획은 특정한 사회에서 실행되는 것이

---

18 윤정섭&이현호, 1993, 도시계획개론, 기문당

기 때문에 바로 그 사회의 구성원들이 공유하고 있는 사회적 가치인 시대정신을 포함된다.

계획의 주요 특징은 아래와 같다:
- 미래 지향적임: 미래를 향한 현재의 활동이다.
- 계속적인 과정임: 문제개선을 위해 계획은 일회성으로 끝나지 않는다.
- 의사결정과 연결되고 정보제공적임: 계획은 계획을 위한 행동이 아니라 의사결정을 하기 위한 과정으로 의사결정자에게 정보를 제공한다.
- 단계적이고 절차적임: 계획은 목표 설정에서부터 시행과정까지 다단계를 거치고, 상위계획과 하위계획이 연계되어 이어지는 순서를 의미한다.
- 목표지향적임: 계획은 문제를 개선하고 목표를 지향하고 달성을 위한 수단으로 작용한다.

3) 계획과 3차원

계획은 그 목표와 범위에 따라 다르며, 또 시간과 공간에 따라서 차이가 난다. 계획은 지구 전체 규모의 문제를 다룰 수도 있고 국제, 국가, 지방 심지어는 그보다 적은 영역의 문제까지 다룰 수도 있다.

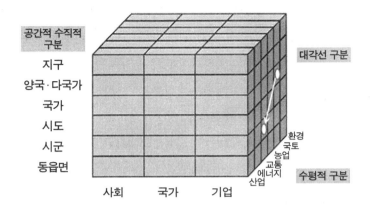

【그림 5-5】 계획의 3차원

계획은 공간적 수직적 차원과 수평적 또는 대각선 차원으로 구분할
수 있다. 수직적 차원에서의 계획은 동읍면 → 시군구 → 시도 → 국가
→ 양국 내지 다국가 → 지구적 단계에서 수립할 수 있다. 수평적 구분은
산업, 에너지, 교통, 농업, 국토, 환경의 부문으로 구분되는 계획분야를 말
한다. 대각선 구분은 국가단위에서 수립하는 국토종합계획이 예를 들어
시군단위의 교통계획으로 연계되어 있다는 것을 의미한다.

지구적 단위에서는 협약(예: 유엔 기후변화 협약, 생물다양성 협약)이라는
형태로 계획이 이루어지고 국가 간에서도 여러 국가를 포괄하는 지역단
위의 계획(예: 동북아 환경협력계획,[19] 북서태평양 보전실천계획[20])이 추진될 수

---

19 동북아 환경협력계획(NEASPEC: North-East Asian Subregional Programme for Environmental Cooperation). 외교부, 2010, 한중일 협력개황

20 NOWPAP: Northwest Pacific Action Plan. 외교부, 2010, 한중일 협력개황

있다. 국가단위에서의 계획은 전국(국가), 지방(시·도, 시·군 등)의 위계적 단계로 구분할 수 있다. 특히 기업이 수립하는 계획은 환경평가의 관점에서는 관심 외의 분야이다. 행정계획은 에너지, 교통, 환경 등의 부문으로 구별하여 수립된다. 또한 계획은 종합계획(예: 국토종합계획)과 같이 여러 부문을 다루고 국가와 지방을 망라하는 계획을 수립할 수 있다.

환경부문에서는 시·군·구의 기초자치단체에서 환경보전계획을 수립하고 광역기초자치단체에서는 환경보전계획을 수립하고 국가 차원에서는 국가환경종합계획을 수립한다. 국토의 분야에서 시·군·구 차원에서 도시기본계획과 도시관리계획이 수립되고, 시도 차원에서는 광역도시계획 또는 도종합계획을 수립한다. 국가차원에서는 국토종합계획 수립한다. 이렇게 수직적 계획체계는 수평적 부문계획과 연계되어 있다.

4) 계획과 의사소통

현대 사회학의 창시자인 베버(Weber)[21]는 전통사회에서 근대사회로 이행하는 역사적 과정을 '합리화'라는 개념으로 파악하였다. 이 합리화는 목적합리성[22] 측면에 과도하게 편중된 것이라고 보고 하버마스는 문

---

21 막시밀리안 카를 에밀 베버(Maximilian Carl Emil Weber) 또는 막스 베버 (Max Weber, 1864년~1920년)는 독일의 법률가, 경제학자, 사회학 성립에 막대한 영향을 끼친 인물이다.

22 목적 합리성(Zweckrationalitaet)이란 베버는 사회적 행위를 이해하기 위하여 목적 합리적·가치 합리적·정서적·전통적이라는 4개의 이상형 중 하나이며 이는 과학적 합리성을 말한다. 즉 목적·수단·예상되는 수반 결과 등을 합리적으로 고려하여 설정한 일정의 목적에 있어서 적합하다고 생각되는 수단을 지향하여 행동할 때의 기준이 되는 합리성이다. 가치 합리성이란 예상되는 결과를 고려하지 않고 그 행위 자체가 갖는 윤리적·미적·종교적 등의 고유가치에 대해 의식적으로 지향하여 행동할 때의 기준이 되는 것이다. [네이버 지식백과] 목적합리

제를 제기한다. 베버의 합리화의 과정은 이성에 기초한 합리화가 자율적 해방사회의 실현을 가능케 해줄 것이라는 애초의 긍정적 전망과는 달리 과학적-기술적 합리성에 의해 생활세계가 식민지화되었다고 하버마스는 비판한다. 하버마스[23]는 포괄적 합리성 개념에 초점을 맞추며 '의사소통적 합리성'을 주장하고 이에 3가지 측면을 강조한다.

- '인식적 – 도구적 합리성' 측면
- '도덕적 – 실천적 합리성' 측면
- '미학적 – 표현적 합리성' 측면

하버마스는 의사소통행위를 상호이해의 과정을 통해 구현될 수 있다고 보고 있으며 이를 계획과 연계하여 본다면 아래의 4가지 요인을 계획에서는 중시하여야 한다.

- 계획과 관련된 사람들이 이해할 수 있는 계획인가라는 '이해가능성'(Verstandigkeit)
- 계획의 내용이 사실적인가라는 진술의 '진리성(참됨)'(Wahrheit)
- 계획의 취지가 정당한가라는 계획행위의 '정당성(적합성)'(Richtigkeit)

성/가치합리성 (21세기 정치학대사전, 한국사전연구사)

23 Jürgen Habermas (* 18. Juni 1929 in Düsseldorf) ist ein deutscher Philosoph und Soziologe, der hauptsächlich durch seine Arbeiten zur Sozialphilosophie bekannt wurde. Frankfurter Schule

• 계획의 내용이 성실하고 믿을 만하며 진실인가라는 표현에 대한 '진실성'(Wahrhaftigkeit)

합목적성에만 치중한 가치중립적인 계획을 수립한다는 것은 불가능하고, 계획에서 중요한 것은 목표설정 기능이라기보다 논리적·정치적 측면을 고려한 이해갈등의 조정이다. 소통행위이론을 통해 기존 계획에 의해 발생하는 사회적 갈등 등으로 나타나는 계획의 한계를 극복할 수 있다.

하향식 형태[24]인 과거의 계획은 결과와 성취에 관심을 가지고 있었고 그러기 때문에 다양한 견해를 갖는 사람들의 참여를 계획을 추진하는 데 있어서 방해의 근원으로 보고 있었다. 따라서 참여에 대해 부정적인 태도를 가지고 있는 경향이 있었다. 그러나 소통적 계획에서는 계획수립 과정과 공평함을 중시한다.

즉 다양한 가능성들을 묻는 과정과 참여자들의 다양한 반응들을 살펴 예기치 않은 결과에 대해 열린 태도를 취하고 다양한 견해를 가진 이해관계자들의 참여를 향상시킬 수 있는 기회를 만든다.[25] 정보에 대한 태도에서도 정보들을 모아서 정보를 처리(processing information)하는 것과는 달리 다양한 견해를 가진 사람들의 참여를 통해 서로 중요하고 상호적으로 도움이 되며, 계획의 효용성을 위해 정보를 모으고 관심을 형성

---

24 Top Down Approach
25 제3장 거버넌스 참조

하도록 하는 점에서도 다른 면이 있다.

하버마의 의사소통 이론은 요즈음 사업계획 단계에서 충분한 공론화 과정을 거쳐 국민적 합의를 도출하여야 한다는 거버넌스를 중시하는 우리 사회의 요구와 일맥상통한다고 볼 수 있다. 사업구상 단계에서 각계 이해관계자의 의견을 충실히 반영한다면 갈등과 실패의 가능성을 최소화할 수 있다. 다만 이런 경우 정책입안 비용은 증가하겠지만 사후갈등으로 야기되는 사회적 비용은 축소될 것이다.[26]

5) 계획의 종류

현재 우리나라는 소위 계획의 홍수시대에 살고 있다. 새로운 입법이 이루어지면 법령내용에는 ○○기본계획이나 ○○종합계획을 세우도록 중앙정부와 자치단체장에게 의무화시키는 조문이 끼어있다. 공간계획, 지역계획, 부문별 계획, 환경계획 분야의 계획 활동의 영역이 날로 넓어지고 세분되어가고 있으며 '계획만능주의' 추세라고 볼 수 있다. 계획 활동은 정부개입의 가장 대표적인 형태이다.

그렇다면 정부는 왜 많은 계획을 수립하고 그 정당성의 근거는 무엇인가? 환경계획의 경우 공공재의 제공에 의한 공익의 증진이나 시장경제의 메커니즘으로 해결할 수 없는 외부효과를 치유하기 위해서 계획 활

---

26 이지훈, 2006, 환경과 개발의 조화, 삼성경제연구소 2006. 11. 17

동을 하고 있다고 보고 있다.[27]

계획은 아래와 같은 방법으로 분류될 수 있다.

- 법정여부에 따른 계획과 비법정 계획: 법정 계획과 비법정 계획
- 법적 구속력 여부에 따른 계획: 구속적 또는 비구속적 계획
- 환경분야와 비환경분야의 구분에 따른 계획: 환경 계획과 비환경 계획
- 시간적 구분에 따른 계획: 장·중·단기 계획

(1) 법정 계획과 비법정 계획

계획은 법정 계획과 비법정 계획으로 구분된다.(그림 5-6)

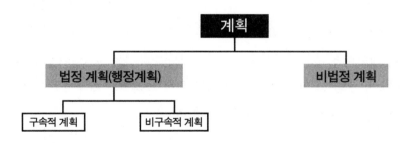

【그림 5-6】 법정 계획과 비법정 계획의 구분

---

27 권원용, 2010, 계획 활동의 개념화와 정당화에 관한 소고, 韓國都市行政學報 第23輯 第4號, 2010.12, 23-37

법정계획은 법에 의해 수립되는 계획이며 이를 행정계획이라고도 한다.

행정계획은 행정주체가 장래의 일정한 목표를 설정하는 행위이다. 행정계획의 개념은 일반적으로 행정주체가 합리적인 국가업무의 수행을 위해 장래의 일정한 행정활동을 위한 목표를 설정하고, 서로 관련되는 행정수단의 종합·조정을 통하여 목표로 제시된 장래의 일정한 시점에 있어서의 일정한 질서를 실현하기 위한 구상의 설정행위라고 할 수 있다.

이 점에서 행정계획은 미래예측(Prognose)에 해당한다. 행정계획은 "행정기관으로 하여금 미래지향적인 행정활동을 효과적이고 일관성 있게 수행할 수 있도록 장래 일정한 시점까지 달성하고자하는 행정목표를 설정하는 기능"을 갖고 있다.[28] 법에 의해 수립되는 행정계획은 그 형식이나 내용이 매우 다양하여 일률적으로 그 성질을 규명하기는 곤란하다.

법정계획은 법률에 근거하여 중앙행정기관이나 지방정부가 정책적인 목적을 이루기 위하여 수립하는 계획이다. 예를 들어 국토기본법에 의해 수립되는 국토종합계획, 국토이용 및 계획에 관한 법률에 의해 수립되는 도시·군기본계획, 또는 환경정책기본법에 의해 수립되는 국가환경종합계획, 시·군 환경보전계획 등을 예로 들을 수 있다.

비법정 계획으로 제주도의 수립하는 미래비전계획을 그 예로 들 수 있다. 이 계획은 경제성장 비전인 국제자유도시와 환경적 측면의 세계

---

28 윤양수, 2013, 행정법 개론

환경수도, 에너지 이용 측면의 '카본 프리 아일랜드'(탄소 없는 섬) 등을 종합계획, 도시계획 등의 법정 개별계획들과 유기적으로 연계하기 위한 지침적 성격의 계획이다.[29]

(2) 구속적 계획과 비구속적 계획

일반적으로 행정계획은 구속적 계획과 비구속적 계획으로 구분할 수 있다.

구속력(Binding)이란 법률이 자유로운 행위를 속박하는 효력을 말한다. 구속적 행정계획은 국민에 대한 구속력과 타 계획에 대한 구속력 그리고 관계행정기관에 대한 구속력을 가진 계획이다.

국토종합계획은 도종합계획의 기본이 되고 도종합계획은 시·군종합계획의 기본이 된다. 국가환경종합계획과 환경보전중기종합계획은 시·도 환경보전계획의 기본이 되고 시·도 환경보전계획은 시·군이 수립하는 환경보전계획의 기본이 된다. 따라서 국토계획과 환경종합계획은 구속적 계획이라 할 수 있다. 도시기본계획은 도시의 기본적인 공간구조와 장기발전방향을 제시하는 종합계획으로서 그 계획에는 토지이용계획, 환경계획, 공원녹지계획 등 장래의 도시개발의 일반적인 방향이 제시되지만, 그 계획은 도시계획입안의 지침이 되는 것에 불과하여 일반 국민에 대한 직접적인 구속력은 없다. 반면 도시기본계획은 도시관리계획의 기본이 되고 있기 때문에 행정적으로는 구속력이 있다고 할 수 있다. 도시관리계획은 시민 개개인의 사적 토지이용 즉, 건축행위 시, 용적

---

29 연합뉴스 2014.7.28

율, 층수 등에 대한 법적인 구속력을 가지고 있다. 도시관리계획은 광역도시계획 및 도시기본계획에서 제시된 도시의 장기적인 발전 방향을 도시 공간에 구체화하고 실현시키는 중기계획이므로 행정적으로도 구속력이 있는 계획이다.

비구속적 계획은 법적 구속력을 갖지 않은 행정계획을 의미하여 이를 정보 제공적 계획과 유도적 계획으로 구분할 수 있다.[30] 정보 제공적 계획은 단순히 자료나 정보를 제공하고 어떠한 법적 효과도 갖지 않는 계획을 말하고 유도적 계획은 명령이나 강제가 아니라 주로 재정수단을 통하여 그 실현을 확보하려는 계획이다.

2018 평창 동계올림픽 지원 등에 관한 특별법 제4조에 의해 수립되는 "2018 평창동계올림픽 환경관리 마스터플랜 및 실행계획"이나 "지속가능한 환경관리 프로젝트"[31] 계획은 국가와 지방자치단체에서 대회가 문화·환경 올림픽으로 개최될 수 있도록 지원하는 계획으로 직접적으로 주민에 대한 구속력을 갖지는 않는다.

(3) 환경계획과 비환경계획

계획은 환경계획과 비환경계획으로 구분된다(그림 9)

---

30 윤양수, 2013, 행정법 개론
31 한국환경정책평가원, 2013.12.13, 2018 평창동계올림픽 성공개최를 위한 지속가능한 환경관리 프로젝트 착수보고회 자료

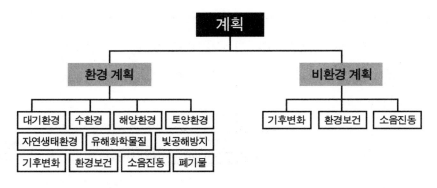

【그림 5-7】 환경계획과 비환경계획의 구분

환경계획

환경계획은 위에서 언급한 환경종합계획과 매체별 환경계획으로 구분되며 전자는 환경정책기본법에 의해 수립되는 국가환경종합계획·환경보전중기종합계획, 시·도 환경보전계획, 시·군 환경보전계획을 말한다.

1970~80년대에 경제 분야와 국토 분야에 계획이 수립되었다면 환경 분야는 1990년대부터 본격적으로 환경계획이 수립되고 있으며 그 수는 1990년 후반부터 급증하였다.

환경 계획은 그림 5-1과 같이 구분할 수 있다.

【표 5-1】환경계획의 종류[32]

1. 대기환경 • 대기환경개선종합계획(대기환경보전법 제11조) • 대기환경기준 달성·유지계획(실천계획)(대기환경 　보전법 제19조) • 수도권 대기환경관리기본계획 **2. 수환경** • 수질오염총량관리기본계획(수질 및 수생태계 보전 　에 관한 법률 제4조의3) • 수질오염총량관리시행계획(수질 및 수생태계 보전 　에 관한 법률 제4조의4) • 대권역 수질 및 수생태계 보전계획(수질 및 수생태 　계 보전에 관한 법률 제24조) • 중권역 수질 및 수생태계 보전계획(수질 및 수생태 　계 보전에 관한 법률 제25조) • 소권역 수질 및 수생태계 보전계획(수질 및 수생태 　계 보전에 관한 법률 제26조) • 폐수종말처리시설 기본계획(수질 및 수생태계 보전 　에 관한 법률 제49조) • 비점오염원관리대책 시행계획(수질 및 수생태계 　보전에 관한 법률 제56조) • 수변구역 관리기본계획(한강수계 상수원수질개선 　및 주민지원 등에 관한 법률 제4조의2) • 수질개선사업계획(한강수계 상수원수질개선 및 주 　민지원 등에 관한 법률 제13조) • 물절약종합대책 • 물환경관리기본계획 • 물재이용기본계획 • 지하수관리기본계획 • 하천정비기본계획 • 수도정비기본계획 • 하수관거정비종합계획 **3. 해양환경** • 해양환경보전종합계획(해양환경관리법 제14조) • 환경관리해역기본계획(해양환경관리법 제16조) • 연안통합관리계획(연안관리법 제6조) • 연안관리지역계획(연안관리법 제9조) • 연안정비기본계획(연안관리법 제21조) • 연안정비사업실시계획(연안관리법 제25조)	**4. 토양환경** • 토양보전기본계획(토양환경보전법 제4조) • 토양보전대책에 관한 계획(토양환경보전법 제18조) **5. 자연생태환경** • 국가생물다양성전략(생물다양성 보전 및 이용에 관한 　법률) • 자연환경보전기본계획(자연환경보전법 제8조) • 생태·경관보전지역관리기본계획(자연환경보전법 제 　14조) • 시·도 생태·경관보전지역관리계획(자연환경보전법 제 　25조) • 백두대간보호기본계획(백두대간 보호에 관한 법률 제4조) • 백두대간보호시행계획(백두대간 보호에 관한 법률 제5조) • 해양생태계보전·관리기본계획(해양생태계의 보전 및 관 　리에 관한 법률 제9조) • 습지보전기본계획(습지보전법 제5조) • 공원기본계획(자연공원법 제11조) **6. 생활환경** • 폐기물처리기본계획(폐기물관리법 제9조) • 폐기물관리종합계획(폐기물관리법 제10조) • 시·군 폐기물처리기본계획 • 자원순환기본계획 • 건설폐기물 재활용기본계획(건설폐기물의 재활용촉진에 　관한 법률 제8조) • 소음진동관리종합계획(소음진동관리법 제2조의3) • 빛공해방지종합계획(인공조명에 의한 빛공해 방지법) **7. 기후변화** • 기후변화협약대응 종합대책 • 기후변화적응계획 • 녹색성장 국가전략 및 5개년 계획 **8. 환경보건** • 환경보건종합계획 • 유해화학물질종합대책 **9. 유해화학물질** • 유해화학물질종합대책

---

32 환경부, 2014. 1, 전략환경평가 업무 매뉴얼(일부 수정)

1970~80년대에 경제 분야와 국토 분야에 계획이 수립되었다면 환경 분야는 1990년대부터 본격적으로 환경계획이 수립되고 있으며 그 수는 1990년 후반부터 급증하였다.

비환경계획

비환경분야의 계획은 공간계획, 지역계획, 부문별 계획으로 환경고려가 없거나 미약 수준의 환경고려를 염두에 두고 수립하는 계획들이다. 공간계획은 국토종합계획, 도종합계획, 시군종합계획을 말하며 이들 계획은 위계적 계획구조를 이루고 있다(그림: 국토계획 체계).

지역계획으로 광역권개발계획[33], 수도권정비계획[34], 접경지역종합계획[35] 등이 수립되고 있다. 부문별 계획은 교통 부문의 국가기간교통망계획[36], 주택 부문의 주택종합계획[37], 수자원 부문의 수자원장기종합계획[38] 등의 계획을 의미한다.

환경계획은 환경부 중심으로 수립되고 있으며 비환경분야의 계획 수립은 국토해양부, 지식경제부, 농림수산부 등의 소관이다.

(4) 장·중·단기 계획

계획은 시간적 범위를 정하고 있으며 이에 따라 장기, 중기. 단기계획

---

33 지역균형개발 및 지방중소기업 육성에 관한 법률 제5조
34 수도권정비계획법 제4조
35 접경지역 지원 특별법 제5조
36 국가통합교통체계효율화법 제4조
37 주택법 제7조
38 하천법 제11조

으로 구분된다. 계획기간에 따라 계획을 구분하는 잣대로서 그 기간을 얼마로 할 것인가에 대해 정형화된 기준은 없다. 하지만 대체로 1~2년을 단기, 5~10년을 중기, 10년~20년을 장기로 구분하는 것이 보편적이다. 일반적으로 기본방향이나 전략을 제공하는 성격의 기본계획은 중·장기 계획인데 반하여 구체적인 행동대안의 내용을 담는 실행계획은 단기계획 또는 대책인 경우가 많다.

【표 5-2】 장·중·단기 환경계획

구분	환경계획
장기계획	• 국가환경종합계획(2016~2035년) • 국가폐기물관리종합계획(2012~2021년) • 수도권 대기환경관리 기본계획(2015~2024년) • 토양보전기본계획(2010~2019년)
중기계획	• 환경개선중기종합계획 4차(2008~2012년) • 실내공기질 관리기본계획(2009~2013년) • 지하수관리기본계획(2008~2016년)
단기계획	• 월드컵 대회를 위한 오존 저감 특별 단기대책(2002년) • 남포저수지수질개선 단기대책(2011년) • 팔당호 부유쓰레기 처리 단기 대책(2013년)

장기계획은 장기적으로 미래 전망을 하고 비전(vision)을 제시하여 구조적인 변화를 추진할 수 있다는 장점이 있다. 하지만 구체성이 결여되

고 계획기간이 경과함에 따라 실제와 유리되기 쉽다는 문제점이 있다. 특히 종합계획의 경우 애매하고 추상적인 표현과 백화점 형 나열식의 종합계획은 실무적으로 큰 의미를 부여받지 못하고 있다.

　건설분야에서 장기계획의 대표적인 예는 국토의 경제적·사회적 변동에 대응하여 국토가 지향하여야 할 장기발전 방향을 제시하는 최상위 계획인 국토종합계획이며 이는 20년을 기간으로 하는 장기 계획이다.[39] 또 다른 장기계획은 도시계획에 대한 기본방향과 지침의 역할을 하는 도시기본계획이다.

　환경분야에서의 장기계획으로 국가발전의 비전과 전략을 제시하는 최상위 국가환경종합계획이 10년 단위[40]로 수립되고 있다. 전략환경영향평가대상인 가축분뇨관리기본계획[41], 댐건설기본계획[42], 도시철도망구축계획[43] 등의 개발기본계획은 10년마다 수립되는 장기계획이다. 국가도로망종합계획[44] 정책계획으로 또 다른 장기계획이다. 고양시 능곡 재정비촉진계획의 경우 법적으로 계획기간을 정하지 않고 않고 시간적 범위를 기준년도를 2008년으로 하고 목표연도를 2020년으로 하여 장기

---

39 4차 국토종합계획의 계획 기간은 2000-2020년이나 새로운 국내외 여건 변화에 대응하기 위하여 주요 내용의 수정이 불가피하여 국토종합계획 수정계획(2006-2020)을 새롭게 수립함
40 최근에 작성된 국가환경종합계획의 계획기간은 2007-2015년임.
41 가축분뇨의 관리 및 이용에 관한 법률 제5조
42 댐건설 및 주변지역지원 등에 관한 법률 제7조
43 도시철도법 제 7조
44 도로법 제5조

계획이라 할 수 있다.[45]

국가환경종합계획을 매 5년마다 체계적으로 실천하기 위해 수립되는 환경보전중기종합계획[46]이 환경계획분야에서 대표적인 중기종합계획이다. 도시철도망구축계획의 하위계획으로 수립되는 노선별 도시철도기본계획의 경우 계획기간이 명시되어 있지 않으나 이를 중기계획으로 보아도 무리는 없을 것이다.

기본방향이나 지침을 제공하는 성격의 중·장기 계획에 반해 구체적인 행동대안의 내용을 담는 실행계획은 단기계획인 경우가 많다.

6) 계획의 특징

전략환경영향평가와 관련하여 아래와 같은 계획의 특성이 중요하다.
- 위계체계를 가진 계획
- 계획의 상세성
- 계획의 불확실성
- 공간적 범위
- 대안의 설정
- 사회적 갈등

---

45 http://www.goyang.go.kr/newtown/html/page.jsp?pcode=060100(2014.8.18)
46 최근에 작성된 환경보전중기종합계획의 계획기간은 2013-2015년임.

(1) 위계체계를 가진 계획

대부분의 계획은 여러 단계로 구분되며 이들은 서로 위계(hierarchy)
적이거나 또는 계층화되어 있다. 위계체계를 가진 계획들은 서로 영향을
끼친다. 즉 상위계획의 내용을 고려하여 하위계획을 수립하고, 하위계획
의 내용이 상위계획에 포함되기도 한다.

계획의 위계 특성을 고려하여 전략환경영향평가를 실시하여야 한다.
계획의 위계에 따라 계획의 내용과 공간을 구분하고 이와 관련하여 전략
환경영향평가 방법을 구분할 때 티어링(tiering)[47][48]이라는 용어를 사용한
다. 실제로 전략환경영향평가에서 정책계획의 경우 "상위 계획의 연계
성"을 평가항목[49]으로 제시하고 있고 전략환경영향평가 평가항목업무
매뉴얼에 따르면[50] 행정계획과의 수직적 연계성, 즉 tiering을 고려하여
야 한다[51]고 명시하고 있으며 행정계획과의 수직적 연계성은 평가의 질
은 높이는 한 요인으로 보고 있다.[52]

---

47 European Commission, DG TREN, THE SEA MANUAL, A SOURCEBOOK ON
STRATEGIC
ENVIRONMENTAL ASSESSMENT OF TRANSPORT INFRASTRUCTURE PLANS
AND PROGRAMMES

48 독어로는 Abschichtung이라고 함

49 환경영향평가법 시행령 제2조 1항

50 정책계획뿐만 아니라 개발기본계획에서도 상위계획의 연계성(위계)을 고령하여야 함

51 환경부, 2014, 전략환경영향평가 업무매뉴얼 , p.37

52 Arbter, K. (2010): Fact sheet "SUP Erfolgsfaktoren", http://www.arbter.at/sup/sup_e.html

그림 5-8과 같이 계획의 위계는 여러 분야에서 찾아볼 수 있다. 환경 분야에서 최상위 계획은 국가가 전국을 대상으로 수립하는 국가환경종 합계획이며, 이를 5년 단위로 구분하여 수립한 계획이 환경보전중기종 합계획이다. 광역지방자치단체는 시·도 환경보전계획, 기초지방자치단 체는 시·군 환경보전계획을 수립한다. 이처럼 환경종합계획의 위계는 3 단계, 즉 전국단위에서 → 시·도 단위 → 시·군단위로 구분된다. 공간계 획과 같은 비환경 분야에서는 국가는 국토종합계획을, 광역지자체는 도 종합계획을, 시·군은 시군종합계획을 수립하여 3단계의 공간계획 체계 를 갖추고 있다. 도시계획은 도시기본계획 → 도시관리계획 → 지구단 위계획으로 구분된다.

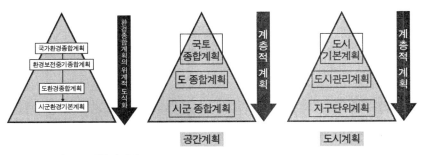

【그림 5-8】 계획의 위계

　　위계상 단계가 더 세분화되어 있는 계획 중에 하나는 철도건설계획 이다. 〔그림 11〕에서와 같이 철도건설계획은 국가교통망계획에서부터 시작하여 철도 착공까지 7단계로 구분된다.

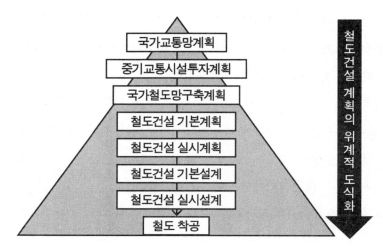

【그림 5-9】 철도계획의 위계별 구분

환경종합계획 체계(국가환경종합계획→시·도 환경보전계획→시·군 환경
보전계획)와 도시계획체계(도시기본계획→도시관리계획→지구단위계획) 또
는 국토공간계획 체계(국토종합계획→시·도 종합계획→시·군 종합계획)는
각기 환경정책기본법, 국토이용 및 계획에 관한 법률, 국토기본법에 근
거하여 수립되고 있고 이들은 계획 간의 구분이 대체적으로 분명하다고
할 수 있다. 철도건설 관련 계획의 경우, 국가교통망계획과 중기교통시
설투자계획은의 교통체계효율화법, 국가철도망구축계획(철도망계획), 철
도건설기본계획이 있으며, 철도건설실시계획은 철도건설법에 의해 추
진되고 있다. 이처럼 다수의 법적 근거로 수립되는 계획 간의 체계는 계
획 간 선후 관계, 계획수준의 차별화가 명확히 구분되지 않고 있는 문제

점을 안고 있다.[53]

대부분의 계획은 위계형태를 갖추고 있는데 이에 따라 계획의 상세
성, 계획의 불확실성, 계획의 공간적 범위, 대안 설정, 사회적 갈등 해소에
있어서 차이가 난다.(그림 5-10)

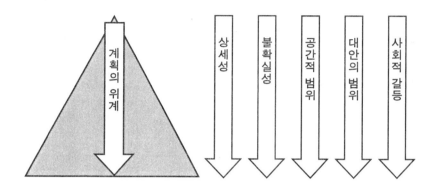

【그림 5-10】 계획의 위계에 따른 특성

(2) 계획의 상세성

원칙적으로 위계를 가진 계획들은 하위로 내려가면서 계획의 내용이
상세해진다.

예를 들어 도시기본계획은 도시의 미래상과 장기발전방향 및 도시
관리전략과 같은 정책적 성격의 내용을 담고 있는 반면, 도시관리계획은

---

53 황상규·성현곤, 2005, 교통계획 관련 법률체계의 현안과 정비방향 수립, 교통연구원 정책연
구 2005-10

도시기본의 도시개발 정책에 따라 용도지역 등을 지정하거나 변경하고, 지구단위계획은 용도지역을 세분화[54]하는 형태로 상세해지면서 계획단계별로 차등화되어 있다(표 3).

【표 5-3】 도시계획의 주요내용과 성격

	주요 내용 및 성격
도시기본계획	• 관할 전 구역을 대상으로 하는 장기발전방향과 기본적인 공간구조를 제시하는 장기종합계획이며 도시관리계획의 수립지침이 됨
도시관리계획	• 관할 전 지역의 일부를 대상으로 용도지역·지구·구역을 지정·변경하여 도시기본계획의 발전방향을 도시공간에 구체화하는 10년 단위의 중기계획 임
지구단위계획	• 도시 내 일정구역을 대상으로 용도지역 또는 용도지구의 세분·변경, 기반시설의 배치와 규모 등 토지이용을 구체화·합리화하는 계획임

또 다른 예는 철도건설계획이다.

국가철도망구축계획(철도망계획) → 철도건설기본계획 → 철도건설실시계획 → 철도건설기본설계 → 철도건설실시설계 → 착공으로 이어지는 계획의 위계에 따라 개략적인 노선에서 노선선정, 선정된 노선의

---

54 지구단위계획은 1종과 2종으로 구분되는 데 예를 들어 1종 지구단위계획 구역안에 일반주거지역이 있는 경우에는 이를 1종 일반주거지역·2종 일반주거지역 또는 3종 일반주거지역으로 세분하여 지정한다.

정거장 위치 등으로 계획의 내용이 점차 상세해진다.

철도건설 상위계획은 국가철도망구축계획(철도망계획)[55]으로 국가기간교통망계획[56]과 중기 교통시설투자계획[57]과의 조화를 이루면서 수립된다. 국가기간교통망계획은 20년 단위로 수립되는 법정계획으로 육상(철도 등), 해상(항만), 항공(공항)의 전체 교통수단에 관해 투자계획을 종합 설정하는 교통에 관한 최상위계획이다. 또한 국가기간교통망계획 하위계획으로는 5년 단위로 수립되는 중기교통시설투자계획[58]을 수립하도록 하고 있다.

국가철도망구축계획에는 여러 철도사업[59]들이 포함되어 있는데 이중 한 사업에 대해 철도건설기본계획[60]이 수립되며 그 내용은 개략적인 노선 및 차량 기지 등의 배치계획, 공사 내용, 공사 기간 및 사업시행자, 개략적인 공사비 및 재원조달계획, 연차별 공사시행계획 등이 포함된다.[61] 철도건설실시계획[62]은 철도사업별로 수립되는 철도건설기본계획

---

55 철도건설법 제4조, 환경영향평가법에 따르면 국가기간교통망계획은 정책계획이며 전략환경영향가 대상 계획임

56 국가통합교통체계효율화법 제4조

57 국가통합교통체계효율화법 제6조

58 국가통합교통체계효율화법 제6조

59 시종점만 있는 철도 노선 단계, 단선 또는 복선 선정 단계, 역사가 정해진 노선단계 등

60 환경영향평가법에 따르면 철도건설기본계획은 개발기본계획이며 전략환경영향평가 대상 계획임

61 철도건설 제7조

62 철도건설실시계획에 따라 시행되는 4km이상의 철도건설 사업은 환경영향평가 대상임

의 하위계획이며 이에는 사업의 규모와 내용, 사업 구역, 사업 기간 등이 포함된다.

철도건설사업시행자가 시행하는 기본계획과 실시계획 이 후에 시행되는 철도건설기본설계에는 노선선정, 정거장(차량기지 포함) 위치선정 및 규모산정, 열차운영계획 및 정거장 배선계획, 철도차량의 형식, 소요량, 궤도구조(궤도분야) 등이 포함된다. 철도건설 착공은 실시설계 이후에 시행된다.

위와 같이 국가철도망구축계획(철도망계획) → 철도건설기본계획 → 철도건설실시계획 → 철도건설기본설계 → 철도건설실시설계 → 착공으로 이어지는 계획의 위계에 따라 개략적인 노선에서 노선을 선정하고, 선정된 노선의 정거장 위치 등으로 계획의 내용이 점차 상세해지는 것을 알 수 있다.

(3) 계획의 불확실성

불확실성(uncertainty)이란 '미래에 발생할 사건(event)에 대한 확정적인 지식 내지 정보의 결여'로 정의된다.[63] 대부분의 경우 미래의 사건은 비반복적, 독립적이며 과거와 유사하지 않은 형태로 발생하는 특성에서 기인한다. 계획이 직면하는 불확실성에는 수요예측과 같은 대상 계획의 통제 밖의 외부요인이 크게 작용한다.

---

63 지식경제부, 2010, 전력수급기본계획 수립기법 및 절차 개선방안 연구

불확실성은 효과적인 전략환경영향평가를 어렵게 만든다. 계획이 가지고 있는 본질적인 불확실성을 이해 할 수 있으나 제거하거나 완화할 수는 없다. 따라서 이에 상응하는 방법으로 평가를 하여야 한다.

일반적으로 계획기간이 길수록 불확실성은 커진다. 도시기본계획은 20년 단위로 수립되는 장기계획으로 사회가 급변하고 시장이 여러 차례 바뀔 수 있어 도시개발정책의 불확실성이 크다고 할 수 있다. 도시기반계획처럼 불확실성이 그리 크지 않지만 10년 단위인 도시관리계획은 시장이 바뀌면서 계획의 내용이 변경되어 불확실성이 존재한다. 반면 단기계획 인 지구단위계획이 변경될 가능성은 매우 낮다. 따라서 도시계획의 위계에 따라 불확실성이 낮아진다고 할 수 있다.

(4) 공간적 범위

계획의 위계 또는 종류에 따라 계획의 공간적 범위는 다르게 설정되어 있다. 원칙적으로 상위계획에서 하위계획으로 내려가면서 점차 제한된다. 즉 계획의 범위가 국가적 차원에서부터 지구·지정 등에 의한 특정지역의 단위지구에 이르기까지 대체적으로 점차 좁아 진다.[64]

예를 들어 철도건설계획은 단계에 따라 공간적 범위도 좁아진다. 국가철도망구축계획(철도망계획)의 공간적 범위는 각각의 철도 사업 주변이면서 동시에 전국 철도철도망을 다루고 있으므로 전국이 된다. 반면 철도건설기본계획 단계로 내려가면서 그 범위는 도로사업 주변으로 한

---

64 이현우, 2010, 전략환경평가 내실화를 위한 평가단계별 방법론 마련 연구

정된다. 국가철도망구축계획의 경우는 철도 주변과 전국이 공간적 범위가 되고 개별 철도 사업을 대상으로 하는 계획은 철도건설 주변 지역이 환경영향의 범위가 된다. 물론 철도사업의 구체성, 즉 시종점만 있는 경우와 시종점 외에 단선 또는 복선이 정해진 경우에 따라 공간적 범위는 다소 차이가 나지만 대체적으로 좁아진다고 할 수 있다.

(5) 대안의 설정

하나의 계획안(案)은 어떤 목표를 달성하기 위해 선택 가능한 방법이며 이 안을 대신하거나 바꿀 만한 다른 안을 말할 때 대안이라 할 수 있다. 일반적으로 대안은 어떤 문제를 해결하거나 목표달성을 하는 데 오직 하나만의 방법이 있는 것이 아니라 여러 가지 방식이 있으며 이 중에 적절하다고 생각되는 2개 이상의 방안을 대안이라 한다. 대안설정은 서로 비교할 수 있도록 둘 또는 그 이상의 안을 제시하는 것을 의미하며 이 때 대안의 조건은 한 안이 다른 대안보다 우월 또는 열등해야 한다.[65]

대안을 설정하는 이유는 환경영향을 줄이기 위한 방안이다. 따라서 대안은 계획에 의한 환경영향을 평가하는 데 핵심 역할을 하며 대안별 환경평가는 전략환경영향평가의 열쇠와 같이 매우 중요한 역할을 한다. 그러므로 대안은 가급적 계획수립 초기 단계에 설정하는 것이 바람직하다.

〔그림 5-11〕과 같이 대안은 계획의 위계에 따라 다른 형태를 띠고 있다. 일반적으로 상위계획에서는 계획의 필요성에 대한 대안들을 설정한

---

65 한국개발연구원, 2008, 수자원부문사업의 예비타당성조사 표준지침 수정·보완 연구, 제4판

다. 그 필요성이 반드시 필요한 것인지 아니면 과도한 것인지에 대한 대안을 논의할 수 있다. 계획의 필요성은 개발 수요에 기인한다. 따라서 높은 수요가 아닌 수요를 줄이는 대안이 생태적으로나 사회적으로 더 적절하기 때문에 수요의 적정성에 있어 대안은 중요하고 이는 상위계획에서만 가능하다. 수요의 적정성이 확인되면 수요를 충족시키기 위해 무엇을 해야 하는지에 대한 대안이 필요하다. 이러한 방법 대안들은 중위계획에서 다루게 된다. 구체성이 높은 하위계획에서 세부 실행 방안으로써 개발사업을 어디에 실행하는지에 대한 대안을 설정한다. 이때 사업을 언제, 어떤 형태, 어떤 순서로 시행하는지에 대한 대안은 대체적으로 사업단계에서 논의된다.

이처럼 계획의 위계에 따라 근본적인 대안에서 세부적인 대안으로 바뀐다.

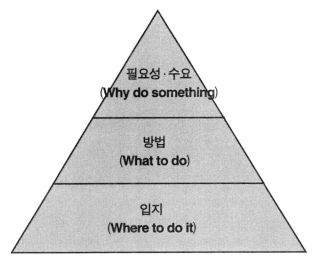

【그림 5-11】 대안의 위계

이러한 일반적인 대안 설정방법과는 달리 계획의 종류에 따라 대안은 다른 양상을 띠고 있다. 예를 들어 국가철도건설계획의 경우는 다음과 같다.

국가철도망구축계획 단계에서 철도의 중장기 건설계획의 필요성이라고 할 수 있는 교통수요(지역 간 목적 통행량, 여객통·행량)의 증가와 교통애로구간의 발생을 철도건설계획의 배경으로 보고 있다. 따라서 대안의 위계에서처럼 철도건설의 필요성을 직접 대안으로 설정할 수 없다(그림 5-11).

국가철도망구축계획의 내용을 토대로 철도망 형태[66] 대안, 철도사업 개수, 철도 연장, 사업의 우선순위, 기존선의 복선화, 신선 등에 대한 대안을 설정할 수 있다. 그러나 이러한 대안들은 대안의 위계로 본다면 중위 또는 하위계획의 대안에 속한다. 철도와 관련된 최상위 국가철도망구축계획이라도 실제의 내용을 보면 상위계획보다는 중·하위계획에 맞는 대안들을 설정할 수 있다.

철도건설기본계획 단계에서는 노선 및 차량 기지와 정거장에 대한 대안, 철도건설실시계획 단계에서는 철도건설사업의 규모 등에 대한 대안, 철도건설기본설계와 철도건설실시설계 단계에서는 세부 노선선정, 정거장 배선계획, 철도차량의 형식, 궤도구조(궤도분야) 등에 대한 대안이

---

66 X자형과 ㅁ자형

포함된다.

(6) 사회적 갈등

사회적 갈등은 계획수립 및 사업집행과정을 둘러싸고 당사자들 간에 치열한 이해 투쟁 현상을 말한다. 개발계획에서의 이해관계 대립은 공론화된 시민참여과정이 미흡하기 때문에 발생한다.[67] 시민참여는 계획수립 과정에서 계획에 대한 공감대를 형성하는데 반드시 필요하다. 시민참여는 계획단계별로 규정하고 있다: 도시계획의 경우 도시기본계획 단계에서는 공청회[68]와 지방의회 의견청취[69]를 통해 이루어지며, 도시관리계획 단계에서는 공청회 및 주민의견청취[70]와 지방의회 의견청취[71] 및 주민제안[72]을 통해 시민참여 가능성을 열어 놓고 있다.

도시계획의 경우 상위계획인 도시기본계획 단계에서 주민의견 제도에 관한 규정이 있는 반면 철도계획의 경우에는 철도건설기본계획과 철도건설실시설계 단계에서 각각 주민설명회를 개최하고 있다. 그러나 이는 도시계획에서와 같은 주민설명회는 아니고 전략환경영향평가와 환경영향평가의 제도 차원에서 시행되는 주민 설명회이다.

---

67 양재섭·김태현, 2011, 서울의 도시계획 수립과정에서 시민참여 실태와 개선방향, 서울시정개발연구원 **Working Paer** 2011-BR-03

68 도시계획법 제16조의 2

69 도시계획법 제10조의 2

70 도시계획법 령 제14조의 2

71 도시계획법 제12

72 도시계획법 제20조

이미 철도건설기본계획의 단계에서는 노선과 정거장의 입지 등은 정해져 있고 철도건설기본설계 및 철도건설실시설계 단계로 내려가면서 세세한 부분까지 정해져 있다. 따라서 이미 노선과 정거장의 입지가 정해진 단계에서 시행되고 또한 환경문제에 대한 논의의 장소이기 때문에 주민의 관심사인 선정된 노선과 정거장의 입지 변경요구 사항은 충족되지 못하고 있다.

결국 계획 초기 단계에서는 큰 틀에서 철도건설의 필요성과 개략적인 시·종점을 정하고, 하위단계로 내려가면서 정해진 시·종점을 토대로 최적 노선을 선정하며, 마지막으로 정해진 노선에서 세부적인 사항을 정하는 과정에 주민 참여 기회가 주어진다면 사회적 갈등 발생가능성이 낮아 질 것이다. 이처럼 계획의 수립 초기 단계에서부터 점진적으로 하위단계로 내려가면서 사회적 갈등 해소 방안은 줄어들 것이다.

6) 계획수립 절차

계획의 절차는 한 계획을 수립하는 과정이기도 하지만 여기서는 상위 계획과 관련 계획과 연계되어 한 계획에서 사업으로 이어지는 순서를 의미한다.

댐 건설 계획은 아래 〔그림 5-12〕와 같이 댐 건설의 필요성에부터 시작하여 일련의 과정을 거쳐 진행된다.

댐 건설은 수자원 확보의 필요성에서부터 시작되는 데 이와 관련된 계획으로 수자원장기종합계획[73]을 수립한다. 또한 댐은 홍수방어를 위해 건설되므로 유역종합치수계획에서 댐의 필요성이 제기된다.

하천법에 따라 수자원장기종합계획은 "수자원의 안정적인 확보와 하천의 효율적인 이용·개발 및 보전"을 위한 20년 단위로 수립하는 수자원 관련 최상위 계획이다. 유역종합치수계획[74]은 "수자원 개발·이용의 적정화, 하천환경의 개선, 홍수예방 및 홍수발생 시 피해의 최소화 등을 위해 수립하는 10년 단위 계획이다.

수자원장기종합계획을 통한 수자원확보와 유역종합치수계획에 의한 홍수방어를 위해 댐건설 필요성에 대한 근거가 마련되고 댐건설장기계획이 수립된다. 댐건설장기계획[75] 이후의 과정은 일반적으로 아래 그림과 같이 사전검토협의회 → 댐건설기본계획 안[76] → 타당성조사 → 전략환경영향평가[77] → 댐 건설실시계획 고시[78] → 댐기본설계[79] → 댐 실시설계[80] → 환경영향평가[81] → 댐 실시설계 고시 → 착공으로 이어지는 여러 관련법에 의해 오랜 기간을 걸쳐 이루어진다.

---

73 하천법 제23조
74 하천법 제24조
75 댐건설 및 주변지역지원 등에 관한 법률 제4조
76 댐건설 및 주변지역지원 등에 관한 법률 제7조
77 환경영향평가법
78 댐건설 및 주변지역지원 등에 관한 법률 제8조
79 건설기술관리법
80 건설기술관리법
81 환경영향평가법

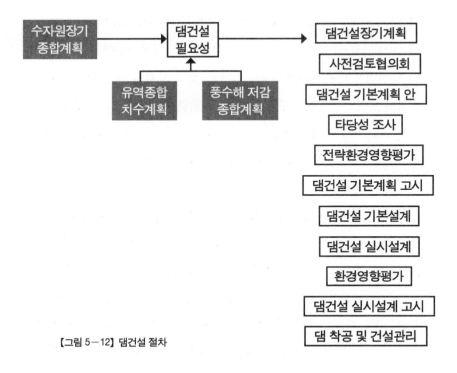

```
수자원장기          댐건설                    댐건설장기계획
종합계획     →    필요성        →
                                              사전검토협의회

             유역종합    풍수해 저감            댐건설 기본계획 안
             치수계획    종합계획
                                               타당성 조사

                                             전략환경영향평가

                                           댐건설 기본계획 고시

                                             댐건설 기본설계

                                             댐건설 실시설계

                                              환경영향평가

                                           댐건설 실시설계 고시

                                          댐 착공 및 건설관리
```

【그림 5-12】 댐건설 절차

　　원주댐 사례의 경우 섬강유역종합치수계획[82]을 통해 홍수예방 및 홍수발생 시 우려되는 피해의 최소화 방안으로 홍수조절용으로 댐건설이 필요하며 그 입지는 신촌지역이 적절하다는 조사결과를 내 놓았다. 또한 2011년에 수립된 원주시 풍수해 저감종합계획[83]에서도 이러한 내용이 재차 언급되었다. 섬강유역종합치수계획에서 제시된 댐건설 내용을 토

---

82 유역별로 수립되는 종합치수계획임

83 자연재해대책법 제16조

대로 원주시는 국토교통부에 댐건설을 요청하고 국토교통부는 이 요청을 수용하여 댐건설장기계획에 홍수조절용 댐을 포함시킨다.

2005년에 수립된 섬강유역종합치수계획은 원주천의 목표 치수안전도(200년 빈도) 확보를 위한 방안으로 하천개수사업, 배수펌프장, 원주천 고수부지 부분절취 및 환경정비사업(하도분담)과 천변저류공원 및 홍수조절지(유역분담)을 제시하고 있다. 하도능력을 최대한 활용하더라도, 하도초과분에 대해서 홍수조절댐을 통한 유역분담 방안을 필요하다는 결론을 내놓았다.

종전과는 달리 댐건설장기계획이 공개된 이후에 댐사업에 의한 지역갈등 등의 댐 수용성 문제가 지적되어 그 해소 방안으로 국토교통부는 한시적으로 사전검토협의회[84]를 신설하였다.

댐건설계획과 환경평가

댐건설장기계획 확정 후에 시행되는 사전검토협의 과정은 지역갈등과 환경문제를 해소하는 데 도움이 될 수 있다. 그러나 댐건설의 필요성과 입지 및 규모는 이미 섬강유역종합치수계획(2005년)을 통해 확정되어 댐건설장기계획(2012년)에 반영된 상태이므로 전략환경영향평가 단계에

---

84 주민설명회 시기를 앞당기고 중앙정부 주도에서 지역중심으로 전환하여 지자체 주관하에 갈등 관리를 위해 2013년에 도입하였음 (국토교통부 보도자료 2013.7.18).

서 환경영향을 최소화하는 방안 모색은 제한적이다. 따라서 환경성 제고 방안은 댐건설장기계획보다는 유역종합치수계획에서 찾아야 한다. 그러나 이 계획은 전략환경영향평가 대상계획이 아니다.

2005년에 수립된 섬강유역종합치수계획에 의해 마련된 댐건설의 필요성은 댐건설장기계획(2012년)에 반영되기 까지는 7년의 시간이 소요되고 댐건설기본계획이 수립되고 이에 대한 타당성조사를 거쳐 전략환경영향평가과정을 거치면 10년 정도의 시간이 지난 후 섬강유역종합치수계획에 의해 댐건설이 확정되고 10년이 지난 시점에서 비로소 환경문제가 공개적으로 논의되었다. 이처럼 장기간 소요되는 댐건설 계획 및 관련 계획의 과정에서 미래를 내다보는 환경적 사고력이 요구된다.

〔그림 5-12〕의 댐건설 계획 절차를 통해 전체흐름을 파악하고 전략환경영향과 관련된 문제점을 인식할 수 있다. 문제점으로 주목해야 할 부분은 '단계별로 어떤 계획의 내용을 담고 있는가'하는 것이다. 전략환경영향평가의 시점은 전략환경영향평가의 질을 좌우하기 때문에 매우 중요한 사안이다. 원주댐의 경우 구체적인 댐건설의 필요성과 입지 및 규모가 개략적으로 정해지는 섬강유역종합치수계획 수립 시점에 1차적으로 전략환경영향평가를 실시하는 것이 바람직하다. 그 이후의 과정에서 환경적으로 문제점이 발견되어도 계획을 바꾸기는 어려운 상황이 될 수 있기 때문이다.

4. 계획과 환경

우리나라 국토 중 적극적으로 이용 가능한 면적은 2만 6,000㎢에 불과하다. 1970년 ㎢당 국민총생산은 1억 7,000만 원에 불과했으나 1997년 현재 45억 3,900만 원으로 같은 기간 동안 경제밀도가 27배가량 증가했다. 즉 지난 27년간 한국은 인구와 경제밀도가 엄청나게 증가한 만큼 환경부의 역할도 커진 것이다.

부족한 개발가용지의 확보를 위한 각종 개발 계획은 환경생태계 파괴로 이어졌다. 〈표 토지피복 분류상 변화〉와 같이 자연생태계가 유지되고 있는 국토의 지속적인 훼손으로 초지 산림 등 자연생태계가 유지되고 있는 국토면적은 감소하는 반면 시가화 건조지역(대지, 공장용지 등)의 개발지는 지속적으로 늘어나는 추세이다.[85]

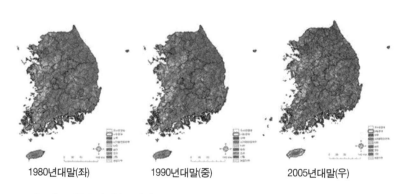

1980년대말(좌) 1990년대말(중) 2005년대말(우)

【그림 5-13】 토지피복도 변화

---

85 이지훈, 2006, 환경과 개발의 조화, 삼성경제연구소 2006. 11. 17

【표 5-4】 토지피복분류상 변화(1980년대 말~2000년대 중반)

분류항목	1980년대 말		1990년대 말		2000년대 중반*	
	면적(㎢)	비율(%)	면적(㎢)	비율(%)	면적(㎢)	비율(%)
시가화건조지역	2,132.99	2.1	3,456.39	3.4	5,706.15	5.7
나지	1,293.45	1.3	1,679.22	1.7	1,412.91	1.4
습지	624.95	0.6	398.47	0.4	753.96	0.8
초지	3,797.01	3.8	4,377.32	4.4	1,899.35	1.9
산림지역	66,975.58	66.8	66,880.70	66.7	62,271.28	62.1
농업지역	23,783.41	23.7	21,816.97	21.8	25,696.40	25.6
수역	1,672.39	1.7	1,672.77	1.7	2,331.50	2.3
분류 외 지역	17.99	0.0	15.96	0.0	225.45	0.2
합계	100,297	100	100,297	100	100,297	100

*2000년대 중반 자료는 중분류 토지피복지도로서 대분류 피복지도(80년대, 90년대 자료)와 해상도 및 분류체계가 다르므로 다소 차이가 날 수 있음. 2005년에 제작 완료된 중분류 토지피복지도는 수도권(2001년), 한강금강권역(2002년), 낙동강역(2003년), 영산강권역(2001~5년) 기준으로 제작되어 있음.

우리나라는 성장우선 정책을 추구하면서 급속한 도시화와 산업화가 일어났다. 그 과정에서 도시용지의 수요-공급 간 불균형이 발생하였고 이를 해소하기 위하여 토지이용 규제완화 등 개발을 지원하는 공간계획이 수립되었다. 공간계획은 자연환경이 훼손되고 생활의 쾌적성이 저하되는 등 삶의 질이 악화되는 원인이 되기도 한다. 그 이유 중에 하나는 기존의 국토 및 도시와 관련된 공간계획에서 환경부문에 대한 고려가 미흡하기 때문이다.

국토종합계획, 시도종합계획, 도시기본계획 등의 공간계획은 장기적인 관점에서 도시전체의 공간적 기본골격을 형성하고 장기발전 비전을 마련하는 정책적·종합적·전략적 계획이라 할 수 있다. 공간계획이 수립된 정책과 계획, 전략 등은 향후 해당 공간의 미래 환경을 결정하고, 국민의 질을 좌우하는 자연환경과 생활환경에 매우 큰 영향을 미친다는 점에서 전략환경영향평가와의 관련성은 매우 중요하다고 할 수 있다.

도시용지 공급확대를 위한 택지개발과 규제완화 정책을 추진하였지만, 토지이용계획과 기반시설계획, 각종 개발계획과 환경계획 등을 사전에 정교하게 연계하여 운영하지 못 하였기 때문에 난개발과 자연환경 훼손문제가 발생하였다.

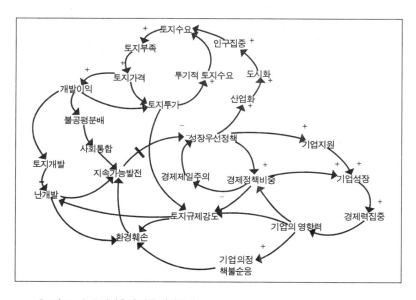

【그림 5-14】 토지이용에 따른 환경문제

〔그림 5-14〕와 〔그림 5-15〕에서처럼 공간계획은 환경문제 등 사회 여러 분야와 연결되어 있다.[86] 따라서 계획을 통해 환경영향을 근원적으로 접근하여 악순환의 연결고리를 차단하고 환경을 보전할 수 있다.

---

86 정희남·최수·천현숙·김승종·손학기·강미영·김선지·김영태·문태훈·서승환·Edwin Buitelaar·Arno Segeren, 2009, 도시용지 공급확대에 따른 토지시장 관리방안 연구

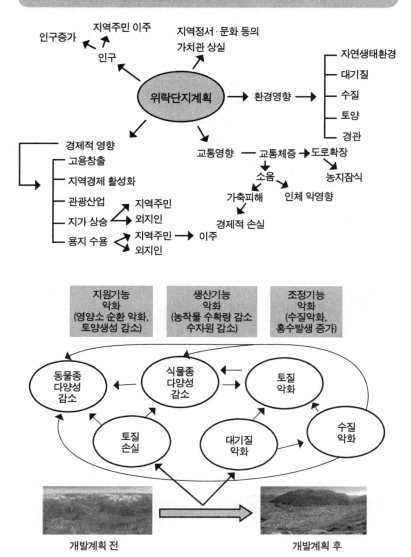

【그림 5-15】 개발계획에 의한 환경영향

사례: 위락단지 조성계획

개발계획은 〔그림 5-15〕와 같이 토양손실은 생물종에 악영향을 미치고 대기질 저하는 수질과 토질에 부정적 영향을 미칠 수 있다. 이로 인해 자원기능과 생산기능 및 조정기능이 나빠질 수 있다.

사례: 도로건설계획

예를 도로건설과 관련된 계획은 그림과 같으며 최상위 계획은 국가종합교통망 계획이고 이 계획에는 도로, 철도, 공항, 항만, 물류 등의 내용을 수록하고 있다. 국가종합교통망 계획의 하위 계획으로 국가도로망종합계획과 도로건설·관리계획이 수립된다.

도로, 철도 등 선형교통시설과 관련하여 교통밀도를 결정하는 계획이라 할 수 있다. 선형교통시설 밀도는 자연생태계에 미치는 영향이 매우 크다. 선형사업은 동물개체 감소에 큰 영향을 끼친다. 도로는 아래 그림과 같이 서식지 손실, 교통사고, 장애물 작용(barrier effect), 서식지 분할의 4가지 요인에 의해 개체 수 감소를 유발한다.

도로건설계획의 최상위 계획 인 국가종합교통망계획은 도로 밀도를 결정하는 계획으로 전국 생태계에 지대한 영향을 미치는 잠재력을 가진 계획이라 할 수 있다.

도로법에 의해 수립되는 국가도로망종합계획은 고속도로 지표연장을 포함하고 있고 구체적인 사업계획을 담고 있다. 예를 들면 제2차 도로정비 기본계획(2011~2020)은 2020년까지 5,900km까지 확대하겠다는 계획을 세웠으며 또한 구체적인 도로건설 사업을 포함하고 있다. 이러한 도로와 철도의 선형 육상교통시설에 의한 영향으로 식물과 동물에 대한 직접 훼손, 서식지 훼손, 생태계 단절과 생물서식공간의 단편화 등 생태계에 대한 영향 등을 들 수 있다.[87] 이러한 잠재적 영향에 대해서는 계획단계에서부터 시작하여 계획 단계별로 접근하여 환경평가를 실시하여야 한다.

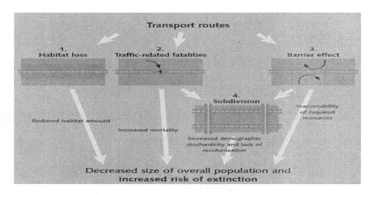

【그림 5-16】 도로에 의한 생태계 영향

【그림 5-17】 도로에 의한 환경영향

---

87 이영준 외 7인, 2004, 철도건설사업의 주요 환경영향에 관한 연구, KEI RE-15, pp.97

미스터 Q[88]

1. 정책의 개념에 대해 설명하시오.

2. 정책-계획-사업의 연계성에 대해 서술하시오.

3. 계획의 종류에 대해 서술하시오.

4. 계획의 개념, 정의, 기능, 종류에 대해 서술하시오.

5. 행정계획의 상세성, 계획의 불확실성, 계획의 공간적 범위, 대안 설정, 사회적 갈등 해소의 관점에서 계획의 특성에 대해 논하시오.

6. 한 행정계획의 예를 들어 계획수립절차에 대해 서술하시오.

7. 행정계획의 한 예를 들어 계획에 의한 환경영향에 대해 서술하시오

---

[88] 매사에 묻고, 따지고, 사안의 본질에 대하여 끊임없이 질문하는 Mister Q

제6장

전략환경영향평가 제도
(정민정, 이무춘)

학습목표

세계 최초로 미국에서 1970년부터 시행된 환경영향평가(EIA)는 각 국의 환경문제가 심각해지면서 단기간에 전 세계로 확산되었다. 지난 40년 간 건강영향평가(health impact assessment), 사회영향평가(social impact assessment), 위해성평가(risk assessment) 등 여러 형태의 영향평가 방법이 개 발되어 사용되고 있다. 1980년대부터 환경영향평가의 문제점을 보완하 기 위해 의사결정의 전략적 단계인 계획단계에서부터 고려되는 전략환 경영향평가의 필요성이 국제적으로 대두되기 시작하였다. 반면에 국내 에서는 2000년대 전후로 논의되었으며 특히 대형 국책사업 등 각종 개발 사업의 추진과정에서 환경문제로 인해 사업이 중단 또는 지연되고 사회 적 갈등과 경제적 손실이 발생하면서부터 이를 근원적으로 방지하기 위

한 사전환경성검토에서 한 단계 발전된 전략환경영향평가제도의 중요
성이 인식되었다.

따라서 이 장에서는 전략환경영향평가 제도의 도입배경과 필요성을
인식하고 그 개념과 목적 및 의의를 이해할 수 있다. 또한 전략환경영향
평가 제도의 장점, 성공적인 전략환경영향평가 제도가 갖추어야 할 기
준, 전략환경영향평가의 유사 제도, 계획과 전략환경영향평가의 관계 유
형에 대해 이해할 수 있도록 하는 데 학습목표를 둔다.

1. 전략환경영향평가 도입

전 세계적으로 시행되고 있는 전략환경평가의 효시는 미국의 환경
영향평가 프로세스(The Environmental Impact Assessment Process)이다. 환경
영향평가와 전략환경평가를 의미하는 환경평가 프로세스는 국가환경
정책법(NEPA, National Environmental Policy Act)에 의한 환경정책을 직접적
으로 이행하기 위한 수단이며 원자로, 고층건물과 같은 대형사업에 대
한 우려를 해소하고 환경문제에 대한 인식차원에서 1960년대에 논의된
TA(Technology Assessment)의 연장선에서 도입되었다.

전략환경영향평가는 환경영향평가와 관련이 있다. 환경영향평가는
개발사업의 환경영향을 조사하고 평가하는 수단이지만 이미 개발사업
이 확정된 상황에서 시행된다. 어떤 종류의 개발사업(사업의 종류)을 할 것
인가와 사업을 어디(입지 선정)에 할 것인가 또는 어떻게 사업(사업시행방

법)을 시행하느냐에 따라 환경영향의 차이가 크게 날 수 있다. 이러한 대안 설정(사업의 종류, 입지 선정 및 사업시행방법)을 통해 환경영향을 근본적으로 줄일 수 있음에도 불구하고 사업의 상위단계인 계획단계에서 환경영향을 최소화하는 수단이 결여되어 있었다. 이에 따라 사업단계에서만 적용되는 근원적인 취약점을 인식하고 계획의 단계부터 적용할 수 있는 평가수단, 즉 전략환경영향평가 제도의 필요성이 대두되었던 것이다.

〔그림 6-1〕에서 나타나고 있듯이 천성산 터널 사업을 추진하면서 많은 민원이 발생하였는데 이때 사업을 반대하는 측에서는 대안 노선을 찾아서 심각한 생태계 파괴를 줄여야 한다고 주장하였다. 또한 서울외곽순환고속도로 사패산 구간 건설 사업에 대한 문제제기에서 국립공원 관통은 불가하고 국립공원을 보전하기 위해서는 국립공원을 우회하여 새 노선으로 도로공사를 하여야 한다고 주장하였다. 이처럼 사업 반대 측의 주장은 노선 변경인데 사업단계에서는 이미 정해진 노선에 대해 환경영향평가를 실시하므로 노선변경 주장은 타당성이 있다 해도 받아주기 어려운 상황이다. 이 사례를 통해서 기대할 수 있는 부분은 노선 선정의 계획단계에서 전략환경영향평가를 하였다면 사회적 갈등은 해소할 수 있었을 것이다.

대구–부산 구간 경부고속철도 사업

물류, 교통난을 해소하고 지역발전을 꾀하고자 정부가 추진한 고속철 개통사업은 1992년 노선 결정 후 서울–대구 간 경부고속철도 1단계 착공을 시작으로 순조롭게 진행되었다. 그러나 1999년 고속 철도가 관통할 천성산에서 산지 늪이 발견되면서 습지 파괴를 우려하는 환경단체 및 일부 종교계의 사업추진 반대로 대구–부산 구간의 2단계 공사에 제동이 걸리고 오랫동안 중단되는 사태가 발생하였다.

【그림 6-1】 천성산 터널 입구[1]

　　외국에서도 이러한 사업에 대한 환경영향평가의 취약점을 보완하기 위해서 계획단계에서부터 환경평가를 시행하고 있다. 예를 들어 미국은 이미 1980년대부터 area-wide impact assessment guidebook을 통해, 독일은 1990년대부터 건설법전(Baugesetzbuch)을 통해 도시계획 수립 시에 환경영향을 평가하고 있다. 즉 전략환경영향평가는 사업 환경영향평가의 불충분함을 개선하려는 목적뿐만 아니라 정책과 계획의 환경성을 고취시키는 의도가 있다.

---

1 조선일보 2006년 6월 3일

2. 개념 및 정의

전략환경평가(Strategic Environmental Assessment)란 용어는 최근에 전 세계적으로 많이 사용되고 있으며 확대되는 추세이다. 캐나다, 유럽국가, IAIA,[2] 세계은행 등에서는 전략환경평가[3]라는 용어를 사용하고, 국내에서는 전략환경영향평가라는 용어를 사용한다.

전략환경평가와 전략환경영향평가의 이 두 용어사이에 어떤 차이가 있는가? 결론부터 말하면 차이가 없으며 전략환경평가 또는 전략환경영향평가라는 용어에서 중요한 것은 전략의 개념이 포함됐다는 것이다. 전략은 고대 그리스어 Strategos에서 유래된 병법용어이다. 전략(Strategy)에 따라 전술(Tactics)을 세우고 전술에 따라 전투(Combat)를 하므로 병법의 상위개념이다. 이순신장군의 학익진법처럼 전략을 잘 짜야 전쟁에서 승리하듯이 계획을 잘 짜야 환경영향을 최소화 할 수 있는 것이다.

전략환경영향평가는 기존의 환경영향평가제도로서 사전에 환경파괴를 방지하는데 한계가 있다는 관점에서 출발하였으며 이 보다 더 효과적인 사전예방적인 제도의 필요성 있다는 개념에서 논의되었고 제도화되었다. 특히 의사결정 상위단계에서 실시하여 환경훼손을 보다 근본적으로 방지할 수 있다는 전략환경영향평가의 취지에 대해서는 기본적인 인식의 차이는 없으나 그 적용 목적과 방법에 있어서 전문가들 사이에

---

2 international association for impact assessment(국제영향평가학회).

3 대부분 Strategic Environmental Assessment를 사용하지만 일부 국가에서는 다른 용어를 사용하기도 한다.

이견을 보이고 있다.

이론적으로는 전략적 행위가 정책, 계획, 프로그램에서 일어나므로 이들에 대한 환경평가를 한다는 의미에서 3Ps, 즉 정책(Policy), 계획(Plan), 프로그램(Programm) 대신 전략이란 용어를 사용하고 있다. 그러나 이론과는 달리 우리나라를 포함하여 대부분의 국가에서는 실질적으로 전략의 개념에 계획과 프로그램만 포함시키고 있다.[4] 또한 전략환경평가는 환경 분야뿐만 아니라 사회 경제 분야를 포함한 지속가능한 발전 전략과 관련하여 폭 넓게 이해하는 경우도 있다.

Maria Rosário Partidário에 따르면 전략환경평가는 다음과 같은 목적을 달성하기 위한 수단이라고 정의를 내리고 있다.

- 환경성과 지속성을 달성하기 위한 수단
- 전략적 행위에 있어서의 환경적인 관점에서 최적 안을 찾는 수단
- 체계적이고 투명한 의사결정의 절차를 확보할 수 있는 수단
- 전략적 정책이나 계획수립 시 환경보전을 강조하는 수단
- 개발 정책이나 계획 수립 시 환경적 요소를 경제·사회적 분야와 동등하게 다룰 수 있는 도구

---

4 네덜란드는 E-Test이라는 용어를 사용하여 Policy를 전략환경평가 포함시키고 있음. 덴마크도 Policy를 SEA에 포함시킴 (Ministry of Environment and Energy Spatial Planning Department, 1995, Strategic environmental assessment of bills and other government proposals. Examples and experience).

【표 6-1】 전략환경영향평가의 정의

출처	정의 및 해석
Sadler and Verheem (1996)	·전략환경평가는 경제적 사회적 고려와 동시에 적절한 의사결정 초기 단계에서 적절하게 정책, 계획, 프로그램의 환경적 영향을 평가하는 체계적인 과정
Brown and Therivel (2000)	·전략환경평가는 정책 제안에 대해 환경적, 사회적 관련성을 전체적으로 이끌어가는 이해 과정
Partidario and Clark (2000)	·전략환경평가는 의사결정의 최상부에서 환경평가를 조직적으로 진행하는 절차
World Bank (2008)	·전략환경평가는 정책, 계획, 프로그램으로 인한 환경영향을 분석하고 저감대책을 마련하여 환경영향을 의사결정의 상위단계에 반영하도록 하는 절차
유럽연합 전략환경평가 지침(2001) (EU SEA Directive)	지속가능한 발전 증진의 관점에서 높은 수준의 환경보전을 확보하고 계획과 프로그램 수립과 채택 시에 환경고려가 되도록 하는 제도
환경영향평가법 (법률 제13426호, 2015.7.24)	전략환경영향평가는 환경에 영향을 미치는 상위계획을 수립할 때에 환경보전계획과의 부합 여부 확인 및 대안의 설정·분석 등을 통하여 환경적 측면에서 해당 계획의 적정성 및 입지의 타당성 등을 검토하여 국토의 지속가능한 발전을 도모하는 제도[5]

---

5 입법 예고된 환경영향평가법 일부 개정법률 안에 따르면 기존의 환경영향평가법에서는 전략 환경영향평가가 상위계획을 수립할 때 환경적 측면에서 계획의 적정성 등을 검토하기 위한 제 도이나, 이 경우 최상위 계획만 해당하는 것으로 오인함에 따라 당초 제도 도입취지가 반영될 수 있도록 대상계획을 상위계획에서 계획으로 수정할 예정임(환경부공고 제2016-281호).

〔표 6-1〕에서 소개된 전략환경영향평가의 정의들을 종합하면 '초기', '체계적/조직적', '절차적', '의사결정에 환경영향의 반영', '대안'으로 귀결된다.

전략환경영향평가는 의사결정의 상위단계에서 환경영향을 고려하고, 다양한 이해관계자의 의견수렴을 통해 지속가능한 발전에 기여할 수 있는 수단이다. 따라서 전략환경영향평가는 다음과 같은 절차적 특성을 갖고 있을 때 그 효력을 발휘할 수 있다.

- 체계적인 평가 절차
- 사회경제적 요인 외에 환경적 요인을 평가하는 종합적인 절차
- 의사결정이 투명한 절차
- 환경평가의 내용이 의사결정에 반영되는 절차

〔그림 6-2〕는 환경평가의 피라미드를 보여주는데 이는 의사결정의 과정을 3단계로 구분하여 환경평가제도가 운영되고 있다는 것을 보여주고 있다. 정책에 대한 전략환경평가는 국내에서 적용되지 않으며 UNECE 프로토콜(Protocol)에 비준한 회원국이 자율적으로 시행할 수 있다. 계획단계에서의 환경평가, 즉 외국에서 보편적으로 사용하고 있는 전략환경평가 또는 국내에서 사용하는 전략환경영향평가 제도가 적용되고 있다. 마지막 사업단계에서 시행되는 환경평가는 국내외를 막론하고 환경영형향평가라는 이름으로 시행되고 있다.

【그림 6-2】 환경평가 피라미드

전략환경영향평가의 개념은 〔그림 6-3〕과 같이 국가 내지 연구자 별로 매우 다양하게 이해되고 여러 명칭들이 사용되고 있다. 이는 용어의 개념이 통일되어 있지 않고 나라와 사안에 따라 사용범위가 매우 넓다는 것을 의미한다. 그러나 이전과는 달리 유럽 SEA directive가 제정되면서부터 어느 정도 제도적으로 정착되었으며 그 명칭도 전략환경평가라는 용어로 정비되었다고 할 수 있다.

【그림 6-3】 다양한 전략환경영향평가 용어

3. 전략환경평가의 의의 및 목적

환경성검토 제도로부터 보완된 개념으로 도입된 전략환경영향평가는 국내외적으로 상위단계의 의사결정단계에서 환경성을 반영하기 위한 수단으로 견고하게 자리매김을 하고 있다. 이러한 현상은 전 세계적으로 확대되고 있는데 그 이유는 무엇일까?

기본적으로 환경영향평가 제도만으로는 환경훼손을 충분히 사전에 방지할 수 없기 때문이다. 개발계획의 구상단계에서 시작하여 시공까지 거치는 여러 의사결정 단계에서 환경영향평가는 거의 마지막 사업단계에 적용되므로 환경훼손 방지는 매우 제한적이기 때문이다.

따라서 전략환경영향평가를 통해 환경영향평가의 한계적 특성을 극복하고 개발의 필요여부와 개발 방향을 제시하는 의사결정 단계에서 환경훼손의 근본적인 원인을 규명하고 환경적 요소가 반영될 수 있도록 하는 기반이 마련된다. 이를 통해 전략환경영향평가는 환경을 고려하지 않은 의사결정 체제를 친 환경적인 형태로 유도할 수 있다.

전략환경영향평가의 의의는 다음과 같다.

- 의사결정 과정에서의 친환경성 기반 구축 및 확립
- 의사결정 과정의 친환경성 유도
- 의사결정 과정의 투명성 확보
- 지속가능발전에 기여

정책과 계획 수립결정에서 잠재적 환경영향을 확인하고 의사결정자와 소통할 수 있도록 하는 목적으로 전략환경영향평가의 필요성이 논의되었다. 세계적으로 보편화 되어 있는 환경영향평가의 취약한 부분은 의사결정 흐름의 마지막 단계, 즉 이미 사업의 입지와 규모 및 형태가 확정된 이후에 적용된다는 점이다.

따라서 잠재적 환경훼손 요소들이 내포된 사업을 결정하는 정책이나 계획에 대해서는 기존 환경영향평가 제도는 손을 대지 못하고 있어 사전 예방적 기능이 약한 결점을 갖고 있다. 상위 의사결정단계에서 잠재적 환경영향을 평가하는 것이 전략환경영향평가의 취지이다.

전략환경영향평가는 이미 확정된 개발 사업으로 인해 발생할 수 있는 환경 분야의 증후보다는 환경영향의 근원에 초점을 맞추고 있다. 이는 상위 의사결정의 환경성 제고에 초점을 맞추는데 목적을 두고 있다고 볼 수 있다.

그 밖에 환경영향평가의 결과를 Brundtland Commission[6]의 요구에 부응하는 사회경제적 관점과 통합하여 의사결정을 하는 것이 목적이 될 수 있다. 즉 지속가능한 발전이라는 국제 환경정책 의제에 관심을 갖도록 하는 것이다.

전략환경영향평가의 취지와 적용시점에 따라 다음과 같은 장점을 들 수 있다.

첫째, 전략환경영향평가는 프로젝트 지향적 환경영향평가에 비하여

---

6 환경과 개발에 관한 세계위원회(WCED)

보다 광범위한 대안을 고려 할 수 있고 다른 개발 때문에 발생하는 간접영향, 상호작용에 의한 영향, 누적영향 등을 모두 고려하는 것이 가능하다.

둘째, 의사결정자들은 환경영향을 고려하여 어떠한 계획이 최선의 대안인지를 선택할 수 있다. 전략환경영향평가를 통해 계획이 최소비용으로 최대효과를 낼 수 있는가, 친환경적인가, 지속가능한가, 상반된 목표 사이에서 균형을 찾을 수 있는 최고의 대안인가 등을 계속적으로 고려할 수 있다.

셋째, 사전적 평가를 통해 지속가능발전이 이루어지도록 계획을 보완할 수 있다.

전략환경영향평가는 단순히 미래의 환경오염현상을 다루는 것이 아니라 환경영향을 사전에 예방하자는 취지로 시행되므로, 이들의 수립과정에서 의사결정의 신뢰성 및 타당성을 높여주고 체계화시켜 주는 사전예방적 기능 때문에 전략환경평가는 계획 진행 시 가능한 빨리 시작하는 것이 좋다.

넷째, 전략환경영향평가 시 협의회 및 주민참여의 활성화가 가능하다.

계획 초기부터 계획에서 다루는 문제점 및 주요 내용에 대하여 주민, 비정부 조직 및 다른 조직들이 협의 하에 참여할 수 있으므로 주민의 반발로 계획이 지연되는 문제를 사전에 예방할 수 있으며, 주민 참여를 통하여 가치 있는 정보의 수집이 용이해지고, 최종 확정된 계획에 대한 신뢰도도 증진된다.

계획 수립과정 초기에 환경 관련 부서가 협의과정에 참여한다면 더좋은 계획의 결과를 얻을 수 있을 것이다. 이처럼 이른 시점에 환경부서가 참여한다면 환경적 고려 요소들이 계획수립 과정에 꾸준히 전달되고 반영될 수 있을 것이나 이미 계획초안이 완성되고 계획 여건이 정해졌다면 환경적 고려는 상대적으로 불리해진다.

만약에 계획안 확정 후에 불가피하게 환경을 고려할 사항이 발생한다면 계획과정이 더 이상 진척이 안 되고 되돌아가야 하는 상황까지 발생할 수도 있다. 이 경우 많은 비용손실이 일어나고 시간낭비를 하게 된다. 따라서 환경부서의 초기 관여는 시간과 비용손실을 줄이면서 계획수립 시에 환경을 고려하는데 있어 중요하다고 할 수 있다.

전략환경평가의 세부 목적은 다음과 같다:
- 개발계획의 환경영향 확인
- 환경적으로 대안 설정 및 평가를 통한 최상의 안 마련
- 환경평가 및 저감대책을 통한 통합적인 의사결정 기여
- 근원적인 환경영향 방지
- 누적영향 평가

4. 성공적인 전략환경평가의 판단 기준

국제영향평가학회(IAIA, International Association Impact Assessment)가 일반화할 수 있는 전략환경평가 성과 기준(performance criteria)[7]을 마련하였

---

7 http://www.iaia.org/uploads/pdf/sp1.pdf

다. 이 기준은 향후 원칙으로 바뀔 전망이다. 전략환경영향평가 이행성과를 판단하기 위한 기준은 아래와 같이 6개 분야이며 각 분야별로 세부지표들이 있다. 이에 각각의 기준에서 충족할만한 판정을 받을 경우 잘된 전략환경평가라 할 수 있다. 다음은 바람직한 전략환경평가의 전제가 되는 조건이라고 할 수 있는 기준은 일반화된 형태이다.[8]

① 우선 통합적 또는 연계적이어야 한다. (Is integrated)

이에 해당하는 세부지표는 다음과 같다.

환경적, 사회적, 경제적 측면 간의 상호관계를 다루고 있는가? 이 세부지표는 지속가능발전을 염두에 둔 내용으로 환경성 외에 경제성과 사회성을 통합하여 평가하여야 한다는 의미이다. 하지만 환경성, 경제성, 그리고 사회성을 동일하게 보는 지속가능성 평가와는 달리 환경성에 중심을 두지만 경제성과 사회성을 고려한다는 의미로 받아들일 수 있다.

계획간에 연계되어 전략환경평가를 시행하고 있는가?

이는 정책 → 상위계획 → 하위계획의 단계 별 의사결정을 고려하여 전략환경영향평가가 이루어지고 있는가를 의미한다.

② 지속가능성을 유도하여야 한다.(Is sustainability-led)

이에 해당하는 세부지표는 다음과 같다.

지속가능성을 지향하는 전략환경영향평가인가? 이 지표는 전략환경

---

8 2014년 스위스 연방 환경부 자료에 따르면 수년간의 작업과정을 통해 선정된 기준에 대해 논의가 진행중이며 이에 따라 기준은 앞으로 원칙 형태로 바뀔 전망임(Sutter 외 5인, 2014, Strategische Umwetpruefung(SUP)-Erfahrungen in der Schweiz und Nachbarlaendern).

영향평가는 지속가능 발전이라는 목적을 달성하기 위한 수단으로 운영되어야 한다는 의미를 갖고 있다.

③ 목표 지향적이어야 한다.(Is focused)

이에 해당하는 세부지표는 다음과 같다.

계획수립에 도움이 되는 신뢰할 수 있고 유용한 정보를 제공하는가? 계획수립은 문제 해결을 위한 방안을 제시하는 의사결정이라 할 수 있다. 전략환경영향평가를 통해 친환경적인 의사결정을 할 수 있도록 유용한 정보를 제공하여야 한다.

④ 책임의식을 가져야 한다.(Is accountable)

이에 해당하는 세부지표는 다음과 같다.

전략환경영향평가자가 책임의식을 갖고 있는가? 전략환경영향평가의 결과는 친환경 의사결정을 하는데 실질적으로 작용하기 때문에 평가기관 및 평가자는 책임의식을 가져야 한다. 따라서 평가기관은 전문성, 엄격성, 공정성과 균형감각을 가지고 전략환경영향평가를 수행하여야 하며, 이에 대한 독립된 감독 및 검증이 이루어져야 한다.

⑤ 참여적이어야 한다.(Is participative)

이에 해당하는 세부지표는 다음과 같다.

전략환경영향평가 시에 공공과 관련 정부가 정보를 공개하고 참여기회를 제공하는가? 이해관계가 있고 영향을 받는 주민과 정부기관에게 의사결정과정에 대하여 알리고 참여를 유도하여야 한다. 의사결정에서 공공의 참여와 관심사항을 명확하게 언급하고, 명료하고 쉽게 이해 할 수 있는 모든 유관정보에 대한 충분한 접근을 보장하여야 한다.

⑥ 반복적이어야 한다.(Is iterative)

이에 해당하는 세부지표는 다음과 같다.

다단계로 이어지는 의사결정에 평가과정이 반복되는가? 계획은 수정을 통해 변경될 수 있다. 이처럼 한 번의 의사결정으로 끝나지 않고 반복되는 경우 이에 맞춰 평가도 반복되어야 한다.

위에서 제시한 국제영향평가학회(IAIA)의 기준 외에 오스트리아에서는 효율적으로 전략환경평가를 향상시키기 위해 아래의 전략환경평가 성공 요소를 제시하고 있다.[9]

- 전체 의사결정과정에서 전략환경평가와 계획의 완벽한 연동
- 대안비교의 차원에서 점진적으로 계획의 최적화 추진
- 정보를 제공하고, 의견을 수렴하고 협력하는 공공참여
- 환경영향과 경제영향 및 사회영향을 동일한 수준에서 고려
- 전략환경평가와 환경영향평가 간의 구분 및 연계
- 효과적인 모니터링

---

9 Institut für Technikfolgen-Abschätzung (Hg.), Handbuch Strategische Umweltprüfung [online], Auflage 3.3, Wien, 2013, Verlag der Österreichischen Akademie der Wissenschaften,

5. 국내외 전략환경영향평가 유사 제도

1) 국내 유사 제도

전략환경영향평가와 유사한 제도는 다양한 분야에서 도입·운영되고 있다. 이 중 전략환경영향평가와 관련성이 큰 제도는 국토계획평가, 건강영향평가, 사회영향평가라고 할 수 있다. 국토계획평가의 일부분은 전략환경영향평가와 유사한 방법으로 평가하고 있고 건강영향평가는 일부 전략환경영향평가의 대상 행정계획에 대해 건강에 미치는 영향을 확대하여 평가하며, 사회영향평가에서는 사회경제에 미치는 영향을 중심으로 평가하므로써 전략환경영향평가를 보완할 수 있는 방법이다.

【표 6-2】국내 유사 제도

적용 단계	제도	대상	관련법
계획 단계	국토계획평가	국토계획 중 중·장기적이고 지침적 성격을 갖는 계획	국토기본법
	토지적성평가	계획·생산·보전관리지역의 구분	국토계획법
	건강영향평가	행정계획	환경보건법
	입지타당성조사	폐기물처리시설	폐촉법
	예비타당성조사	500억 이상의 국책사업	예산회계법
	사회영향평가(SIA)	계획	비 법정 평가
	입법영향평가	입법 안	비 법정 평가

	성별영향분석평가	- 법령(법률·대통령령·총리령·부령
		  및 조례·규칙)
		- 성 평등에 중대한 영향을 미칠 수 있
		  는 계획 및 사업 등
			양성평등기본법

	규제영향평가	법률, 대통령령, 총리령, 부령과 상위 법령의 위임에 따라 정해진 고시 및 자 치법규인 조례·규칙에 규정된 규제	행정규제기본법
	부패영향평가	총리령·부령과 그 위임에 따른 훈령· 예규·고시·공고와 조례·규칙	부패방지법
사업 실시 단계	환경성조사서	폐기물처리시설	폐기물관리법,폐촉법
	지하수환경영향조사	개발사업	먹는물관리 법
	건강영향평가(HIA)[10]	HIA평가 개발사업	환경보건법
	사회영향평가(SIA)	사업	비 법정 평가
	사전재해영향성검토 협의[11]	- 도시관리계획 등 49개의 행정계획과 - 택지개발사업 등 62개 개발사업	자연재해대책법
	지하안전영향평가	지하개발사업	지하안전관리에 관한 특별법
운영 단계	환경영향조사	폐기물처리시설	폐촉법
	재활용환경성평가	폐기물의 재활용	폐기물관리법
	민원영향평가[12]	민원사무[13]	비법정 평가

2) 국외 유사 제도 및 전략환경평가 구분

외국에서 전략환경영향평가와 유사한 제도는 다양하게 시행되고 있다. 그림 6—4와 같이 대표적으로 사용되는 용어는 지속성영향평가 (Sustainable Impact Assessment, SIA), 건강영향평가(Health Impact Assessment, HIA), 사회경제영향평가(Socio Economic Assessment) 등이다. 지속성영향평가는 환경 외에 사회 및 경제 분야를 포함한 가장 넓은 분야(Macro Wide Scope)를 평가하는 반면 사회경제영향평가는 사회 및 경제전문가에 의해 환경을 제외한 말 그대로 사회와 경제 분야만을 다루는데 중 규모의 넓은 평가 분야(Meso Wide Scope)를 다룬다. 이때 환경·사회·경제 영역에서 주로 환경분야(Deep Scope)에 치중하면 전략환경영향평가가 된다. 환경분야 중에서도 건강분야 위주(Verry Deep Scope)의 세세한 평가를 하게 되면 건강영향평가라고 한다. 이 두 분야의 평가는 다른 평가와는 달리 한 분야에 치중하고 있어 내용적으로 심도 있는 평가를 하게 된다.

---

10 한국보건사회연구원. 건강영향평가 지식포털 http://hia.kihasa.re.kr/01_HIA/hia01.jsp, 환경부, 2011, 「건강영향 항목의 평가 매뉴얼」

11 배재현, 2016, 사전재해영향성검토 협의제도의 현황과 개선방안, 이슈와 논점, 국회입법조사처 제 111호, 2016.1.18

12 이윤식, 2011, 민원영향평가(진단)제 도입에 관한 연구, 숭실대학교 산학협력단, 행정안전부 정책연구용역보고서

13 민원영향평가의 목적은 민원사무의 남설을 방지하여 민원인의 편의 증진과 부담감 해소임

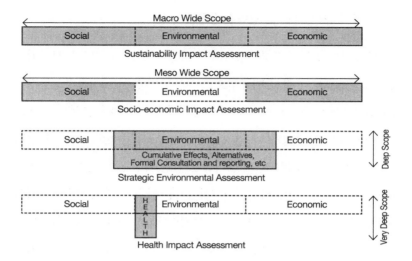

【그림 6-4】 국외 전략환경평가 유사 제도

　환경영향평가에 기초한 전략환경평가(EIA-based SEA)는 우리나라 또는 네덜란드에서 처럼 환경영향평가 방법에 기초하여 시행되는 전략환경평가 제도이다. 의사결정 중심의 SEA(decision-centered SEA)는 의사결정 계층구조로부터 시작하는 것으로 전략적 의사결정을 위해 개발된 환경평가 접근방법으로 볼 수 있다. 이는 상위단계의 계획보다는 하위계획, 즉 구체성이 큰 계획을 대상으로 하는 평가하는 것으로 이해 할 수 있다.

New idea

Same basic methodology

EIA-based SEA

SEA

"Strategic" SEA

New methodology

【그림 6-5】전략환경평가의 구분[14]

전략환경영향평가의 구분은 다음과 같다.

- 정책 전략환경평가(Policy-SEA): 사업의 최상위단계에 적용되는 SEA

- 공간계획 전략환경평가(Plan-SEA): 토지이용계획에 적용되는 SEA

- 부문계획 전략환경평가(Sector-SEA): 에너지, 교통 등의 부문 계획에 적용되는 SEA

- 환경영향평가에 기초한 전략환경평가(EIA-based SEA)

- 의사결정 중심의 SEA(decision-centered SEA)

14 Partidário, 2007, Strategic Environmental Assessment: Good Practices Guide

6. 행정계획과 전략환경평가의 관계

행정계획 수립과 전략환경영향평가는 각각 분리된 프로세스로서 별개의 절차가 아니고 서로 연계되어 있는 하나의 과정으로 이해하여야 한다. 전략환경영향평가는 계획의 수립과정과 직접적으로 연계되어 있다. 계획과 전략환경영향평가의 연계성을 통한 장점은 아래와 같다.

평가의 대상인 해당계획에 적합한 형태로 평가를 할 수 있다. 계획에 적합한 평가는 5장에서 논의한 바와 같이 계획의 특성을 고려하여 평가를 한다는 의미이다.

평가의 결과, 즉 평가의 내용이 계획수립 과정에서 언제 어떻게 반영되는가를 확인할 수 있다. 평가 내용의 반영은 계획이 친환경적으로 변경된다는 것을 의미한다. 평가의 반영은 한번으로 끝날 수도 있지만 계획 초기에서부터 시작, 계획수립 기간 전반에 거쳐 반영되도록 하는 절차가 필요하다. 반영시점을 계획의 초기단계, 중기단계, 최종단계로 구분한다면 가장 좋지 않은 반영시점은 최종단계일 것이다. 먼저 계획을 수립해 놓고 뒤 늦게 평가를 한다면 평가의 내용을 반영하기 어렵거나 불가능하기 때문이다. 많은 비용과 시간을 투자하여 평가서를 작성하여도 그 결과가 계획의 환경성 제고에 이바지 하지 못한다면 이는 요식행위에 불과하다. 가장 바람직한 단계는 초기단계일 것이다. 이 경우 계획수립 초기부터 계획에 내포되어 있는 환경문제에 대해 인식을 같이 하고, 이를 통해 환경문제를 줄일 수 있는 방안을 찾을 수 있다. 평가 내용의 반영시점은 전략환경영향평가의 핵심 사안이다. 그럼에도 불구하고 환경영향평가법에서 계획 확정 전으로 시행된다고만 명시되어 있고 정확한 시점은 언급하고 있지 않다. 이러한 법제도상의 문제점은 환경영향평가업자가 스스로 계획 수립자와 연계하여 문제점을 만회할 수 있어야 한다. 계획이 완성되기 전에 미리 평가의 결과가 반영되기 위해서는 계획 수립과정과 평가의 과정이 병행되어야 한다. 이를 통해 양질의 전략환경영향평가 제도가 운영될 수 있다. 이것이 바로 전략환경영향평가의 핵심 사안이다.

계획과 전략환경영향평가의 연계성은 4가지 유형으로 구분할 수 있다.

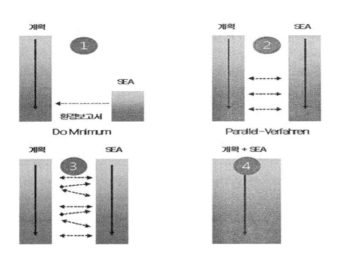

【그림 6-6】 계획과 전략환경영향평가의 연계 유형

① 사후적 독립형 전략환경영향평가

계획과 전략환경영향평가는 독립적인 과정으로 진행된다. SEA는 준 사후(ex-post)적인 형태로 적용 되는 전략환경영향평가의 결과는 계획의 변화를 주지는 않는다.

② 병행형 전략환경영향평가

계획과 전략환경영향평가는 독립적인 과정으로 중간단계에서 서로 연결하는 병렬 과정으로 평가를 진행한다.

③ 독립형 전략환경영향평가

계획과 전략환경영향평가는 독립적인 과정으로 계획 초기부터 정보를 교환하면서 평가를 진행한다.

④ 통합형 전략환경영향평가

계획과 전략환경영향평가는 완전히 통합된 형태로 진행된다.

1) 사후적 독립형 전략환경영향평가

계획과 전략환경평가는 분리되어 진행되는 것으로 계획 과정에 참여하지 않고 이미 수립된 계획에 대해 환경영향을 평가한다. 이러한 형태의 전략환경영향평가는 계획 내용을 토대로 별도의 전략환경평가를 실시하기 때문에 그 협의 결과를 계획에 반영하기 어려운 형태이다.

우리나라에서는 이러한 형태로 전략환경영향평가 제도가 시행된다. 이 제도는 계획수립과정의 일부로 전략환경영향평가 제도를 도입한 것과는 달리 계획과 별도로 전략환경영향평가를 도입하였기 때문에 생겨난 형태라고 볼 수 있다.

우리나라 전략환경영향평가 제도는 계획내용에 대해 거부권(veto)을 행사하여 평가의 결과가 계획내용에 반영될 수 있다. 거부권 행사를 통해 계획의 내용이 친환경성에 위배되는 경우 이를 저지할 수 있는 영향력을 발휘할 수 있어 강력한 환경성 제고를 위한 수단이 될 수 있다.

전략환경영향평가 결과는 동의, 조건부 동의, 부동의 형태로서 나타난다. 동의는 계획의이 그대로 진행 할 수 있다는 의미이고, 조건부 동의는 계획의 변경이 있을 때 계획을 계속 진행해도 괜찮다는 의미이며 부동의는 어떤 계획의 형태로던 계획수립은 적절하지 않다는 것을 의미한다. 조건부 동의와 부동의는 거부권은 발휘 할 수 있는 형태이다.

2) 병행형 전략환경영향평가

전략환경영향평가 도입취지 중 하나는 계획 수립권자가 계획수립과정과 병행하여 환경성을 검토·고려함으로써 계획과 전략환경영향평가를 통합할 수 있다는 것인데 병행모델은 이러한 취지에 부합된다.

병행모델은 계획과 전략환경영향평가 과정이 나란히 같이 가면서 주요 단계에서 서로 피드백이 되는 유형이다. 계획 수립 초기에 평가방법과 목적을 설정한다. 이 병행 모델에서는 계획수립기관과 환경평가기관 간의 긴밀한 정보교환이 필수적이다.

3) 독립형 전략환경영향평가

독립형 전략환경영향평가는 병행형 전략환경영향평가 모델과 유사하나 계획수립 초기부터 수시로 계획과 전략환경영향평가 간의 정보를 긴밀하게 교환하면서 진행한다는 측면에서 차이가 있다.

4) 통합형 전략환경영향평가

통합형 전략환경영향평가는 계획 의사결정과정의 일부로 진행되는 형태이다, 즉 계획을 수립 또는 수정하는 과정에서 그 과정의 일부로 시행되는 것을 말한다. 통합형 전략환경영향평가는 계획의 내용에 관한 의사결정을 지원할 수 있는 유형이다. 계획 수립과정과 전략환경평가 과정은 수시로 나누는 정보교류를 통해 이른 시점에서 대안에 관한 참여가 가능하고 투명한 평가절차를 보장한다. 이는 전략환경영향평가의 전략적 요소가 가장 잘 반영된 모델로 인식하고 있다.

예를 들어 도로와 같은 부문별 계획이나 도시기본계획과 같은 공간 종합계획의 수립과정의 일부로서 전략환경영향평가는 시행된다. 가장 이상적인 절차는 계획의 과정과 전략환경영향평가의 과정이 그림 6-6의 ④와 같이 단계별로 일치하는 것이다. 계획과 전략환경영향평가는 서로 연계되어 있다. 이 과정을 통해 계획 수립 의사결정에 환경적 고려가 가능하다. 전략환경영향평가의 내용이 계획에 반영되기 위해서는 계획 초기에 평가를 시작하는 것이 중요하다. 통합형 SEA는 주로 유럽에서 시행되는 방법인데 이는 전략환경영향평가의 제도를 계획절차에 도입했기 때문이다.

환경영향평가법 제30조에 따르면 협의 내용, 즉 전략환경영향평가의 내용은 해당 계획에 반영하여야 한다. 사후적 독립형 전략환경영향평가 모델은 이러한 협의 내용을 반영하기에는 계획의 진도가 이미 많이 나간 상황이기 때문에 적절하지 않은 모델이라고 할 수 있다. 다른 3가지 모델은 제30조(협의 내용의 반영 등)의 법적 취지에 맞는 형태라고 할 수 있다. 계획 초기 단계에 전략환경영향평가가 진행되어 계획수립 과정에 개입할 수 있다. 이에 따라 평가의 결과가 계획에 반영될 수 있는 가능성이 커지고 계획의 환경성 제고가 향상될 수 있다.

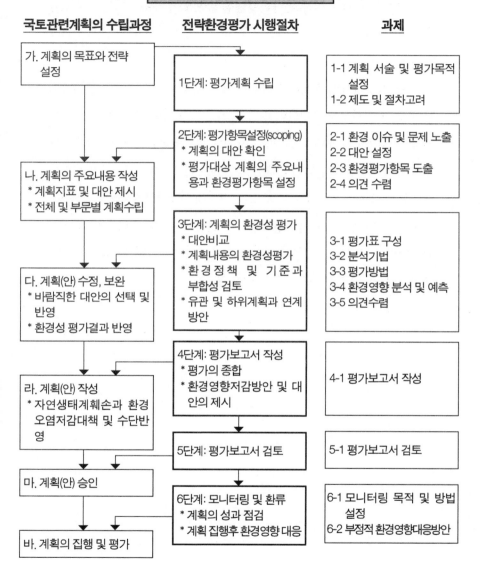

통합형 전략환경영향평가(예시)

국토관련계획의 수립과정　　**전략환경평가 시행절차**　　　　**과제**

가. 계획의 목표와 전략 설정

1단계: 평가계획 수립

1-1 계획 서술 및 평가목적 설정
1-2 제도 및 절차고려

2단계: 평가항목설정(scoping)
* 계획의 대안 확인
* 평가대상 계획의 주요내용과 환경평가항목 설정

2-1 환경 이슈 및 문제 노출
2-2 대안 설정
2-3 환경평가항목 도출
2-4 의견 수렴

나. 계획의 주요내용 작성
* 계획지표 및 대안 제시
* 전체 및 부문별 계획수립

3단계: 계획의 환경성 평가
* 대안비교
* 계획내용의 환경성평가
* 환경 정책 및 기준과 부합성 검토
* 유관 및 하위계획과 연계방안

3-1 평가표 구성
3-2 분석기법
3-3 평가방법
3-4 환경영향 분석 및 예측
3-5 의견수렴

다. 계획(안) 수정, 보완
* 바람직한 대안의 선택 및 반영
* 환경성 평가결과 반영

4단계: 평가보고서 작성
* 평가의 종합
* 환경영향저감방안 및 대안의 제시

4-1 평가보고서 작성

라. 계획(안) 작성
* 자연생태계훼손과 환경오염저감대책 및 수단반영

5단계: 평가보고서 검토

5-1 평가보고서 검토

마. 계획(안) 승인

6단계: 모니터링 및 환류
* 계획의 성과 점검
* 계획 집행후 환경영향 대응

6-1 모니터링 목적 및 방법 설정
6-2 부정적 환경영향대응방안

바. 계획의 집행 및 평가

【그림 6-7】 통합형 전략환경영향평가 예시[15]

---

15 이용우, 임상연, 2006, 전략환경평가 시행지침 개발 연구 – 국토관련계획을 중심으로, 국토연구원 2006-12

전략환경평가는 일반적으로 정책, 계획에 의해 발생되는 환경영향을 확인하고, 환경현황을 기술하고, 환경영향을 평가하며, 끝으로 환경영향을 저감하는 목적으로 시행된다. 지속가능 발전을 증진시키기 위한 목적도 함께 고려되고 있다. 계획 수립이라는 의사결정과 전략환경평가의 연계를 통해 계획에 의한 환경영향을 의사결정과정에서 고려하도록 하고 있다. 이러한 목적이라면 전략환경평가가 실제로 의사결정과정에서 확실하게 환경영향을 고려할 수 있는 수단인가, 또는 지속가능 발전을 증진시키는 수단인가 또는 계획 수립시에 경제적 측면과 환경적 측면을 균형있게 의사결정을 하도록 기여하는가에 대해 질문을 던질 수 있다.

이에 대해 일반적인 확실한 답을 주기는 어려울 것이다. 지난 10여년간 전략환경평가에 대한 논의를 통해 여러 형태의 개념을 존재하고 있다. 초기 단계에서는 사업 환경영향평가의 취약한 부분을 줄이고 의사결정 시에 환경영향을 고려할 수 있다는 논리가 전략환경평가 찬성론자의 지배적인 생각이었다.

환경평가(전략환경평가와 환경영향평가)의 기원은 합리적 계획론이었다. 이에 따르면 환경평가는 실증주의에 입각하여 환경영향의 객관적이고 정량적인 증거를 토대로 더 나은 의사결정에 기여할 수 있다는 기대가 주를 이루었다. 하지만 계획수립과정은 현실과 다르고 여러 정황을 고려할 때 기대감에 대해 의구심을 갖게 되었다. 계획이 대체적으로 여건상 합리적이고 이상적으로 진행되지 않기 때문에 환경영향을 계획에 고려하여야 한다는 합리성은 받아 주기 어렵다. 계획은 역동적이고 사전에 예상하기 어려운 외부요인에 의해 수립되는 특징을 갖고 있다. 이에 따라 계획과 환경평가의 연동은 원하는 만큼의 효과는 나타나고 있지 않을 수 있다.

전략환경평가는 점차 포스트모더니즘(Postmodernism), 후기 실증주의(post positivism), 또는 의사소통적 계획과 같이 종전의 실증주의와 다른 계획 패러다임의 영향을 받고 있다. 의사결정과정은 정책적, 문화적, 조직적 여건과 의사결정의 대상에 따라 영향을 받고 있다는 것을 인식하게 되었다. 이에 따라 전략환경평가자는 의사결정 과정에 대한 이해도를 잘 갖추고 있어야 한다. 전략환경평가의 성공여부는 결정적으로 전략환경평가가 의사결정과정과 얼마나 잘 연동되어 있는가에 달려 있다. 전문가들 사이에는 구체적인 환경영향분석보다 계획과 의사결정의 연동이 더 중요하다고 보는 견해가 확고해지고 있다. 일반적으로 환경영향분석은 연동보다 쉽게 할 수 있다. 왜냐하면 연동은 근본적인 변화뿐만 아니라 행동과 의사소통 및 가치관과 연결되어 있기 때문이다. 전략환경평가는 전략적인 계획의 통합적인 부분으로서 보다 적극적이고 변경할 수 있는 수단으로 발전하였다. 전체적으로 전략환경평가는 긍정적으로 발전하고 있다는데에 공감대를 이루고 있다. 동시에 전략환경평가에 대한 기대감도 증가하고 있다. 일부 국가에서는 전략환경평가는 환경영향평가형태로 운영되고 있다. 여건에 따라 여러 방법 등은 잘 작동되고 있다.[16]

---

16 Sutter, Maibach(INFRAS), Hanusch, Gruenewig, Balls(Bosch&Partner), Gigon, 2014, Strategische Umweltpruefung(SUP)-Erfahrungen in der Schweiz und in Nachbarlaendern

7. 전략환경영향평가 발전 단계

환경부의 환경성검토에서부터 시작된 전략환경평가는 국토교통부,[17][18] 해양수산부,[19] 지방자치단체,[20] 공적개발원조(Official Development Assistance, ODA) 사업 분야에까지 전방위로 확대되어 논의되고 있다. 국토교통부는 국토의 체계적인 개발을 담당하고 있어 환경에 미치는 영향이 큰 중앙행정기관이다. 이러한 특성을 감안하여 자체적으로 환경문제를 사전적으로 대응하기 위해 전략환경평가제도를 도입하여 실제로 적용[21]하였다. 그러나 이는 국토기본법에 의해 도입된 국토계획평가[22] 제도로 대체되었다. 한국 국제협력단(KOICA)와 수출입은행 대외경제협력기금(Economic Development Cooperation Fund, EDCF)의 공적개발원조(Official Development Assistance, ODA)의 녹색화[23] 바람을 타고 각각 환경주류화(Environmental Mainstreaming),[24] Safeguard[25]라는 이름으로 환경평가를 시행

---

17 이용우, 윤양수, 심우배, 임상연, 2006, 국토·교통계획에 대한 전략환경평가 시행 방안 연구, 국토연구원 국토연 2006-12

18 이용우, 2004, 전략환경평가(SEA)를 통한 국토관련계획의 친환경성 제고, 국토정책 Brief 2004.11.8 제75호

19 윤성순, 2006, 전략환경평가의 해양수산 분야 도입 필요, 해양수산동향 vol.1231, 2006.11.9

20 김태윤, 2004, 제주형 전략환경평가제도의 필요성 및 도입방안 연구

21 건설교토부 보도자료, 제4차 국토종합계획 수정계획(2011-2020) (안)" 전략환경평가 최초도입 (2005.07.21 보도자료)

22 변필성, 2016, 국토계획평가제도의 성과와 과제, 국토 2016.3, 국토연구원

23 임소영, 2012, **ODA** 사업의 녹색화 현황 및 과제, 산업경제정부 제545호 2012.12.24

24 환경주류화 이행 지침, 제정 2013.8.8, 제194호

25 EDCF Issue Safeguard, 2012년9월 Vol.1 No.2

하고 있다.

우리나라 전략환경영향평가의 모태는 사전환경성검토 제도이다. 이
제도는 행정계획 단계에서 부처 간 사전협의가 있어야 행정계획 이후에
시행되는 사업단계에서 발생하는 환경문제를 원천적으로 해결할 수 있
다는 인식하에 1993년에 도입된 제도이다.[26] 1990년대에 이어 지속되는
각종 개발사업은 환경갈등을 유발하였다. 2000년대 초에 경부고속전철
천성산 구간, 외곽순환고속도로 사패산 구간 등에서 발생한 사회적 갈등
은 큰 사회적 사건이었다. 여러 사건을 통해 환경갈등은 입지단계에서
노선 대안을 검토하고 주민참여의 가능성을 열어 놓아야 한다는 새로운
제도화의 필요성이 제기되었던 것이다. 이는 개발사업 계획단계에서부
터 전략환경영향평가 제도의 필요성을 제기한 계기가 된 것이다.[27]

전략환경영향평가가 효과적으로 운영되기 위해서는 여러 형태의 기
반이 전제되어야 한다. 우선 전략환경영향평가가 필요하다는 사회적 공
감대와 환경마인드의 형성이다. 사회적 여건은 '제도적 장치'와 이 제도
의 '운영 능력'으로 구분할 수 있으며 전자는 법규의 전문성을 의미한다.
법률, 규정 및 지침과 같은 법적 기반은 환경부가 전략환경영향평가를
시행을 하도록 공식적인 역할을 한다. 이미 1990년부터 우리나라는 환경

---

26 환경부, 2010, 환경30년사 p.199.
27 환경부, 2012. 8, 환경영향평가 법·제도.

정책기본법이라는 규정에 근거하여 전략환경영향평가의 전 단계라고 할 수 있는 사전환경성검토 제도를 운영하고 있었고 2012년에 전부 개정된 환경영향평가법이라는 법적 토대를 통해 전력환경영향평가제도를 시행하게 되었던 바와 같이 사법부의 역할이 매우 중요하다.

　이러한 법규에 따라 전략환경영향평가를 실시하도록 되어 있음에도 불구하고 제도의 운영능력이 없으면 이 제도의 효력은 떨어질 것이다. 운영능력에는 평가절차, 검토기관, 전문성과 공공의 참여 등의 여건이 뒷받침되어야 한다. 전략환경영향평가는 절차를 통해서 체계적인 시스템을 갖추게 된다. 절차적 시스템은 법적 기반, 즉 환경영향평가법을 갖추어야 그 효력을 갖게 된다. 전략환경평가 제도의 운영에 있어서 그 효율성을 높이고 발전시키기 위해서는 전문가의 역할이 중요하다. 이러한 의미에서 2012년에 도입된 환경평가사의 자격제도의 도입은 큰 의미가 있다고 볼 수 있다.

　2012년에 환경영향평가법이 전부 개정되면서 사전환경검토제도가 전략환경영향평가로 탈바꿈하였다. 1993년에 도입된 사전환경검토제도에서 시작되어 전략환경영향평가로 이어진 환경평가제도의 발전과정은 〔표 6-3〕과 같이 3.0세대로 구분할 수 있다.

【표 6-3】 환경평가 제도의 발전과정[28]

구분	1.0세대 국무총리훈령에 의한 사전협의	2.0세대 환경정책기본법에 의 한 사전협의, 법정 사 전환경성 검토	3.0세대 환경영향평가법에 의한 전략환경영향평가	
법적근거	행정계획 및 사업의 환경성 검토에 관한 규정(1993, 총리훈령 제270호)	환경정책기본법 개정 (1999, 2002, 2005, 2009)	환경영향평가법 (2012, 법률 제10892호)	환경영향평가법 (2016, 입법예고)[29]
목적	개발행정계획이나 개발사업에 대해 보다 적극적인 체계화된 사전환경성 검토	개발계획이나 개발사업 수립의 초기단계에 개발과 보전의 조화, 환경 친화적인 개발 도모	환경평가제도의 체계성과 효율성 제고를 통한 친환경적이고 지속가능한 발전 도모	환경평가제도의 체계성과 효율성 제고를 통한 친환경적이고 지속가능한 발전 도모
협의대상	• 협의 근거가 없는 행정 계획 • 환경적으로 민감한 지역에서 시행되는 중소규모의 공공개발사업	• 46개 행정계획(2000년) → 91개 행정계획(2010년) • 보존용도지역내의 개발사업 20개(2000년) → 19개(2010년)	• 15개 정책계획 • 86개 개발기본계획	대상 행정계획 • 15개 정책계획 • 86개 개발기본계획
주요내용	• 법률적인 근거가 아닌 국무총리 훈령 • 환경문제를 야기하는 행정계획 등에 대한 부처간 사전협의	• 대안설정, 환경성검토협의회 운영, 스코핑 도입, 주민의견수렴 의무화, 재(변경)협의 규정 신설	• 전략환경영향가 용역 • 환경영향평가협의회 • 주민의견수렴(개발기본계획) • 환경영향평가사 제도	• 약식 전략환경영향평가의 평가대상, 평가항목, 평가절차 • 전략환경영향평가 대상계획 결정 및 구체적인 절차 • 전략환경영향평가협의회 위원구성의 전문성 강화

---

28 이무춘 등 2016, 환경영향평가, 동화기술.

29 환경부 보도자료(2016.7.27)

1) 사전환경성 검토제도

경제발전과 함께 도로, 항만 등 사회간접자본시설에의 투자가 확대되고, 국민소득 및 여가의 증대로 인한 관광지, 체육시설 등 각종 위락시설에 대한 수요가 지속적으로 증대되고 있으며 지방자치제도의 본격적인 실시로 말미암아 지역개발사업 등이 가속화되고 있어 이들 개발행정계획에 대하여 보다 적극적이고 체계화된 사전환경성 검토의 실시가 절실히 요구되었다. 이에 따라 환경정책기본법 제11조를 근거로 1993년에 '행정계획 및 사업의 환경성검토에 관한 규정'이 국무총리 훈령으로 제정되었다. 국토이용관리법에 의한 국토이용계획 변경, 전원개발특별법에 의한 전원개발실시계획, 해양오염방지법에 의한 해역이용에 관한 개발계획과 같은 행정계획에 대하여는 각 개별법령에서 환경부장관과 사전협의 하여야 한다. 하지만 협의근거가 없는 행정계획에 대해서도 부처간의 차원에서 협의가 이루어지도록 '행정계획 및 사업의 환경성검토에 관한 규정'이 개정되었다. 개정된 규정은 뿐만 아니라 환경적으로 민감한 지역에서 시행되는 중·소규모의 공공개발 사업에 대하여 사전환경성 검토를 시행하도록 하였다.

이러한 사전환경성검토제도가 도입되게 된 배경은 노태우 대통령 집권당시 주택보급률을 획기적으로 늘리기 위하여 수립 한 주택 200만호 건설계획의 추진과 관련이 있다. 당시 주택 200만호 건설에 필요한 골재를 확보하기 위한 수단으로 팔당상수원 지역에서 골재를 채취하기 위한 사업이 검토되었다. 골재채취사업은 인가 과정에서 수도권 주민의 식수

원인 상수원오염문제로 비화되면서 대대적인 골재채취 반대운동이 일어났다. 결국 골재채취 인가가 취소되었고 이로 인한 행정계획 등에 대한 부처 간 사전협의의 필요성이 대두되었다. 1990년 5월 국무회의에서 행정계획 등에 대한 부처 간 사전협의를 하여야 한다는 총리지시에 따라 사전환경성검토는 「환경정책기본법」시행령에 근거하여 국무총리훈령(제299호)으로 준 법제화되었다.[30]

환경영향평가는 행정계획 확정 후 사업 개발사업 시행에 따른 환경영향을 평가하고 저감대책을 제시하는 제도이므로 계획수립 단계에서 입지나 개발의 적정성 및 타당성을 사전 검토하지 못하여 부정적 환경을 근본적으로 해결하지 못하는 한계가 있다. 사전환경성검토는 이러한 문제점을 극복하기 위한 제도이다. 즉 계획단계에서 사업의 적정성과 입지의 타당성 등 환경성을 사전 평가함으로써 환경훼손을 사전에 예방하고 환경평가의 효율성을 높이기 위한 제도이다.

각종 개발계획을 수립·시행함에 있어 타당성 조사 등 계획 초기단계에서 입지의 타당성, 주변환경과의 조화 등 환경에 미치는 영향을 고려하여 「개발과 보전의 조화」 즉 환경친화적인 개발을 유도하고자 하는데 그 의의가 있다. 사전환경성 검토제도의 기능은 환경에 영향을 미치는 행정계획 확정·시행되기 전에 환경적 영향을 고려하여 지속가능한 계획의 수립 또는 사업이 추진될 수 있도록 하는 지속가능한 개발 이념의 실현에 있다고 할 수 있다. 또한 주로 실시계획단계에서 이루어지는 환경

---

30 환경부, 2010, 환경30년사 p.199.

영향평가 시 사실상 배제되거나 간과되어온 상위 기본계획에 대하여 입지의 타당성, 주변 환경과의 조화여부 등을 검토함으로써 친환경적인 합리적 대안을 모색할 수 있도록 하는 사전 입지의 타당성 검토로 합리적 대안을 제시하는 기능을 가지고 있다.

2) 전략환경영향평가

1.0세대 사전환경성검토제도는 입법적 근거가 아닌 총리훈령으로 도입되었다. 이 때문에 실제 집행에 있어서는 기속성이 약하고 사전예방적 수단으로서의 취지를 살리는 데 한계가 있다는 문제점을 안고 있었다. 아울러 환경성 검토에 필요한 구비서류 등에 대한 세부규정이 없었고 사전협의 근거규정이 없는 행정계획도 많아 환경성 검토가 제대로 이루어질 수 없었다. 또한 그 대상을 공공사업에 국한하고 있어 난개발의 주요 원인인 민간 개발사업에 대하여는 비록 입지가 부적정하다 할지라도 이를 제한 할 수단이 없었다. 그리고 환경영향평가대상사업은 제외되도록 되어있어 사전예방적 수단으로서의 취지를 살리는데 한계가 있었다. 그 외에 다른 법령의 규정에 의거 환경부와 미리 협의하는 행정계획과 개발사업을 제외하고 있어 환경에 더 큰 영향을 줄 수 있는 주요 계획이나 개발사업에 대하여 심도 있는 환경성검토가 이루어질 수 없다는 문제를 지니고 있었다. 이러한 문제점을 해소하기 위하여 1999년 「환경정책기본법」을 개정하여 사전환경성검토제도를 법정제도로 변환하였다. 이렇게 하여 2.0세대의 사전환경성검토제도의 시대가 열리게 되었다.

사전환경성검토 제도의 근거는 환경정책기본법이고 환경영향평가 제도는 환경영향평가법으로서 우리나라 환경평가제도는 각각 다른 법에 의해 운영되고 있다. 이렇게 두 제도는 같은 목적의 평가제도임에도 불구하고 각각 다른 법률에 의해 이원화되어 운영되어 왔다. 이원화된 제도에서는 평가절차가 복잡하고 일부 절차의 중복으로 협의기간이 장기화되는 등의 문제점이 있다. 따라서 환경성평가제도를 하나의 법률에 규정하여 평가절차를 합리적으로 개선하고, 환경평가제도의 체계성과 효율성을 높이기 위해 2012년에 환경영향평가법을 전면 개정하여 일원화하는 체계를 갖추었다. 지난 20년간 1.0에서 2.0세대로 발전해 온 사전환경성검토 제도는 막을 내리고 새로운 전략환경영향평가 제도가 시작되는 3.0세대가 도래하게 되었으며 상위 행정계획 단계부터 전략환경영향평가를 실시할 수 있게 되었다.

1993년에 국무총리 훈령으로 도입 한 이래 사전환경성검토 제도는 환경정책기본법에 의해 시행되면서 법 개정을 통해 여러 차례 개선효과를 낼 수 있었다. 그 과정은 다음과 같다.

- 국무총리훈령(1993년) 사전환경성검토제도
- 1993년 환경정책기본법에 의한 사전환경성 검토 제도
- 1999년 환경정책기본법에 의한 사전환경성 검토 제도
- 2002년 환경정책기본법에 의한 사전환경성 검토 제도
- 2005년 환경정책기본법에 의한 사전환경성 검토 제도

- 2005년 환경정책기본법에 의한 사전환경성 검토 제도
- 2012년 환경영향평가법 전면개정에 의한 전략환경영향평가 제도
- 2016년 입법예고된 환경영향평가법에 의한 전략환경영향평가 제도

종전에는 환경평가제도는 2개의 법에 의해 시행되었다. 사전환경성 검토는 「환경정책기본법」에 따르고, 환경영향평가는 「환경영향평가법」에 의해 운영되었다. 그러나 유사 목적의 평가제도가 이렇게 각각 다른 법률에 규정되어 있음으로 인해 평가절차가 복잡하고 환경평가의 일관성·연계성이 부족하다는 문제점이 지적되었다. 이러한 문제점을 보완하기 위해 2012년에 전부 개정된 환경영향평가법은 환경평가제도를 하나의 법률로 규정한 것이었다. 이러한 법 개정을 통해 기존의 환경영향평가와 사전환경성 검토 제도는 〔그림 6-8〕와 같이 체계화되었다. 환경영향평가는 종전과 변함없이 그대로 유지되고 행정계획을 대상으로 하는 사전환경성검토는 전략환경영향평가와 약식전략환경영향평가 제도로 명칭으로 바뀌었으며 환경보전지역에서 시행되는 소규모 개발사업은 소규모 환경영향평가로 명칭 변경을 하였다.

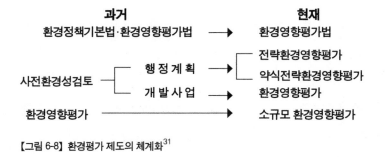

【그림 6-8】 환경평가 제도의 체계화[31]

3) 환경영향평가법의 구성

전략환경영향평가 제도는 환경정책기본법의 사전환경성검토 제도를 환경영향평가법에 통합하여 시행되고 있다. 환경영향평가법은 총 9장 76조로 구성되어 있으며 주요 내용은 〔그림 6-9〕과 같다.

---

31 환경부, 2012. 8, 환경영향평가 법·제도, 2016년 입법예고된 환경영향평가법을 참고하여 수정.

친환경적이고 지속가능한 발전 도모

① 총 칙

- 목적 및 정의
- 국가 등의 책무
- 환경영향평가등의 기본 원칙
- 환경보전목표의 설정
- 환경영향평가의 대상지역
- 환경영향평가 등의 분야 및 평가항목
- 환경영향평가 협의회

② 전략환경영향평가

- 전략환경영향평가 대상, 제외
- 평가 항목·범위 등의 결정
- 초안 작성 및 의견수렴, 재수렴
- 평가서 작성 및 협의요청
- 검토, 협의내용 통보, 협의 내용의 이행
- 재협의, 변경협의 등

③ 환경영향평가[1]

- 환경영향평가 대상, 제외
- 평가 항목·범위 등의 결정
- 초안 작성 및 의견수렴, 재수렴
- 평가서 작성 및 협의요청
- 검토, 협의내용 통보, 협의 내용 반영,
- 조정요청, 재협의, 변경협의, 사전공사의 금지 등

③ 환경영향평가[2]

- 협의내용의 이행
- 사후환경영향조사
- 사업 착공 등의 통보
- 협의내용 이행의무 승계, 관리·감독
- 조치명령
- 재평가 등
- 시·도 조례 환경영향평가

④ 소규모 환경영향평가

- 소규모환경영향평가 대상, 제외
- 소규모환경영향평가서 작성
- 협의요청
- 평가서 검토 및 통보
- 협의내용의 반영
- 사전공사의 금지
- 사업 착공 등의 통보
- 협의내용의 이행관리·감독

⑤ 환경영향평가 특례

- 개발·사업계획 통합 특례
- 환경영향평가의 협의절차에
- 대한 특례
- 약식절차의 완료에 따른 평가서의 작성·제출

⑥ 환경영향평가 대행

- 환경영향평가 대행
- 환경영향평가업의 등록
- 결격사유
- 환경영향평가업자 준수사항
- 폐업·휴업, 등록취소, 영업정지 등
- 보고·조사, 환경영향평가 대행실적 보고
- 대행비용의 산정기준

⑦ 환경영향평가사

- 환경영향평가사
- 환경영향평가사 준수사항
- 환경영향평가사 자격취소 등

⑧ 보칙, ⑨ 벌칙

- 환경영향평가서등의 공개
- 한국환경정책·평가연구원등 관계 전문기관 수행사항
- 비밀 엄수의 의무
- 정보지원시스템 구축·운영
- 환경영향평가협회
- 권한의 위임 및 위탁
- 벌칙, 양벌규정
- 과태료

【그림 6-9】 환경영향평가법[32] 구성

---

[32] 법률 제13426호, 2015. 7. 24.

1. 전략환경영향평가 도입 배경에 대해 서술하시오.

2. 전략환경영향평가 개념과 과 정의에 대해 서술하시오.

3. 우리나라 환경영향평가법과 유럽연합 전략환경평가 지침에 따른 전략환경(영향)평가에 대해 서술하고 어떤 차이가 있는지 논하시오.

4. 일반적으로 전략환경평가의 대상은 무엇인지에 대해 서술하시오.

5. 전략환경평가는 어떻게 구분할 수 있는지 서술하시오.

6. 계획과 전략환경영향평가의 관계에 대해 논하시오.

7. 전략환경영향평가 발전 단계에 대해 논하시오.

8. 전략환경영향평가와 관련하여 환경영향평가법의 주요 내용에 대해 설명하시오.

---

33 매사에 묻고, 따지고, 사안의 본질에 대하여 끊임없이 질문하는 Mister Q

제7장

국외 전략환경평가

(Fischer, Rehhausen, Geissler, Köppel, 정민정, 이무춘)

학습목표

전략환경평가 제도의 시초는 외국과 우리나라는 서로 상이하다. 미국의 경우는 1969년에 제정된 미국 국가환경정책법 (National Environmental Policy Act, NEPA)에 의해 도입된 환경영향평가 과정 (environmental impact assessment process)이고 유럽은 2001년에 제정된 전략환경평가 지침(EU SEA Directive)이다. 우리나라는 1993년에 도입된 사전환경성검토가 오늘날 시행되고 있는 전략환경영향평가 제도의 효시이다. 전 세계적으로 수많은 나라와 유엔유럽경제위원회(UNECE), 세계은행과 같은 국제기구들이 전략환경평가 제도를 도입·운영하고 있다. 또한 전략환경평가의 발전 과정과 용어 사용에 있어서도 국가별로 차이가 있다. 본 장의 학습목표는 여러 국가에서 시행되고 있는 전략환경평가의 발전 과정과 여러 국가의 전략환경평가의 내용을 이해하는데 있다.

1. 전략환경평가 논의

전략환경평가에 대한 국제적 논의는 아래 표와 같이 여러 단계를 거치게 되는데 그 시발점은 유엔인간환경회의에서 채택한 스톡홀름 선언 제13조에서와 같은 환경과 개발이 부합되는 개발계획을 수립하여야 한다는 원칙이었다. 스톡홀름 선언 이후 15년 지나서 이 원칙을 적용하는 수단으로 환경영향평가의 필요성은 세계 환경 및 개발위원회(World Commission on Environment and Development)의 환경법 전문가 그룹과 유엔 환경계획을 통해 부각되었고, ESPOO협약, 즉 UN 월경성 환경영향평가협약에서는 국경 간 환경훼손이 예상되는 계획 및 사업에 대해서 환경영향평가를 시행하도록 하고 있다. 또한 환경과 개발에 관한 리우 선언(Rio Declaration on Environment and Development) 제17 원칙은 국가는 환경영향평가제도를 도입해야 함을 강조하고 있다. 이렇듯 국제적으로 환경영향평가의 중요성이 자리를 잡은 후에 전략환경평가에 대한 논의가 시작되었다. 세계은행은 환경 전략(World Bank's Environment Strategy)을 선언하면서 전략환경평가 시행을 천명하였고 유엔유럽경제위원회(United Nations Economic Commission for Europe)는 전략 환경영향평가 의정서를 채택하였으며 경제협력개발기구(OECD: Organisation for Economic Cooperation and Development)는 전략환경평가 가디언스(Good Practice Guidance on Applying)를 작성하였다. 또한 2000년대에 들어와서는 한국과 독일 등의 공적개발원조국은 원조사업에 대해서 환경평가를 시행하는 등 점차 전략환경평가는 전방위로 확대되고 있는 추세이다.

전 세계적으로 시행되고 있는 전략환경평가의 효시는 미국의 환경영향평가과정(The environmental impact assessment process)이다. 요즈음에 사용하는 용어로는 환경영향평가와 전략환경평가를 포괄하고 있으며 환경영향평가 과정은 국가환경정책법 (National Environmental Policy Act, NEPA)에 의한 환경정책을 직접적으로 이행하기 위한 수단으로 도입되었다. 그 이후 많은 나라들이 법제정을 통해 환경영향평가 또는 전략환경평가 제도를 도입하였다(표 7-1)

【표 7 − 1】 각국의 전략환경평가제도 도입과정[1]

1969 U.S. National Environmental Policy Act(1969): 환경영향평가 프로세스
1972 유엔인간환경회의 스톡홀름 선언 (Stockholm Declaration)
1977 한국 환경보전법: 환경영향평가
1979 가봉: 환경영향평가
1987 네덜란드 환경영향평가법: 환경평가
1989 호주 자원 평가 위원회 법(Resource Assessment Commission Act)
　　　캐나다 정책과 프로그램 제안 환경평가 프로세스에 관한 규정(Environmental Assessment Process for Policy and Programme Proposals by Order in Council)
1990 뉴질랜드: 자원관리법(Resource Management Act)
　　　영국 정책평가와 환경 지침(Guide on Policy Appraisal and the Environment)
　　　캐나다 의회 지침(Cabinet Directive)
1991 Espoo 협약 (UNECE The Espoo (EIA) Convention:Convention on Environmental Impact Assessment in a Convention)
1992 환경과 개발에 관한 리우 선언(Rio Declaration on Environment and Development)
　　　홍콩 Environmental Implications of Policy Papers by decision of then Governor

1 Fischer, 2007, The Theory and Practice of Strategic Environmental Assessment(자체 수정 보완)

1993 덴마크 국회의 입법안에 전략환경영향평가 적용 (Environmental Assessment of Government Bills and Other Proposals by Prime Minister's Office (PMO)

1994 슬로바키아 환경영향평가법

　　핀란드 Finland Guidelines on Environmental Impact Assessment of Legislative Proposals by Decision

1995 네덜란드 The Netherlands: Cabinet Order environmental e-test of draft regulations from 1995

　　노르웨이 Administrative Order on Assessment of White Papers and Government Proposals from

1999 호주 전략환경평가(SEA) 활성화 조항(Environmental Protection and Biodiversity Conservation Act)

　　핀란드 Environmental Impact Assessment Procedure에서 3Ps에 SEA 적용

2000 남아프리카공화국 전략환경평가 지침(SEA Guidelines)

2001 세계은행 환경전략(The World Bank's Environment Strategy)

2001 유럽연합 전략환경평가 지침(EU SEA Directive (2001/42/EC)

2003 유엔유럽경제위원회(UNECE) 전략 환경 영향평가 의정서(SEA Protocol to UNECE Convention on EIA in Transboundary Context (Kyiv, 2003)[2]

2003 유엔 유럽경제위원회(United Nations Economic Commission for Europe) 전략환경평가 프로토콜(SEA Protocol to UNECE Convention on EIA in Transboundary Context-signed by 37 countries)

2005 세계은행 전략환경평가 시범 사업(The World Bank SEA Pilot Program) 환경평가 강화를 포함한 파리 선언(Paris Declaration on Aid Effectiveness)

2006 독일 등 37개 유럽연합 회원국: 자국법에 따라 전략환경평가 제도 도입 (Good Practice Guidance on Applying Strategic Environmental Assessment (SEA) in Development Co-Operation)

---

2 이 프로토콜은 지속 가능한 개발을 위한 기초를 마련하는 데 도움이 되도록 각 당사자가 사업에 대해 계획과 프로그램의 초기 단계에서 환경 영향 평가를 통합하도록 하여 에스포 협약을

2. 미국의 전략환경평가

국가환경정책법(National Environmental Policy Act, NEPA)은 환경정책을 이행하기 위해 일련의 "환경영향평가 과정"(the environmental impact assessment process)"이라는 절차를 규정하고 있다. 이 과정에는 환경영향평가(EIA)와 전략환경평가(SEA)의 개념이 포함되어 있다. 1969년에 제정된 국가환경정책법은 환경영향평가를 도입 한 세계 최초의 법규이다. 이 법은 1970년에 그 효력을 발휘하고 세계적으로 환경영향평가 제도 발전에 지대한 영향을 끼치게 되었으며 미국에서 대기오염방지법(Clean Air Act), 수질오염방지법(Clean Water Act), 식용수안전법(Safe Drinking Water Act), 멸종위기종보호법(Endangered Species Act) 과 더불어 가장 중요한 환경법으로 간주되고 있다. 국가환경정책법(National Environmtnal Policy Act)은 다음과 같은 목적을 위해 제정되었다:[3]

- 인간과 환경간의 생산적이고 쾌적한 조화
- 환경과 생물권 훼손 방지 또는 훼손된 환경과 생물권 제거
- 인간의 건강과 복지 촉진을 위한 노력 증진
- 자연자원과 생태계 이해 제고

보완하였다. 2010년 7월 11일에 발효된 이 프로토콜은 정부의 의사 결정 과정에서 광범위한 대중의 참여를 제공하고 있다.

3 Overview of the National Environmental Policy Act: http://taberlaw.wordpress.com/united-states-environmental-law-at-a-glance/the-national-environmental-policy-act/

• 환경 위원회(Council on Environmental Quality :CEQ)의 설립

입법을 위한 제안, 즉 법안과 환경에 상당한 영향을 미치는 연방 정부의 주된 활동'에는 환경 영향(environmental impact)에 관한 세부적인 설명이 포함되어야하며 주정부가 California Environmental Quality Act 제정하고, 국립기관들에 의해 제안되거나 신청된 프로그램(programmes), 계획(plans)과 단계적인 사업(projects)들을 포함하는 활동들은 NEPA(National Environmental Policy Act)를 적용한다. 즉, 국가환경정책법은 사람과 환경간의 갈등을 "생산적인 조화(productive harmony)"의 관점에서 접근하였으며 지속가능한 발전의 의미를 담고 있다고 할 수 있다.

미국 국가환경정책법의 기본 이념은 다음과 같다:

• 다음 세대의 환경을 빌려 쓰는 수탁자로서 각 세대의 책임완수
• 안전하고, 건강하고, 생산적이며, 문화적, 미적으로 쾌적한 환경을 모든 국민에게 제공
• 건강과 안전을 위협하거나 바람직하지 않는 결과를 일으키지 않는 폭넓고 유익한 환경의 이용
• 국가 유산으로서 중요한 역사, 문화자연자원을 보존하고 가능한 한 환경의 다양성과 변화성을 지원 및 유지
• 높은 생활수준과 삶의 쾌적성을 폭넓게 공유할 수 있도록 자연과 인간간의 균형달성

• 고갈되는 자원의 재활용을 극대화하고, 재이용 가능한 자원의 질을 향상

국가환경정책법에 의한 실질적인 정책목표는 생태계와 환경에 미치는 모든 연방정부의 활동에서 환경적 고려 또는 생태학적 고려를 하도록 함으로써 쾌적한 환경의 질을 확보하고, 인간과 환경 간의 조화를 달성하는 데 있다고 할 수 있다. 이러한 환경적 고려는 "환경영향평가 과정" "(the environmental impact assessment process) 의 절차를 통해 가능하도록 국가환경정책법은 규정하고 있다. 즉 환경정책과 기본이념을 달성하기 위해 환경영향평가제도라는 수단을 도입하였는데 이는 우리나라의 법률에서처럼 규제를 앞세우는 실질적인 법적규제와는 달리 달질과 달리 NEPA의 절차법적 성질을 토대로 시행되고 있다. "국가환경정책법은 절차적 법령으로 연방정부기관(agencies)이 시행하는 행위(action)에 의해 예상되는 환경영향을 고려하도록 하는 것을 목적으로 하고 있다"라고 하여 어떤 절차적인 방법을 통해 환경문제를 해결 해 나가는지에 관한 절차적인 측면을 강조하고 있다. 여기서 액션(action)은 입법안, 정책, 계획, 프로그램, 사업 등을 의미한다.

미국 EA와 관련된 연방정부의 주요 기관은 아래와 같다:
• 환경 위원회(Council on Environmental Quality, CEQ)
• 환경청(Environmental Protection Agency)
• 미국 환경갈등 해소 연구소(Institute for Environmental Conflict Resolution)

환경위원회(CEQ)는 국가환경정책기본법을 실행하는 연방기관에 대한 감독권한을 갖고 환경정책개발에 대한 책임을 지고 있다. 또한 환경질의 현황과 추세에 대한 정보수집 및 분석을 하여 환경상황을 대통령에게 보고하여야 하고, 환경영향평가와 관련한 연방정부 기관 간의 분쟁, 연방정부와 주정부기관간의 분쟁, 지역주민과 분쟁의 조정 역할을 하여야 한다.

환경청(EPA)은 국가환경정책법이 아닌 대기오염방지법(Clean Air Act)에 근거하여 설립된 기관으로 환경영향평가(EIS)와 문제가 되는 일부 환경성평가(Environmental assessments, EA)를 검토하는 권한을 갖고 있고 검토 내용에 대해 공개적으로 밝혀야 한다. 법안 또는 연방의 주요사업에 있어서의 환경영향에 대한 검토 결과에 따라 만약 공공의 건강, 복지, 환경의 질 측면에서 부적합 한 것으로 결정되면 환경청은 문제의 해결을 위해 환경위원회에 회부 할 권한이 있다. 환경청의 검토를 통해 연방기관의 환경영향평가 시행과 의사결정을 지원하고 있다.

미국의 환경영향평가는 국가환경보호청(NEPA)[4]에 의하여 국가적 차원에서 실시하는 형태와 Little NEPA에 따라 주정부 차원에서 실시하는 형태로 구분된다. NEPA 시행 이후 캘리포니아 주를 시작으로 많은 주들이 주정부 차원에서 환경정책법(State Environmental Policy Act, SEPA), 통

---

4 National Environmental Protection Agency,

상 Little NEPA을 제정·시행하고 있다. 주정부 차원의 환경영향평가는 NEPA에 근거를 두고 있으므로, 평가서 작성을 위한 절차, 방법 등을 제외하고는 NEPA와 큰 차이가 없다.

미국의 환경영향평가대상은 인간환경의 질에 심각한 영향을 미칠 수 있는 연방정부기관의 모든 액션(action)을 포괄하며, NEPA의 제외 또는 면제범주에 포함되지 않는 것을 말한다.

연방정부기관의 행위는 연방기관에 의해 재정보조 또는 지원을 받거나 승인된 계속 사업 및 신규 연방사업, 신설되거나 개정된 기관의 규칙(rules), 규정(regulations), 계획(plans), 정책(policies), 절차(procedures), 입법 제안서 등으로 구분된다. 사업(Project)을 대상으로 하는 경우에는 환경영향평가서 (EIS, Environmental Impact Statement)이며 규정, 계획, 정책 입법안을 대상으로 하는 경우에는 CEQ regulations(40 CFR part 1502.10.)에 따라 프로그램 환경영향평가서(Programatic Environmental Impact Statement, PEIS)를 작성하여야 한다. 반면에 CEQ 규정(CEQ regulations)으로부터 자유로운 연방기관은 환경영향평가서(PEIS)는 그리 많이 적용하고 있지 않다. 결국 미국에서 정책분야(Policy)의 환경영향평가는 실질적인 의미가 없으며 경험도 전무하다고 할 수 있다. PEIS는 년간 10개정도만 시행되는데 이는 450개의 환경영향평가에 비해 매우 적은 숫자이다.

3. 캐나다의 전략환경평가

캐나다는 미국의 영향을 받아 이미 1973년에 환경영향평가 제도를 도입하였다. 환경영향평가제도의 토대가 되는 연방 환경평가와 검토 절차(Environmental Assessment and Review Process, EARP)의 기반은 초기에 각의결정에 의하여 마련된 법이 아니고 지침 (EARP-Guideline)이었다. 연방 환경평가 제도의 집행을 위한 기구관은 '연방환경평가검토국'(Federal Environmental Assessment and Review Office, FEARO), '캐나다 환경평가 연구 위원회'(Canadian Environmental Assessment Research Council, CEARC) 이다. EARP-Guideline은 캐나다 환경평가법 (Canadian Environmental Assessment Act, CEAA)으로 대체되어 사업 환경영향평가 제도의 법적 기반이 되고 있다.

정책, 계획, 프로그램에 대한 환경평가, 즉 전략환경평가는 1990년에 결의 한 각의명령(The Cabinet Directive on the Environmental Assessment of Policy, Plan and Program Proposals, The Cabinet Directive)에 의해 도입되었다. 이 전략환경평가 각의명령은 그동안 2004년과 2010년에 걸친 두 차례 개정을 통해 현재 전략환경평가제도의 기반이 되고 있다.

【표 7－2】 캐나다 전략환경평가 제도 변천사

년도	내용
1973	Environmental Assessment and Review Process(EARP)-Guideline
1984	Environmental Assessment and Review Process Guidelines Order에 따라 중앙정부의 activity에 'proposal'을 포함시켜 환경평가 적용
1990	Canadian Environmental Assessment Act 법안에서는 policies, plans and programs 제외
1990	정책, 계획, 프로그램 환경평가 각의명령(The Cabinet Directive on the Environmental Assessment of Policy, Plan and Program Proposals, The Cabinet Directive) 제정
1991	캐나다 정부의 개혁 패키지에 따라 전략환경평가 시스템(Environmental Assessment in Policy and Program Planning: A Sourcebook) 구축 추진
1992	캐나다 환경평가법(Canadian Environmental Assessment Act)제정
1994	연방환경평가검토국(FEARO)를 대신하여 캐나다 환경평가청(The Canadian Environmental Assessment Agency, CEAA) 설립 Guidelines for Implementing the Cabinet Directive
1995	Federal Environmental Assessment Review Office: 정책, 계획, 프로그램 평가에 대한 절차적 가이드라인 작성
1999	환경평가법(Canadian Environmental Assessment Act) 개정
2004	전략환경평가 각의명령(Cabinet Directive on strategic environmental assessment) 개정
2007	캐나다환경평가청(CEAA)은 전략환경평가 중에서도 지역 및 누적영향 평가에 대한 연구 추진. 환경부의 전략환경평가 자문 위원회는 전략환경평가 모델, 원리, 실무에 대한 현황 보고서 작성
2008	환경부 위원회(Council)와 환경평가 Task Group은 연구과제 "regional strategic environmental assessment framework" 개시
2010	전략환경평가 각의명령(Cabinet Directive on strategic environmental assessment) 개정

캐나다의 전략환경평가는 "정책(policy), 계획(plan) 또는 프로그램 (program), 제안(proposal)에 대한 환경적 영향을 평가하는 체계적이고 종합적인 과정"으로 정의할 수 있으며 전략적 의사결정 과정에 지속 가능한 발전의 원칙을 준수할 수 있도록 운영되고 있다. 전략환경평가를 대상, 용어, 법적 근거 등의 분야에서 환경영향평가와 비교하여 본다면 아래(표 3)과 같은 차이를 보이고 있다.

【표 7-3】 캐나다 전략환경평가와 환경영향평가의 차이

정책, 프로그램, 계획	대상	사업
전략환경평가 (Strategic environmental assessment, SEA)	용어	환경영향평가 (Environmental impact assessment, EIA)
전략환경평가 각의 명령과 관련 가이드라인 (Cabinet Directive on strategic environmental assessment)	법적 근거	캐나다 환경평가법과 관련 규정 (Canadian Environmental Assessment Act and associated regulations)
교통 또는 사회기반시설 정책 (a transport or infrastructure policy)	예시	고속도로건설 사업 (highway construction project)
양식업 정책 (an aquaculture policy)		어류 양식 사업 (an aquaculture operation)
에너지 정책 및 프로그램 (an energy policy or program)		Oil Sands(유사)플랜트 사업 (an oil sands facility)
재생불가능 및 재생가능 에너지 조세 정책 (a tax policy for non-renewable and renewable energy)		풍력발전소 건설 사업 (a wind farm)

• 캐나다 전략환경평가는 법정 절차(non-legislated process)가 아니다. 전략환경평가는 선별적인 절차(selective process)이다. 모든 정책, 계획, 프로그램에 적용되는 것이 아니므로 지대한 환경영향이 예상되어 정부의 인허가를 받아야만 하는 제안서에 적용된다. 전략환경평가는 자율적인

절차(self-assessment process)이다. 행정부처는 자신의 판단 하에 전략환경평가 제도를 운영한다. 해당 부처가 전략환경평가 시행에 대한 책임은 없지만 그 시행여부는 PCO(Privy Council Office 추밀원, 총리와 내각의 정책 자문기관)와 TBS (Treasury Board Secretariat, 재정위원회의 집행기관 사무처)에 의해 확인된다.

- 전략환경평가 각의 명령의 토대로 각 해당부처는 자신에게 적합한 형태(customised SEA processes)로 전략환경평가 제도를 운영한다.
- 의회 문서와 연계되어 전략환경평가는 대체로 비공개로 진행된다.
- 전략환경평가 협의 부처는 캐나다 환경평가청(Canadian Environmental Assessment Agency, CEAA)이다.[5]

캐나다는 전략환경평가는 법정 절차(non-legislated process)가 아니고 선별적인 절차(selective process)이다. 모든 정책, 계획, 프로그램에 적용되는 것이 아니므로 지대한 환경영향이 예상되어 정부의 인허가를 받아야만 하는 제안서에만 적용되기 때문이다.

또한 전략환경평가는 자율적인 절차(self-assessment process)이다. 행정부처는 자신의 판단 하에 전략환경평가 제도를 운영한다. 해당 부처가 전략환경평가 시행에 대한 책임은 없지만 그 시행여부는 PCO(Privy Council Office 추밀원, 총리와 내각의 정책 자문기관)와 TBS (Treasury Board Secretariat, 재정위원회의 집행기관 사무처)에 의해 확인된다. 즉 전략환경평

---

5 http://www.ceaa.gc.ca

가 각의 명령의 토대로 각 해당부처는 자신에게 적합한 형태(customised SEA processes)로 전략환경평가 제도를 운영한다. 또한 의회 문서와 연계되어 전략환경평가는 대체로 비공개로 진행된다. 여기에 전략환경평가 협의 부처는 캐나다 환경평가청(Canadian Environmental Assessment Agency, CEAA)이다[6]

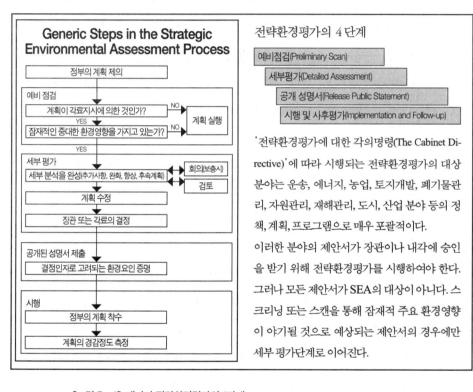

【그림 7-1】 캐나다 전략환경평가의 4단계

---

6 http://www.ceaa.gc.ca

캐나다는 전략환경평가는 법정 절차(non-legislated process)가 아니고 선별적인 절차(selective process)이다. 모든 정책, 계획, 프로그램에 적용되는 것이 아니므로 지대한 환경영향이 예상되어 정부의 인허가를 받아야만 하는 제안서에만 적용되기 때문이다.

또한 전략환경평가는 자율적인 절차(self-assessment process)이다. 행정부처는 자신의 판단 하에 전략환경평가 제도를 운영한다. 해당 부처가 전략환경평가 시행에 대한 책임은 없지만 그 시행여부는 PCO(Privy Council Office 추밀원, 총리와 내각의 정책 자문기관)와 TBS (Treasury Board Secretariat, 재정위원회의 집행기관 사무처)에 의해 확인된다. 즉 전략환경평가 각의 명령의 토대로 각 해당부처는 자신에게 적합한 형태(customised SEA processes)로 전략환경평가 제도를 운영한다. 또한 의회 문서와 연계되어 전략환경평가는 대체로 비공개로 진행된다. 여기에 전략환경평가 협의 부처는 캐나다 환경평가청(Canadian Environmental Assessment Agency, CEAA)이다

4. 유럽연합의 전략환경평가

1) 발전과정
유럽연합의 전략환경평가는 유럽연합 정책 기조[7]에서 출발하였다.

---

7 유럽연합의 정책기조는 EU 협약 제6조에 명시되어 있다: "EU 환경정책은 사전예방의 원칙에 입각하여 환경을 보존 및 보전하고, 환경질을 개선하며, 사람의 건강을 위해로부터 보호하고,

유럽연합은 "EU 환경정책은 사전예방의 원칙에 입각하여 환경을 보존 및 보전하고, 환경질을 개선하며, 사람의 건강을 위해로 부터 보호하고, 자연자원을 분별있고 합리적으로 이용을 하는데 기여하며 지속가능한 발전을 증진시키도록 노력하여야 한다" (EU 협약 제6조)는 환경정책기조 하에 수립 되었으며 유럽연합의 5차 EU 환경행동프로그램[8]에서 사전예방의 원칙을 시행하기 위한 전략환경평가 도입의 필요성을 언급하였다. 1990년과 1996년 그리고 19999년에 전략환경평가 제도의 초안이 마련되었으나 성사되지는 못하고 우여곡절 끝에 2001년에 유럽연합 전략환경평가 지침[9](EU SEA Directive)이 제정되었다. 1985년에 환경영향평가 지침이 되었던 것을 감안하면 이 제도의 도입이 꽤나 늦었다고 할 수

자연자원을 분별 있고 합리적으로 이용하는데 기여하며 지속가능한 발전을 증진시키도록 노력하여야 한다"

8 Environment Action Programme(EAP)은 1차 EAP(1973-1976), 2차 EAP (1977-1981), 3차 EAP (1982-1986), 4차 EAP(1987-1992), 5차 EAP(1993-2000), 6차 EAP(2002-2012)를 거쳐 현재 7차 EAP(2013-2020)을 시행하고 있다.

9 EU의 법적 행위는 EU설립과 관련한 다수의 조약(이른바 1차적 법원)이나 EU가 직접 제정한 규칙(regulation), 지침(directive), 결정(decision) 및 권고 등의 2차적 법원(secondary sources)으로 구분된다. 이들이 회원국들에 대하여 어떤 방식으로, 어느 정도로 규범력을 행사하는 지가 국내법처럼 간단하지가 않다. 그러나 일반적으로 규칙은 전적인 구속력을 지니며 모든 회원국에게 직접 적용되는 법이고 지침은 구속력있는 법적 행위이나 규칙과 달리 '전부' 구속력이 있는 것이 아니고 달성되어야 하는 결과에 대해서만 지침이 통고된 각 회원국을 구속한다. 그리고 결과 달성의 형식 및 방법의 선택은 회원국에게 달려 있다. 지침은 회원국 외에 개인(private citizens)에 대하여 내려질 수 없으며, EC 조약 제249조의 규정상 직접적용성이 인정되지 않는다. 즉 지침에서는 목표만 수립되고, 적당하다고 생각되는 방법에 따라 그 목표를 달성하는 것은 회원국의 재량에 따라 일임되고 있기 때문에 지침은 국내법으로 변형된다. 따라서 지침의 규정이 실시조치로서 제정되는 국내법에 그대로 수용되어야 하는 것은 아니다. Directive를 일반적으로 지령으로 번역하고 있다. 지령은 내용을 그대로 따라야 하지만 지침은 말 그대로 방향과 방법을 회원국의 형평에 맞게 받아드리는 것이므로 지령보다는 지침이 더 적합하고 할 수 있다(국제노동법연구원, 2007, 우리나라와 EU의 노동법제 비교연구).

있다. 유럽연합 전략환경평가 지침의 공식적인 명칭은 일부 계획과 프로그램에 의한 환경영향에 관한 평가지침(EU Directive on the assessment of the effects of certain plans and programmes on the environment, European Commission, 2001)으로 일부는 스크린을 통해서나 평가대상으로 확정된 계획이나 프로그램, 그리고 평가대상 계획 또는 프로그램 목록에 해당되는 계획 또는 프로그램을 의미한다.

【표 7−4】 EU EA directive 발전과정

년도	내용
1980년대 초	EU EIA directive 준비 과정에서 전략환경평가의 필요성에 대해 언급되었으나 제도 도입이 수월한 EIA에 밀려남
1989	유럽연합 내에서 전략환경평가에 대해 내부적으로 논의함
1990	유럽연합 SEA 지침(EU SEA Directive) 초안을 마련하였으나 많은 회원국의 반대로 논의를 중단함
1990~1995	유럽연합은 내부적으로 여러 안을 제시함
1996년 12월	유럽연합 SEA 지침(EU SEA Directive) 안 마련
1999년 2월	수정된 유럽연합 SEA 지침(EU SEA Directive) 안 마련
2001	유럽연합 SEA 지침(EU SEA Directive) 제정
2004	유럽연합 SEA 지침(EU SEA Directive)의 회원국별 입법화

EU 회원국은 이 지침을 자국법화[10]하는 데 4년이라는 시간이 주어졌

---

10 지침에서는 계획(Plan)과 프로그램(Programm)을 구분하고 있지 않으나 의사결정 전의 계획 준비단계에 있으면서 계획수립기관이 대안과 유형의 변화를 고려할 수 있는 시간적 여유 공간

다. 이 기간에 유럽연합회원국은 세 가지 형태로 자국법으로 입법화하였다.

- 기존의 환경영향평가제도에 계획 & 프로그램의 범위를 확대하는 방안

: 이미 정책과 계획 등을 환경영향평가 대상으로 포함한 나라들은 자국의 경험을 바탕으로 제도 정비와 연구를 통해서 포괄적인 적용범위를 가지고 있는 지침(the Directive)을 자국의 실정에 맞게 이행하는 형태이다. (프랑스. 영국, 네덜란드, 덴마크, 핀란드 등)

- 기존 사업위주로 시행되어 온 환경영향평가법을 수정하여 EU SEA Directive의 내용을 도입하는 방안

: SEA의 개념을 처음으로 도입하는 국가에서는 예를 들어 국토 및 지역개발 계획에 SEA를 적용되는 새로운 환경영향평가분야로 분류하는 형태이다. (독일, 오스트리아, 그리스, 포르투갈. 키프로스, 체코)

- 교통, 에너지, 토지이용 등의 특정 계획분야에 SEA를 집중 적용하는 방안

: 이미 자국에 경험과 연구 성과가 있는 분야를 살려 특정 분야에 SEA를 적용시키는 형태이다.(폴란드, 스웨덴, 슬로바키아)

이 있는 단계를 의미한다고 할 수 있다.

2) 유럽연합 전략환경평가 지침(The 2001 SEA directive)

【표 7-5】 유럽연합의 전략환경평가 지침의 주요 내용

목적(Objectives)	높은 수준의 환경보전과 지속가능한 발전 증진
환경평가 (Environmental assessment)	1) 환경보고서 작성 2) 자문수행 3) 의사결정시 자문 결과 반영 및 의사결정 사항 제공
평가대상 계획과 프로그램 분야 (Scope)	농업, 임업, 수산업, 에너지, 산업, 운송업, 폐기물관리, 수자원관리, 통신, 관광, 도시 및 국토개발계획, 토지 이용 등의 계획(Plans)과 프로그램(Programmes)
스크리닝 (Screening)	PPs의 중대한 환경영향 판단
환경보고서 (Environmental report)	1) PPs의 일부분 2) PPs 내용의 개요, 주 목적, 다른 계획과 프로그램의 　연관성 3) 계획 실행전의 환경 실태와 미 시행 시의 환경변화 4) 중요한 환경영향 지역의 환경적 특성 5) 보호지역 등 주요 지역과 관련된 계획의 연관성 6) 국제적·국가적 환경 기준 7) 생물다양성, 인구, 보건, 동물상, 식물상, 토양, 대기, 　물, 기후인자, 유형자산, 문화유산, 경관에 미치는 　큰 환경영향, 이들 항목간의 상호관계에 따른 큰 환 　경영향 8) 계획에 따른 큰 환경영향의 예방 및 감소 방법 9) 대안 선정 이유에 대한 개요, 평가 상의 어려운 점 10) 사후 모니터링 11) 평가에 대한 비기술적 요약
공공의 의견수렴 (Consultations)	정보 공개 의무화

① 유럽연합 전략환경평가 목적(Objectives)

유럽연합 전략환경평가 지침의 목적은 지속적 발전을 위해 높은 수준의 환경을 확보하고 심각한 환경영향이 예상되는 일부 계획과 프로그램에 대한 환경평가를 통해 계획과 프로그램 수립 시 또는 승인 시에 환경을 고려할 수 있도록 지원하는데 있다(Article 1, 목적).

② 전략환경평가 대상 계획과 프로그램 분야(Scope)

유럽연합의 전략환경평가 대상 계획과 프로그램은 다음과 같다.

(1) 중대한 환경영향이 발생하는 농업 (Agriculture), 임업 (forestry), 어업 (fisheries), 에너지 (energy), 공업 (industry), 교통 (transport), 폐기물 관리 (waste management), 수자원 관리 (water management), 통신수단 (telecommunications), 관광 (tourism), 도시 및 지역계획 (town and country planning), 토지이용 (land use) 분야의 계획 또는 프로그램과 유럽연합 환경영향평가 지침(Directive 85/337/EEC)의 부록 I과 II에서 언급된 사업(환경영향평가 대상사업)으로 이어지는 계획과 프로그램 (Article 3의2(a))
(2) 또는 동식물서식지 보전 지침(Directive 92/43/EWG) 6조와 7조에서 지정한 자연서식지 및 야생 동식물 보전 지역*(natural habitats and of wild fauna and flora)에 환경영향이 예상되는 계획과 프로그램 (Article 3의 2(b))
   * 일반적으로 Natura 2000이라고 함
   - 유럽연합의 주요 동식물 보호지역 Network, An ecological Network of protected areas, set up to ensure the survival of Europe`s most valuable species and habitats
   - 25000개 구역, EU면적의 약 20%가 나투라 2000으로 지정
   - 조류 지침과 서식지 지침에 따라 지정된 동식물보호지역

- Birds Directive (Special Protection Areas, SPAs, 1979)

- Habitats Directive (Sites of Community Importance, SCIs, 1992)

(3) 제3조 2항의 계획과 프로그램이 지역의 작은 사업으로 이어지거나 이 계획과 프로그램의 변경으로 중대한 환경영향이 예상되는 경우 회원국은 자국법으로 전략환경평가 대상 계획 및 프로그램을 정할 수 있다 (Article 3 의3).

(4) 회원국은 중대한 환경영향을 유발하는 계획과 프로그램을 개별평가(case-by-case Examination) 또는 목록 또는 혼합형으로 정할 수 있다. 회원국은 환경영향의 중대성을 확인하기 위해 본 지침의 부록 II의 기준을 고려한다 (Article 3의 5).

(5) 회원국은 환경평가 미 실시한 경우를 포함하여 Article 3의 5의 내용을 공개하여야 한다 (Article 3의7).

(6) 아래의 계획과 프로그램은 본 지침에서 제외된다: 국방 및 재난 관련 분야, 재무 또는 예산 (Article 3의8):

③ 일반규정

• 환경평가(environmental assessment)는 계획 또는 프로그램 수립 중이거나 채택 전 또는 인허가 전에 시행한다 (Article 4의1).

• 회원국은 유럽연합의 지침을 기존의 절차를 따르거나 또는 새로운 절차를 통해 받아드린다 (Article 4의2).

• 계획과 프로그램이 계획과 프로그램 위계의 일부라면 중복평가를 해서는 안 된다(Article 4의3).

④ 환경보고서(Environmental report)

중대한 환경영향이 예상되는 계획 또는 프로그램에 대해 환경평가

를 시행하는 경우 환경보고서(평가서)를 작성하여야 한다. 이에 포함되는
내용은 다음과 같다.

  - 계획이나 프로그램을 시행할 때 수반되는 중대한 환경영향과

  - 계획의 목적과 공간적 범위를 고려한 합리적인 대안에 대해 조사하
고 서술하고 평가한다. 이러한 목적에 적합한 정보는 부록 I 이 제시하고
있다 (Article 5의1).

  환경보고서는

  - 현재의 지식과 평가방법에 준하여 합리적으로 요구할 수 있는 내용,

  - 계획과 프로그램의 내용 및 상세도(Level of detail in the plan or
program),

  - 의사결정 과정의 단계와

  - 의사결정의 여러 단계에서 중복평가 방지의 관점에서 가장 적합 평
가방법에 대한 정보를 담고 있어야 한다 (Article 5의2).

  관련기관은 환경보고서에 포함되어야 하는 내용의 폭과 정밀도 설
정(scoping)에 관해서 협의하여야 한다(Article 5의4).

  중대한 환경영향이 예상되는 계획 또는 프로그램에 대해 환경평가
를 시행하는 경우 환경보고서(평가서)를 작성하여야 한다. 이에 포함되는
내용은 다음과 같다.

  계획이나 프로그램을 시행할 때 수반되는 중대한 환경영향과 계획

의 목적과 공간적 범위를 고려한 합리적인 대안에 대해 조사하고 서술하고 평가한다. 이러한 목적에 적합한 정보는 부록 I 이 제시하고 있다 (Article 5의1).

환경보고서는 현재의 지식과 평가방법에 준하여 합리적으로 요구할 수 있는 내용으로 계획과 프로그램의 내용 및 상세도(Level of detail in the plan or program)이다. 의사결정 과정의 단계와 의사결정의 여러 단계에서 중복평가 방지의 관점에서 가장 적합 평가방법에 대한 정보를 담고 있어야 한다 (Article 5의2).

관련기관은 환경보고서에 포함되어야 하는 내용의 폭과 정밀도 설정(scoping)에 관해서 협의하여야 한다(Article 5의4).

⑤ 공공의 의견수렴(Consultations)
작성된 계획 및 프로그램 안(draft plan or program)과 환경보고서는 관련기관과 공중에게 공개하여야 한다 (Article 6의1).
계획과 프로그램이 채택되거나 입법절차에 접수되기 전에 이를 검토할 수 있는 충분한 시간적 기회를 관련기관과 공중에게 주어야 한다 (Article 6의2).

⑥ 의사결정(Decision making)
환경보고서, 관련기관 및 공공이 제시한 의견, 인접국가의 의견은

계획 및 프로그램 수립 전 또는 입법절차에 접수되기 전에 고려되어야 한다 (Article 8).

⑦ 의사결정에 대한 공개 (Information on the decision)

회원국은 계획 또는 프로그램 승인 전에 공중과 회원국에게 아래의 사항을 알려야 한다.

- 채택된 계획과 프로그램
- 계획 또는 프로그램에 어떻게 환경을 반영되었는지에 대한 요약서,
- 환경보고서와 제시된 의견 및 협의의견이 어떻게 고려되었는지에 관한 사항,
- 계획 또는 프로그램에서 합리적인 대안을 고려한 근거
- 어떻게 monitoring할 것인지에 대한 방법 (Article 9의1)

채택된 계획과 프로그램으로 계획 또는 프로그램에 어떻게 환경을 반영되었는지에 대한 요약서, 환경보고서와 제시된 의견 및 협의의견이 어떻게 고려되었는지에 관한 사항과 계획 또는 프로그램에서 합리적인 대안을 고려한 근거를 어떻게 monitoring할 것인지에 대한 방법 (Article 9 의1).

⑧ 사후조사(Monitoring)

각 EU 회원국은 미쳐 예상하지 못한 환경영향을 조사하기 위해 계획/프로그램의 실행단계에서 사후조사를 시행하여야 하고 적절한 저감

대책을 마련 할 수 있어야 한다 (Article 10의1).

중복 사후조사를 방지하기 위해 기존의 **monitoring** 제도를 사용할

수 있다 (Article 10의2).

⑨ 전략환경평가 절차

1. 평가대상 Plan or Program 확인 후 평가 개시
2. 관련기관과 협의 하에 스코핑 (정보의 범위 와 상세도 설정) 시행
3. 환경보고서(평가서) 작성
4. 작성된 환경보고서 공개; 조기에 그리고 효율적인 방법으로 공개
5. 계획이나 프로그램 확정 전 또는 법적 효 력을 갖기 전에 환경보고서의 내용과 협 의 의견 반영
6. 관계행정기관과 공공에게 최종적으로 승 인된 계획이나 프로그램 공개
7. 마지막으로 계획이나 프로그램 집행으로 인해 예상하지 못한 지대한 환경영향에 대해 저감방안을 수립할 수 있도록 모니 터링 방법 제시

【그림 7-2】전략환경평가 절차

(1) 평가대상 계획과 프로그램 확인 후 전략환경평가 개시

지침에 따라 아래의 3가지 방법으로 계획과 프로그램의 평가대상

여부를 확인한다(3조).

- 사안별로 계획이나 프로그램 선정하는 방법(Screening Method)
- 환경평가 대상 목록을 정해놓고 이를 확인하는 방법(Positive List Method)
- 위의 두 가지를 혼합하는 방법

환경영향의 중대성에 대한 판단, 즉 스크리닝은 다음과 같은 3개 분야의 기준으로 할 수 있다(3조 5항, 부속 II).

사안별로 계획이나 프로그램 선정하는 방법(Screening Method)과 환경평가 대상 목록을 정해놓고 이를 확인하는 방법(Positive List Method), 그리고 위의 두 가지를 혼합하는 방법이 있다. 이때 환경영향의 중대성에 대한 판단, 즉 스크리닝은 다음과 같은 3개 분야의 기준으로 할 수 있다(3조 5항, 부속 II).

---

① 아래와 같은 계획 또는 프로그램의 특징
- 계획 또는 프로그램의 입지, 종류, 규모, 운영조건, 자원이용 정도
- 계획 또는 프로그램의 위계상 계획 또는 프로그램이 다른 계획 또는 프로그램에 영향을 미치는 정도
- 환경을 고려할 수 있고, 특히 지속적 발전을 도모할 수 있는 계획 또는 프로그램의 의미
- 계획 및 프로그램과 연관된 환경문제점
- 계획 및 프로그램의 유럽연합의 환경규정 이행과의 관련성(폐기물관리 계획, 수질보전계획)
② 환경영향의 특징과 환경영향 예상지역의 특징
- 환경영향 발생 가능성, 영향 발생 기간, 영향 발생 빈도, 환경영향의 비가역성

- 누적영향
- 환경영향의 월경성
- 건강 및 환경 위해성(예: 사고)
- 영향범위(영향지역의 범위, 예상되는 피해 인구)
- 영향지역의 의미와 민감도(자연환경 또는 문화 유산의 특성, 환경기준 초과, 집약적 토지이용)
- 국가나 유럽연합 또는 국제적으로 인정받은 보전지역에 미치는 영향 정도
③ 전략환경평가 개시 시점
  전략환경평가 개시 시점은 별도의 조항은 없으나 Article 8에 따라 계획 및 프로그램 수립 전 또는 입법절차에 접수되기 전이 된다.
④ 환경평가 미 실시에 관한 공개
  스크리닝 결과에 따라 환경평가를 실시하지 않는다면 그 이유를 공개하여야 한다.(제3조 7항)

(2) 스코핑(scoping)

환경보고서에 포함되어야 하는 내용의 폭과 정밀도를 설정하는 scoping은 5조4에서 언급하고 있다. scoping 설정 시에는 계획의 시행으로 인해 발생하는 환경영향과 관련된 기관과 협의하여야 한다(제6조3).

① 단계화(Tiering)

SEA Directive에서 언급하는 여러 단계의 계층화된 계획과 프로그램은 서로 다른 양질의 내용과 상세도를 지니고 있어 유연성을 강조하고 있다(제5조). 즉 어느 의사결정단계에 어떤 정보가 적절한지 단계별로 상황파악을 하도록 되어 있다. 만약에 국가, 지방, 지역단위의 계획을 수립

하고 이들 각각의 계획이 전략환경평가의 대상이라면 전략환경평가는 계획단계별로 여러 번 실시한다. 즉 단계별 평가를 하여야 한다.

전략환경평가의 보고서의 세밀도는 계획의 단계에 따라 다른 양상을 띠고 있다. 다른 단계 또는 관련계획이나 다른 규정에서 관련된 정보를 환경보고서 작성에 활용하여야 한다. 계획은 여러 단계로 구분되어 있고, 각 단계별로 다른 정보와 상세도에 있어서 내용의 양과 질이 다르므로 그 차이를 고려한 평가를 Tiering이라 함. 각 단계별 특성을 고려하여 각각 다르게 환경영향을 평가하여야 한다. Tiering(단계화)의 목적은 단계별 평가를 통해 중복 평가, 즉 이중 보고서 작성을 방지하고 관련 있는 정보를 다른 단계에게도 이용할 수 있도록 하기 위함이다.

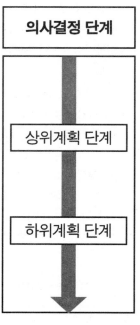

【그림 7-3】 의사결정 단계

(3) 환경보고서(Environmental report) 작성

환경평가를 하기 위해서는 환경보고서를 작성하여야 한다(제5조). 이는 계획이나 프로그램 서류의 일부이고 환경평가에서 중요한 부분을 차지하므로 핵심 역할을 하고 있으며 의사결정을 하는데 중요한 단서를 제공한다. 전략환경평가-지침

SEA-Directive는 scoping 절차를 받도록 하고 있으며 이에 따라 조사

의 범위를 정하고 그 결과를 관련 환경기관에 협의하도록 되어 있다.

　　보고서는 계획과 프로그램에 의해 예상되는 영향과 적절한 대안을 평가하여야 한다. 대안은 계획과 프로그램의 목적과 그리고 계획과 프로그램의 공간적 범위를 고려하여 설정한다. 이 목적에 필요한 사항은 아래와 같이 부록 I에서 제시하고 있다.

　　환경보고서는 다음의 사항을 담고 있다:

　　① 계획 또는 프로그램의 개요 (an outline of the contents)와 주목적 그리고 다른 계획 및 프로그램과의 연관성

　　② 계획 및 프로그램과 관련된 환경 실태와 계획 또는 프로그램 미 집행 시에 예상되는 환경변화

　　③ 지대한 환경영향을 받을 수 있는 지역의 환경 특성

　　④ 계획 또는 프로그램과 관련된 모든 환경문제(Directive 79/409/EEC와 92/43/EEC에 준하여 지정된 지역)

　　⑤ 계획 또는 프로그램과 관련이 있는 국제적·국가적인 환경보전의 목표

　　⑥ 생물다양성, 인구, 건강, 동물식물상, 토양, 물, 대기, 기후인자, 유형의 자산, 문화적 유산 및 건축적인 유산, 경관, 평가항목간의 상호관계 등을 포함한 중대한 환경영향

　　환경영향은 다음과 같은 영향의 종류를 포함하고 있다;

-이차 영향(secondary effects),

-누적영향(cumulative effects),

-시너지 영향(synergistic effects),

-단기·중기·장기영향(short, medium and long-term effects),

-수시 및 일시 영향(permanent and temporary effects),

-긍정적·부정적 영향(positive and negative effects)

⑦ 계획 또는 프로그램 실행으로 인하여 발생할 수 있는 환경영향의 방지, 저감, 상쇄 방법

⑧ 대안선정 이유와 대안평가에 대한 개요 및 환경평가 상에 드러난 문제점(정보 수집, 지식의 부재 등) 환경평가에 대한 서술

⑨ 향후 모니터링 계획

⑩ 상기 사항에 대한 비기술적인 요약(부속서 I)

보고서는 합리적인 방법으로 작성하여야 한다. 즉 현재 존재하는 지식과 평가방법을 사용하고, 계획 또는 프로그램을 어떤 내용으로 얼마나 깊이 있게(스코핑) 평가하여야 하는지, 어떤 의사 결정단계에 있는지를 고려하여 작성하여야 한다. 이를 통해 중복평가를 방지할 수 있어야 한다(제5조 2항).

평가 범위와 깊이를 정하는 스코핑에서 관련기관과 협의하여야 한다. 환경보고서의 작성 시점에 대한 언급은 없으나 환경평가의 시점은 제시하고 있다(제4조 1항). 계획 또는 프로그램 수립 후에 전략환경평가를 실시한다면 평가의 의미를 상실하는 것이다. 계획 또는 프로그램 초기단

계부터 환경적 요인을 고려하기 위해서는 계획수립과 동시에 환경평가를 평행하는 것이 바람직하다.

공공의 의견수렴

계획 또는 프로그램 안과 환경보고서는 계획 또는 프로그램 확정 전에 관련기관과 공공에게 미리 적절한 방법으로 개방되어야 한다(제6조 1항).

계획 또는 프로그램 안과 이와 병행해서 작성되는 환경보고서에 대해서 관계기관이 충분한 시간을 갖고 조기에 효과적인 방법으로 입장을 표명할 수 있도록 기회가 주어져야 한다(6조2항).

전략환경평가의 다른 중요한 사항은 공공과 환경기관이 참여하여 의사결정에 관여하는데 있다. 환경보고서는 협의기관과 공공, NGO에 공개하고 이들은 이에 대한 입장표명을 한다. 이러한 협의과정은 의사결정에 있어서 중요한 정보를 제공한다.

국경을 넘는 계획의 경우 관련기관과 협의하여야 한다(7조).

(4) Plan or Program 안과 환경보고서 공개

작성된 계획 및 프로그램 안(draft plan or program)과 환경보고서를 관련기관과 공중에게 공개하여(Article 6의1) 이에 대한 검토가 가능하도록 충분한 시간적 기회를 주어야 한다 (Article 6의2).

(5) P or P에 환경보고서와 협의 의견 반영

4단계에서 검토한 의견은 계획 또는 프로그램 수립 중이거나 채택되기 전 또는 입법절차 접수 전에 반영한다(제8조).

(6) 의사결정의 공개
아래의 의사결정 사항을 알려야 한다.

- 채택된 계획과 프로그램
- 계획 또는 프로그램에 어떻게 환경을 반영되었는지에 대한 요약서
- 환경보고서와 제시된 의견 및 협의의견이 어떻게 고려되었는지에 관한 사항
- 계획 또는 프로그램에서 합리적인 대안을 고려한 근거
- 어떻게 monitoring할 것인지에 대한 방법 (Article 9의1).

채택된 계획과 프로그램은 계획 또는 프로그램에 어떻게 환경을 반영되었는지에 대한 요약서, 환경보고서와 제시된 의견 및 협의의견이 어떻게 고려되었는지에 관한 사항이다. 이때 계획 또는 프로그램에서 합리적인 대안을 고려한 근거는 어떻게 monitoring할 것인지에 대한 방법이다 (Article 9의1).

(7) 모니터링
사전에 예상하지 못한 악영향의 파악하고 필요 시 대책 수립을 위해 모니터링 추진 한다(10조)

5. 영국의 전략환경평가(Thomas B. Fischer)[11]

본 장에서는 영국 연합왕국(UK, United Kingdom of Great Britain)의 4개 국가(스코틀랜드, 웨일즈, 아일랜드, 영국) 중 영국에서 시행되는 전략환경평가(SEA)를 소개한다. 첫 번째로 UK에서 시행되는 프로젝트 수준에서의 EIA와 정책, 계획, 프로그램에 대한 SEA를 포함한 환경 평가에 대한 일반적인 내용을 소개한다. 다음으로, 영국에서 시행되는 SEA의 발전 단계와 평가 방법을 상세히 설명하도록 한다. 또한 공간 계획에 대한 SEA 절차를 설명한다. 또한 SEA의 강점과 약점을 설명하여 결과를 도출하고자 한다.

(1) UK에서의 환경평가 - 어떻게 시작하였는가? 무엇을 다루는가?

UK에서는 환경평가(EA, Environmental Assessment)에 대한 관심이 1970년대에 시작 되었다. 이 시기의 주된 관심사는 스코틀랜드에서의 석유 채굴 활동과 관련이 있다. 이 후 1970년대에서 1980년대 초반까지는 수단의 측면에서 연구가 진행된(Clark et al, 1976) 반면, 중앙 정부는 평가의 초기단계에서 환경평가(EA)의 시행을 주저했다(Wood, 2003). 프로젝트 수준의 환경영향평가(EIA)는 유럽 연합 환경영향평가 지침 85/EC/337('EIA Directive')을 입법화한 영국과 웨일즈의 도시·농촌계획 규정(TCPR, Town and Country Planning Regulations)과 스코틀랜드와 북부 아일랜드의 환경평가규정을 근거로 공식화 되었다. 이리하여 환경평가규정

---

11 번역: 한규영

은 계획 체제(Glasson & Bellanger, 2003)에서 자리잡게 되었고, 영국의 환경영향평가(EIA)의 70%가 TCPR에 근거하여 시행되었다. 예를 들어 고속도로, 토양 배수, 전선, 배관, 임업 프로젝트를 포함한 기타 사업을 위한 환경영향평가 방법이 마련되었다(Glasson et al, 1997;Marr,1997). 지난 25년 동안 10,000개 이상의 환경영향평가건이 실시되어왔고 2000년 이후로 매년 약 600건의 환경영향평가가 시행되고 있다(IEMA, 2011; Arts et al, 2012).

UK의 정책, 계획, 프로그램의 특성에 맞는 전략환경평가(SEA)는 유럽에서 가장 빨리 도입한 나라에 속한다. 토지이용계획에 대한 전략환경평가는 1990년대 초반에 시작되었으며 교통, 에너지, 폐기물, 자원, 경제발전계획, 수자원관리, EU 구조계획[12] 및 농촌계획 대한 전략환경평가 경험도 존재한다. 유럽연합 전략환경평가 지침(European Directive 42/EC/2001)에 의하면 전략환경평가는 계획과 프로그램 단계에 대한 평가뿐만 아니라, 국가정책에 대해서도 시행하고 있다(Eales and Sheate, 2011). 영국은 이를 따르고 있으며, 이러한 측면에서 영국의 계획 접근방법은 '자율재량적인 계획(discretionary planning)'으로 설명할 수 있다. 즉, 토지 이용 계획에 있어서 잠정적인 대상 지역을 선택하는 것이 아닌 계획의 효율성을 더 높일 수 있는 지역에 대한 검토를 통해 지역을 선택하도록 하는 것이다. 이러한 이유로 계획은 종종 개발의 의도를 내포하고 있는 정

---

12 EU 회원국 간에 조화로운 발전과 경제·사회적 결속시킨다는 목적 하에 지역격차 축소와 낙후지역 발전을 위해 수립하는 계획. 1994년부터 조성된 구조기금으로 계획을 수립하고 집행함.

책단계에 초점을 맞추고 수립한다. 이것은 영국의 토지 이용 계획이 미리 대상 지역을 규정하는 대부분의 유럽국가보다 더욱 융통성 있다는 것을 의미한다.

영국에서는 위에서 언급된 분야 외에 다른 경험이 있는데 이는 내각의 의사 결정(cabinet decision making)에 대해서도 영향평가(impact assessment) 가 시행되었다. 그러나 이러한 영향평가에서는 환경영향에 대한 판단은 때에 따라 가끔 있을뿐이다. 또한 계획단계에서 유럽연합 동식물 서식지(Fauna-flora Habitat) 지침(Directive 92/43/EEC)에 의해 서식지 규정 평가(HRA, Habitat Regulation Assessments)가 시행된다. 다른 평가로는 건강영향평가(HIA), 농산어촌영향평가제도[13](rural Proofing), 성별영향평가, 교통영향평가, 성평등 영향평가 등이 시행되고 있다(e.g. Walker, 2007; ODPM, 2005; Fischer et al., 2011; Tajima and Fischer, 2013).

(2) 영국에서 시행되는 SEA의 유형별 평가의 발전단계와 평가의 전반적인 접근방법

위에서 말한 바와 같이, UK의 SEA 발전은 지난 10년 동안 '공간 계획'으로 불리던 토지 이용 ('개발') 계획과 밀접하게 연결 되어 있다. 이와 관련된 최초의 정부 지침인 '개발 계획의 환경 평가 - 바람직한 시행을 위한 가이드'(environmental appraisal of development plans – a good practice guide)

---

13 박대식 한국농촌경제연구원 연구위원은 rural Proofing을 농산어촌영향평가제도로 번역함.
http://www.nongmin.com/article/ar_detail.htm?ar_id=166333&subMenu=articletotal

는 1993년에 발표되었다(DoE, Department of the Environment 1993). 그 이후로, 개발 계획 평가 시행은 다음과 같은 여러 단계로 발전했다(Fischer, 2004):

① 1990년대 초 :
정성적인 '매트릭스 평가'의 형태를 가지고 있는 환경 평가;[14] 이 매트릭스 평가는 보통 생태학적인 측면에서 한 명의 전문가에 의해 다음과 같은 개발 계획을 준비하기 위한 4가지 주요 단계에 대해 사후적으로 수행되었다.

- 전 계획의 성과 평가
- 개발 옵션의 고려
- 계획의 초안
- 최종 계획

② 1990년대 중반:
환경뿐만 아니라 사회-경제적 측면을 고려한 정성적인 '매트릭스 평가' 형태의 환경 평가; 개발 계획을 준비하기 위한 위의 4가지 주요 단계에 대해 사후적으로 여러 명의 전문가에 의해 수행되었다.

---

14 Therivel et al, 1992

③ 1990년대 후반:

환경뿐만 아니라 사회-경제적 측면을 고려하는 정성적인 '매트릭스 평가'의 형태를 가지고 있는 환경 평가; 개발 계획을 준비하기 위한 위의 4가지 주요 단계에 몇몇 전문가에 의해 수행되었으며 때로는 외부 전문가가 참여하기도 하였다; 환경 평가는 점차 지속 가능성 평가로 변형되었다.

④ 2000년대 초반:

환경과 지속가능성 평가(Environmental and sustainability appraisals)는 지속 가능한 개발 전략을 위한 목표 주도형 과정(objectives-led process)으로 실시되었다.[15] 이러한 맥락에서, '통합 평가'(integrated appraisal) 라는 용어가 사용된다. 이것은 정부에 의해 지속가능한 거버넌스를 도모하기 위한 노력뿐만 아니라 현대화 정부[16] 의제의 대응하는 역할로 장려되었다.[17]

⑤ 2004년 7월 21일 이후:

전략환경평가는 공식적으로 유럽연합 전략환경평가 지침(Directive 42/2001/EC)에 따라 시행되고 있다; 같은 해에 제정된 신 계획법인 '강제 수용법'(Compulsory Purchase Act)에 의해 영국과 웨일즈에서 새로운 공간

---

15 NWRA, 2003

16 '정부 현대화(Modernising Government)'는 영국에서 1970년대 말부터 공공부문에서 가장 흔히 들을 수 있는 용어로서 영국 신노동당이 공공부문을 광범위하고 복합적으로 개혁하기 위해 제시한 공공부문 개혁 모델 명임.

17 rime Minister and Cabinet Office, 1999; Kidd and Fischer, 2007).

계획 시스템이 도입되었다; 이후 정부는 유럽연합의 전략환경평가 지침을 따르고 관련법에 의해 규정된 지속가능성 평가(sustainability appraisal)와 통합할 수 있는 방법에 대한 지침을 마련하였다(ODPM 2005); 유럽연합 전략환경평가 지침에 근거한 전략환경평가는 베이스라인 형 접근방식(baseline-led approach)이고 현재 공간계획 SEA는 목적 주도형 접근 방식이기 때문에 영국의 공간계획 전략환경평가는 이 두가지 접근 방식을 조합하는 형태를 띠고 있다.

초기의 환경평가(EA)는 간단하고 단순하게 운영되었다. 환경평가는 일반적으로 계획이 국가 환경정책과 계획과 부합하는지, 그리고 계획의 내용이 계획이 추구하는 목적과 대책과 일관성을 유지하는지를 확인하는 수준이었다. 계획에 의해 발생가능한 환경영향을 평가하기 위해 계획의 한 축과 환경 요소의 다른 축을 서로 대조하는 상호대조표, 즉 매트릭스를 사용하였다. 이러한 자주 사용하는 평가 방식은 정성적인 매트릭스 평가방법을 의미하는 '체크박스' 방식으로 한명 또는 2-3명의 평가자가 며칠 만에 작성하는 형태이다. 그림 1은 '지구의 지속 가능성', '국가 자원', '지역 환경의 질' 등 3개의 일반적인 범주와 이에 속하는 15개 지표를 개발 계획의 내용을 대조하여 환경과 지속 가능성의 목표 달성을 판단할 수 있는 전형적인 영향 매트릭스를 보여준다;

【그림 7-4】 목표 달성 매트릭스

평가분야 — 지구적 지속가능성(1~2), 천연자원(3~12), 지역 환경의 질(13~15)

계획안 \ 평가항목	1 교통에너지 효율성	2 운송에너지	3 주거에너지 효율성	4 신재생에너지 잠재성	5 CO_2고정	6 야생동식물 서식지	7 대기질	8 수자원보호	9 토양질	10 광물자원보호	11 경관	12 농촌환경	13 문화유적	14 공원접근성	15 건물의 질
도시 재개발	✓	✓	✓	✓	✓	✓	✓	✓	x?	•	✓	•		✓?	✓
전철의 개선	✓	✓	?	✓?	✓	•	✓	•	•	•	•	•	✓	?	✓
부라운필드 토지 사용	•	•	•	✓?	✓	x?	•	•	x?	✓	✓	?	✓	✓	✓

범례

• 관계없거나 미미한 영향	? 예측하기 어려움
✓ 중대한 긍정적인 영향	x? 예측하기 어려운 부정적인 영향
✓? 예측하기 어려운 긍정적인 영향	x 중대한 부정적인 영향

이미 앞서 설명된 바와 같이, 영국에서는 SEA외에 SA에서 전략적인 의사 결정 단계에서

여러 종류의 사전 평가 수단을 사용하고 있으며, 이를 공식적으로 장려하고 있다. 또 다른 평가방법으로는 해당 지역의 기본 여건을 서술하

기 위한 현장 평가(in-situ assessment)로서 계획안에 관한 영향평가를 하지 않아도 되는 평가방식이다. 이러한 평가분야는 오픈스페이스 평가, 스포츠 및 휴양 평가뿐만 아니라 주택 토지 가용성 평가, 홍수 위험 평가, 주택 시장 평가의 전략적 분야도 해당된다[18].

(3) 전략환경평가 규칙[19], 지침
- 지역과 농촌 계획 규칙[20]
- 임의의 계획[21]
- 서식지규제평가(Habitat Regulation Assessments)

영국에서는 전략환경영향평가 주무 부는 지역사회 지방업무 부 (DCLG, Department of Communities and Local Government)이며 DCLG는 EU SEA지침을 자국법에 도입·이행하기 위해 '계획과 프로그램 환경 평가 규정'[22]을 2004년에 제정하였다. 이 규정은 유럽연합의 전략환경평가(EU SEA Directive) 지침 내용과 매우 흡사하다. 영국에서 전략환경평가 제도 운영을 위해 다양한 가이드라인이 제공되고 있다. 포괄적인 지침이

---

18 Tajima and Fischer, 2013

19 영국은 런던국회(Westminster Parliament)에서 제정된 법률(Acts of Parliament)로서 법령의 중심을 이루고 있음. 그 외에 각 부의 장관이 의회의 승인을 거쳐 정하는 령(Orders), 규칙(Regulations) 등이 있는데 이들 법령은 의회가 주무 장관에게 입법 권한을 위임한 위임입법(Delegated Legislation)의 일종으로서 Statutory Instrument라고 함(번역자 추가).

20 Town and Country Planning Regulations, TCPR

21 discretionary planning

22 The Environmental Assessment of Plans and Programmes Regulations 2004, SI 2004 No. 1633

되는 '실무적인 전략환경평가 지침 가이드'[23]뿐만 아니라 분야별 아래와 같이 분야별 세부적인 가이드라인이 작성되었다.

- 교통부에서 2009년에 작성한 교통계획과 프로그램들의 전략환경 평가[24]
- 부총리실에서 2005년에 작성한 지역 공간계획과 지방 개발계획 지속가능성 평가[25]
- 2005년에 환경·식품·농촌 부[26]가 작성한 전략환경평가와 대안 평가, 설명서 4[27]

그 밖에 옹호기관에서 작성한 전문 분야별 전략환경평가 지침들이 아래와 같이 존재한다.

- 환경청에서 2004년에 작성한 모범실무지침[28]
- 환경청에서 2007년에 작성한 전략환경평가와 기후 - 실무자를 위한 지침[29]

---

23 A Practical Guide to the Strategic Environmental Assessment Directive˙ ODPM, 2004

24 Strategic Environmental Assessment for Transport Plans and Programmes
   (http://www.dft.gov.uk/webtag/documents/project-manager/pdf/unit2.11d.pdf)

25 Sustainability Appraisal of Regional Spatial Strategies and Local Development Frameworks
   (http://www.caerphilly.gov.uk/pdf/Environment_Planning/LDP-Examination-Documents/UK22.pdf).

26 Department for Environment, Food and Rural Affairs (DEFRA)

27 Strategic Environmental Assessment and Evaluation of Options, information sheet 4
   (http://archive.defra.gov.uk/environment/waste/localauth/planning/documents/ infosheet04.pdf).

28 Environment Agency, 2004, SEA Good Practice Guidelines(www.environment-agency.gov.uk/seaguidelines)

29 Environment Agency, 2007: SEA and Climate Change – Guidance for Practitioners

• 웨일즈 전원지역위원회,[30] 영국 자연,[31] 환경청, 왕립조류협회[32]에서 2004년에 작성한 전략환경평가와 생물다양성 - 실무자를 위한 지침[33]

현행법은 현재 어떤 계획과 프로그램이 전략환경평가 대상이 되는지에 대해서는 아직 명확하게 규정되어 있지 않다. 하지만 보통 아래의 계획 또는 로그램들은 전략환경평가 적용대상이 된다.

• 지역 공간 및 토지 이용 계획(Local (spatial /land use) development plans)
• 지역 교통 계획(Local transport plans)
• 광물 지역 계획(Minerals local plans)
• 폐기물 지역 계획(Waste local plans)

뿐만 아니라, 다음의 계획 또는 프로그램도 보통 전략환경평가 대상이다.

• 국가계획 정책 보고서(National planning policy statements)
• 해안 관리 계획(Shoreline management plans)

(http://www.ukcip.org.uk/wordpress/wp-content/PDFs/SEA_guidance_07.pdf).

30 Countryside Council for Wales

31 English Nature

32 Royal Society for the Protection of Birds

33 SEA and Biodiversity – Guidance for Practitioners
http://www.rspb.org.uk/Images/SEA_and_biodiversity_tcm9-133070.pdf

• 물 업체 수자원 관리 계획(Water company water resource management plans)

• 유역 관리 계획(River Basin management plans)

(4) Issues to be addressed in SEA

유럽연합의 SEA Directive는 SEA 보고서에 어떤 내용을 담고 있어야 하는지 그 목록을 규정하고 있는데 이를 영국에서 그대로 사용하고 있다.

중요 목록에는

• 베이스라인 정보,

• 환경에 미치는 중대한 영향의 평가,

• 합리적 대안의 고려,

• 관련기관의 의견수렴(영국 문화재청(English Heritage), 잉글랜드 자연환경청(Natural England)과 환경청 and the Environment Agency),

• 공공참여,

• 모니터링과 후속조치의 기술을 포함하고 있으며,

• 그외에, 영국에서는 계획과의 정합성과 평가 목표에 대해 평가한다.

베이스라인 정보에는 현재의 환경 현황과 계획이나 프로그램을 시행하지 않았을 때에 그 환경이 향후 어떻게 변화하는지에 대한 전망을 담고 있다. 이는 No Action시의 상황을 설명하는 것이다. 중대한 영향은 환경에 미치는 영향에 초점이 맞추어져 있지만 아래와 같이 사회적 영향도 고려된다.

① 생물다양성

② 동물상

③ 식물상

④ 토양

⑤ 물

⑥ 대기

⑦ 기후인자

⑧ 유형자산

⑨ 경관

⑩ 인구

⑪ 건강위해

⑫ 문화유산

환경영향은 이차적 영향, 누적영향, 시너지 영향, 단기·중기·장기 영향, 영구적인 영향, 일시적인 영향, 긍정적·부정적 영향으로 구분하고 있다.

환경보고서는 계획이나 프로그램의 목표와 지리적 범위를 고려한 합리적인 대안들을 포함하고 있다. 대안 설정이유는 대안을 선택할 수 있도록 하기 위함이다. 의사결정이후에, 어떤 대안을 고려하여 계획 또는 프로그램을 수립하였는지를 대중에게 공개하여야 한다.

영국에서는 협의회에 환경평가서에 담을 정보의 상세도와 범위에 대해 5주안에 입장 표명을 하여야 한다.

채택된 계획이나 프로그램은 당사자들과 대중에게 공개하여야 한다. 이때에 환경고려가 어떻게 계획 또는 프로그램에 반영되었는지를 간략하게 요약서에 담고 있어야 한다. 또한 후속 조치와 모니터링의 제안이 포함되어야 한다. 더군다나, 환경 보고서와 전달된 의견, 협의의 결과가 어떻게 고려되었었는지도 설명되어야할 필요가 있다. 결과적으로, 타당한 대안을 고려하여 계획 또는 프로그램을 선택한 이유도 요약서에 언급되어야 한다.

(5) 공간 계획 전략환경평가 과정

영국 전략환경평가 규정은 유럽연합 SEA Directive의 규정을 준수해야 한다. 위에서 설명하였듯이, 공간 계획의 시행에 있어서 전략환경평가는 지속가능성 평가 가이던스에 따라 다음과 같이 5가지 단계로 구분되어 있다.

• A : 스코핑을 위해 계획의 개요와 목표를 파악하고, 베이스라인과 평가범위를 기술함

• B : 대안을 개발하고 세분화한 후 각각의 대안별 환경영향 검토하여 합리적인 대안을 식별하는 보고서 준비 과정임

• C : 초안 또는 지속성 보고서(Sustainability Appraisal Report) 작성 준비

• D : 우선순위가 높은 대안과 지속성 보고서(SA Report)에 관한 논의; 최종 지속성 보고서 작성

• E : 계획 이행에 따른 중대한 환경영향에 관한 모니터링

위의 다섯 단계는 여러 하위 단계를 포함하고, 계획 수립과정과 병행하여 시행된다. 하위단계 A(과제 A4)에 해당하는 '지속가능성 평가(SA) 프레임워크 설정'은 영국의 SEA에 있어서 특히 중요하며, 고려하여 할 이슈는 첫 번째로 환경 문제이며 그 외에도 사회, 경제 등 다양한 분야를 포함하여야 한다.

영국 공간 계획의 지속가능성 평가(SA) 목적은 지속 가능성을 강력하게 내세우기 보다는 오히려 일반적인 지속 가능성을 추진하도록 하고 있다. 즉 가이던스에서 요구되는 지속가능성 평가를 달성하기 위한 목표의 달성을 그대로 수행하기 보다는 변형된 방향을 유도한다.

박스 1은 간단한 지속가능성 평가 프레임워크의 전형적인 예를 보여준다. 몇몇의 지속 가능성 목표는 사회(5), 환경(6), 경제(12)로 구분되어 있지만, 대부분은 이들 각 분야의 조합으로 이루어진다. 예를 들면, 운송과 접근성에 관한 목적 10은 효율성(경제), 접근가능성(사회), 지속가능한 운송 수단(환경) 이 3가지 분야를 모두 포함한다. 지속 가능성(SA)에서 다루는 또 다른 주제에는 생물 다양성과 여가 공간, 건강과 범죄, 고용과 교육; 교육과 고용 및 빈곤과 같은 내용이 포함된다.

지속가능성 평가 목표는 예를 들어 레스터 시(Leicester City)의 경우 아래 그림과 같이 설정하였으며(Leicester City Council 2007), 이는 전형적인 지속가능성 평가차원에서 설정한 목표 형태라고 할 수 있다. 레스터 시가 공간계획을 수립할 때에 지속가능성 평가를 하여야 한다. 예를 들면 레스터 시의 공간계획이 "기 건설된 주택과 미래에 추진되는 주택 규모의 레스터 시의 주거 수요 충족"이라는 지속가능성 목표 달성에 관해 할 수 있는지를 평가한다.

【표 7-6】레스터 시의 지속가능성 평가 목표(Leicester City Council 2007)[34]

1. 기 건설된 주택과 미래에 추진되는 주택 규모에 의한 레스터 시의 주거 수요 충족
2. 건강 개선과 건강 불평등 해소
3. 도시의 유산 가치 인정과 문화와 여가 활동에 참여할 수 있도록 더 나은 기회 제공
4. 지역 사회의 안전 강화와 범죄 발생과 범죄로부터의 위험 저감
5. 다양성 지지, 불평등 해소, 지역 사회의 사회적 자본의 개발과 성장 지원
6. 레스터 시의 생물 다양성 수준 향상
7. 문화적, 자연적 다양성과 환경적, 고고학적 자산 관리, 강화 및 보호
8. 물, 대기 질, 토양과 홍수 위험의 최소화 등 자연자원 분야의 지속가능한 관리
9. 에너지 사용 감축을 통한 잠재적 기후 변화 영향 저감, 재생 불가능한 자원에 대한 의존성 감소, 재생 가능한 에너지 자원 개발
10. 자동차 운행을 줄이고 일자리 및 서비스에 대한 접근성 개선을 통한 기존의 교통 인프라의 효율성 제고와 이에 따른 지속가능한 교통체계 운영
11. 폐기물 발생 최소화와 폐기물의 재사용과 재활용 확대
12. 높은 수준의 고용 기회 창출과 매우 다양하고 안정적인 지역 경제 발전
13. 교육 수준 향상과 기업과 혁신 추구
14. 불이익 해소

---

34 Leicester City Council 2007

(6) 영국 전략환경평가의 장점과 단점

영국에서 시행되는 전략환경평가의 장점과 단점에 대해 여러 문헌에서 언급되었다. Fischer(2012)는 그 예로써 교통(Bing, 2011)과 공간(Fischer, 2010) 및 폐기물관리(Fischer, 2011) 분야의 계획에 대한 전략환경평가를 통해 그 성과를 소개하고 그 다음으로 대안과 티어링 분야의 경험을 요약한다. 그 외에 주민참여, 모니터링, 후속조치에 관한 성과도 논의대상이다.

① 대안의 고려 사항

전략환경평가에서 No Action 대안과 Action 대안으로 구분이 일반적으로 수립된 대안은 계획 실행 대안과 비교된다. 환경적 대안은 아무도 시도하지 않고 있다. 또한 2가지 이상의 대안이 고려되는 경우, 이것들은 개별적인 정책으로 발전되며, 예를 들어 50개의 정책이 시행된다면 100개가 넘는 대안들이 생겨난다고 할 수 있다. 그러나, 이것들은 계획 대안이 아니라 계획 요소의 대안이기 때문에 명확하게 SEA Directive의 의도에 부합하지 않는다. 또한 이러한 맥락에서 다른 대안의 영향간 상호작용은 종종 고려되지 않은 채로 남아있다. 대안의 설정이 잘 이루어지는 몇 가지 예가 있다. 대안 설정과 비교가 잘된 한 가지 예는 계획의 주된 비전인 Teignbridge 공간 계획 핵심 전략에 관한 SA/SEA이다(2005년 5월, Teignbridge 지역 의회). 이 SEA는 상당한 영향을 초래할 것으로 간주되는 개발에 초점을 맞추어 시행하였다. 최소 7500 여개의 집과 아파트, 그리고 55ha의 부지와 약 35000m2 규모의 산업과 서비스의 개발을 위한 공간에 초점을 맞추어 4가지 특정 공간에 대한 대안이 평가되었다.

② 중대한 환경영향

전반적으로 영향의 의미는 각 분야에서 불완전하게 정의되는 경향이 있다. 일반적으로 영향을 받는 지역의 가치와 잠재성 판단, 고려되는 대안의 월경성 영향 판단에 있어서 취약한 부분이 존재한다. 또한, 직접적인 영향에 대해서만 고려하고 간적접이거나 시너지 영향에 대해서는 고려하지 않는다. 그 결과, 영향의 중요성에 관한 인식의 부재로 잠재적인 영향의 완화 조치를 발전시키지 못하고 있다.

③ 티어링(Tiering)

일반적으로 티어링은 전략환경평가에서 발생하는 불확실성뿐만 아니라 서로 다른 정책, 계획, 프로그램 간의 관계에 관한 것이다. 하지만 티어링에서 다른 단계와 관련된 내용은

불충분하며,

게 이루어질 수 있고, 계획 시스템에서 다루어야 할 문제가 무엇인지 적절하게 판단되지 않은 채 평가되는 것이 문제이다. 마지막으로, 중대한 영향과 관련된 불확실성이 불분명하게 남아 있게 된다.

④ 대중의 참여

법적 요구에 따라 모든 SEA가 대중의 참여를 포함시켜야 하는 의무는 SEA 그 자체와 계획 과정이 불충분하게 설명된 채로 남아있는데 영향을 미쳤다. 이 부분에서 제시되는 의견이 해결되는 내용은 언급되지 않는다. 마지막으로, SEA의 결과가 계획에서 미치는 영향에 관한 설명은 거의 하지 않는다. 하지만, 이 지역의 문제들 중 하나가 다소 낮은 참여

율과 연관성이 있다. 이것은 SEA에서 정책, 계획 프로그램이 미칠 수 있는 영향에 대한 이해의 부족과 자주 연결된다(Fishcer 2007). 명확하고 투명한 환경 보고서는 이해를 향상시킬 수 있다. 여기에서 우리는 긴 보고서와 너무 많은 불필요한 세부 사항은 효과적인 참여를 방해 한다는 것을 알 수 있다.

⑤ 모니터링과 후속 조치

불충분한 고려로 인해 발행하는 계획의 시행에 따른 중대한 환경 영향은 관찰 되어야 한다. 그 방법으로 사용되는 것은 모니터링과 관련 방법 등이 있다. 또한 여기에서 제외된 일반적인 방법 두가지는 긍정적인 영향을 극대하지 못하는 것과 현존하는 모니터링 방식을 포함한다. 결국 계획에 대한 대중의 참여와 SEA의 영향의 연결은 실패한 것으로 보여진다.

(7) 결론

영국 전략환경평가는 실무와 이론에 있어서 오래된 역사를 가지고 있다. 1990년대 초에 공간계획에서 기인하였고, 초기에는 자발적으로 시행되어 오다 2004년 이후로 EU Directive 42/EC/2001에 따라 제정된 법률에 기초를 두면서 20년 이상 적용 되어왔다. 많은 경우, 영국의 전략환경평가는 지속가능성 평가(SA)의 일환으로 적용되고, 공간 계획에서 요구하는 사항이다. 원래 SEA는 영국 계획 시스템(임의 계획)의 특정 구성 요소에 기초를 두고 목표 주도 접근 방식을 사용하여 시행되었으며, 2004년부터 SEA Directive에 나오는 기준 주도 접근 방식이 추가되었다.

법률 및 지침들이 반복적으로 적용되고 실질적인 계획을 만드는데 영향을 미치지만, 여전히 취약한 부분이 남아있다. 그 취약점들은 다음과 같이 요약될 수 있다.

- 계획 과정과 SEA 과정의 통합이 제대로 확립 및 설명되지 못하였다.
- SEA의 대안은 종종 제대로 정의되지 못하며, 향후 실현 가능하고 현실적인 대안 설정에 더 많은 노력이 필요하다.
- 대중의 참여와 SEA가 계획에 미치는 영향은 대부분 불분명하다.
- 일반적으로 기본 데이터의 표현은 잘 이루어지는 반면, 중요도 식별과 영향 평가는 제대로 이루어지지 않는다.
- 다른 정책, 계획, 프로그램과 평가의 관계는 정교함이 부족하며, 티어링이 제대로 이루어지고 있지 않다.
- 불확실성은 거의 언급되지 않거나 설명되지 않는다.

이러한 취약점에도 불구하고 영국의 SEA는 앞으로 우리와 함께 발전시켜야 하고 널리 인정되면서 반복적으로 적용되어야 하는 것이 분명하다. 과거 40년 넘게 프로젝트 EIA의 효율성이 높아지는 것이 관찰 되어졌고(see e.g. Fischer 2009), SEA도 이와 같이 효율성이 높아질 수 있는 근거를 가지고 있다. 그러므로 향후 SEA는 반드시 발전할 것이다.

6. 독일의 전략환경평가(Rehhausen, Geissler, Köppel)[35]

(1) 개요

독일은 환경정책의 원년이라고 할 수 있는 1971년에 환경프로그램을 발표하였고 이에 따라 1974년에 환경영향평가수행 표준[36]과 1975년에 환경영향평가원칙[37]을 제정하였다.

유럽연합(EU)은 1985에 환경영향평가지침(UVP-Richtlinie)을 제정하였으며 이 지침을 토대로 독일은 환경영향평가법(Umweltverträglichkeitsprüfungsgesetz, UVPG)을 입법화하였다. 다른 유럽연합 회원국과 마찬가지로 독일도 특정 사업을 대상으로 환경영향을 평가하고 있다. 독일 환경영향평가 제도가 1990년에 도입된 후 11년이 지나서야 전략환경평가 지침이 유럽연합 차원에서(SUP-Richtlinie der Europäischen Union) 제정되었다. 이 지침은 2004년과 2005년에 독일 자국법으로 입법화하였다. 전략환경평가는 우선 2004년에 건설법전(Baugesetzbuches (BauGB))에 의해 수립된 도시계획(Bauleitplanung)에 적용되었다. 2005년에 환경영향평가법이 개정되었고 이에 따라 다른 계획과 프로그램에도 전략환경평가 제도가 도입되었다. 환경영향평가법은 환경영향평가와 전략환경평가를 포

---

35 번역: 이무춘

36 Verfahrensmuster fuer die Pruefung der Umweltvertraeglichkeit oeffentlicher Massnahmen

37 Grundsaetze fuer die Pruefung der Umweltvertraeglichkeit oeffentlicher Massnahmen des Bundes

함하고 있으며 이 법은 연방법이다. 독일 주정부 (Bundesland)는 연방 환경영향평가법을 보완하는 환경영향평가법을 자체적으로 제정할 수 있다. 주정부 환경영향평가법은 연방정부의 환경영향평가법을 기본으로 하고 있고 연방법 이상으로 강화될 수 있다.

(2) 전략환경평가 대상

전략환경평가는 계획과 프로그램을 대상으로만 운영되고 있고 정책은 그 대상에서 제외고 있다. 구체적으로 어떤 계획과 프로그램이 전략환경평가 대상인지는 환경영향평가법 14조 a-d에서 규정하고 있다. 그리고 연방법에 따라 아래와 같이 전략환경평가 대상 여부를 확인할 수 있다.

- 법규(환경영향평가법 부록 3의 No1)에 의한 전략환경평가 의무 대상 계획과 프로그램

- 유럽연합의 동식물 서식지 보호지침에 의한 전략환경평가 대상 계획과 프로그램

- 조건부 전략환경평가 대상 계획과 프로그램

- 사전평가(screening)에 의한 전략환경평가 대상 계획이나 프로그램

① 전략환경영향평가의무 대상 계획과 프로그램[38]

- 연방교통법에 따른 연방교통계획

- 항공법에 따른 공항확장 계획

---

38 자료 : 독일 환경영향평가법 부록3의 1

- 공간계획법에 따른 연방공간질서계획

- 법에 따른 해상풍력발전소 적정 입지 선정

- 공간질서법에 따른 공간질서계획

- 도시건설법에 따른 건설관리계획

- 물수지법에 따른 홍수관리계획

- 물수지법에 따른 수자원 관리대책프로그램

- 물수지법에 따른 해수관리대책 프로그램

- 에너지관리법에 따른 연방 전력 수요계획

- NABEG에 따른 고압선전문계획

② 조건부 전략환경평가 대상 계획과 프로그램

- 소음관리계획 (Lärmaktionspläne)

- 대기환경보전계획 (Luftreinhaltepläne)

- 폐기물관리 기본계획과 그 후속 계획(Abfallwirtschaftskonzepte und dessen Fortschreibung)

- 폐기물관리계획(Abfallwirtschaftspläne)

- 폐기물 발생억제프로그램(Abfallvermeidungsprogramme)

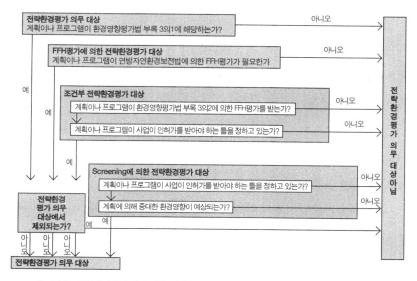

【그림 7-5】 전략환경평가 의무 대상 확인 절차

(3) 전략환경평가 절차

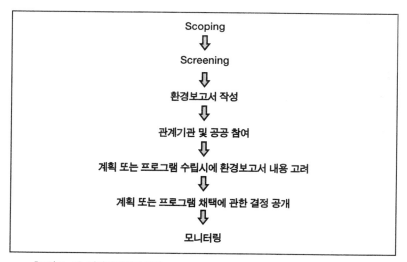

【그림 7-6】 전략환경평가 절차

① 환경영향평가법에 의한 환경보고서의 구성

- 계획 또는 프로그램의 개요와 다른 계획 및 프로그램과의 연관성

- 계획 및 프로그램과 관련된 환경목표와 이 목표를 어떻게 고려하였는가에 관한 서술

- 환경현황과 계획 또는 프로그램 미 집행 시(Nullvariante)에 예상되는 환경변화

- 지대한 환경영향을 받을 수 있는 지역의 환경 특성

- 계획 또는 프로그램과 관련하여 의미가 있는 환경문제

- 예상되는 중대한 환경영향

- 환경영향의 방지, 저감 또는 대체 대책

- 평가상의 어려운 점(예: 기술적 결함, 지식 부족)

- 대안 설정 근거와 환경평가 방법

- 모니터링 계획

(4) 전략환경평가 실무

독일에서는 2004/5년부터 전략환경평가가 시행되고 있다. 하지만 현재까지 규칙적으로 전략환경평가를 점검을 하고 있지 않기 때문에 독일 전략환경평가의 실제적 현황을 판단을 할 수 있는 종합적인 자료는 없는 상황이다.

전략환경평가제도 도입 이후 특히 건설기본계획 분야에서 많은 전략환경평가를 실시하고 하고 있다(Saad & Schneider 2006). 건설기본계획에 대한 환경평가 지침도 만들어져 있다[39](z. B. . 하지만 건설기본계획에서의 환

---

39 BStI 2007)

경평가는 진정한 전략환경평가라 할 수 없다. 환경영향평가, 전략환경평가, 자연환경보전법에 의한 자연침해규정을 통합하여 적용하고 있는데 이를 건설기본계획의 환경평가라고 한다. 그러기 때문에 건설기본계획에서의 환경평가는 전혀 전략적이지 않거나 낮은 수준의 전략적 평가라고 할 수 있으며 오히려 환경영향평가와 같은 형태라 할 수 있다.

지역개발계획 분야에는 전략환경평가를 부분적으로 시행 경험이 있고 전략환경평가 지원시스템을 갖추고 있다 (Stratmann et al. 2007, IÖR 2006, Schmidt 2006). 또한 주 차원에서 수립된 광역개발계획에 대해서도 전략환경평가를 실시하고 있다(예: Berlin-Brandenburg 주의 개발계획, Sachsen 주의 개발계획). 예를 들면2009년에 효력을 갖게 되는 동해와 북해 배타적 경제 수역을 대상으로 하는 연방공간계획에서와 같이 연방차원의 공간계획[3]에 대해 전략환경평가를 실시하였다(Lüdecke & Köppel 2010).

예를 들어 엘베강과 라인강 수계의 물관리계획 분야에는 이미 여러 차례 전략환경평가가 실시되었다(Schweer & Stratmann 2008). 교통계획분야에서는 연방차원뿐만 아니라 주와 지방자치단체 차원에서도 관련 정보가 제공되고 있다 (Balla et al. 2008, Köppel et al. 2004, Schicketanz 2009). 연방교통계획은 현재 수립 중이며 전략환경평가와 함께 2015년에 정부의 승인이 날 것이다. 브란덴부르크와 같은 주에서는 신 도로 건설계획과 지방자치단체인 브레멘에서는 근거리교통계획에 대해서 이미 전략환경평가가 실시되었다.

아주 최근에 많이 논의되고 있는 부분은 독일 전 지역(연방)에 해당하는 전력 배전망 구축에 대한 전략환경평가이다. 여기서 관심을 가질만한 부분은 얼마나 전략적으로 환경평가가 시행 될 것인지와 특히 어떤 대안을 설정하고 평가할 것인가라는 것 이다. 대안평가는 지금까지는 대부분 계획이나 프로그램을 정당화하고 긍정적인 면을 내세우기 위한 것이었다. 이때 계획 미 수립이라는 안을 평가하지 않은 상황이 수시로 발생한다. 폐기물관리계획과 오염물질 관리계획에 대해 지금까지 전략환경평가를 했는지는 알려지지 않고 있다(Weiland 2010). 새로운 대기환경보전계획이 수립되었으나 전략환경평가는 시행되지 않았던 것이다. 이는 규정을 전략환경평가를 하지 않아도 된다는 쪽으로 해석을 하였기 때문이다[40].

현재 전략환경평가 제도에 대한 체계적인 점검은 없으나 독일 전략환경평가 제도는 실재로 전략적 측면이 너무 약하다는 것을 알 수 있다. 독일 전략환경평가는 너무 자주 환경영향평가와 같은 형태로 시행되고 있다. 영국에서는 이러한 점을 반영한 전략환경평가가 이미 존재하고 있다. 여전히 전략환경평가 차원에서 대안 평가와 환경사후평가에 대한 방법론이 부족하다. 지역에서는 구체적인 관심을 갖고 있음에도 불구하고 행정기관과 계획 전문가에게는 전략적으로 환경평가를 실시하는데 힘들어 한다.

(5) 결론

독일에서는 지난 전략환경평가에 대한 종합평가는 아직까지 없고 앞으로도 없을 것으로 보여지므로 이 시점에서 독일 전략환경평가 제도에 어떤 문제가 있다고 말하기 어려운 상황이다. 또한 이미 시행된 전략환

---

40 Weiland 2010

경평가 전체를 볼 수 있는 개관과 총체적인 데이터 베이스가 없는 실정이다. 그럼에도 불구하고 몇몇 사례를 통해 추론이 가능하다. 독일의 전략환경평가는 보다 전략적으로 발전하여야 하고 환경영향평가 방식에서 벗어나야 한다. 그러기 위해서는 Stöglehner(2009)가 요구하였듯이 이에 맞는 방법이 개발되어야 한다. 독일에서는 법으로 정책(Policies)에 대한 평가를 요구하고 있지 않지만 이 중요한 분야에 대한 평가는 유감스럽게도 전무한 상태이다. 반면에 환경영향평가와 전략환경평가의 원산지이라 할 수 있는 미국과 스코틀랜드의 예를 보면 흥미가 있는 사례를 관찰할 수 있다.

또한 계획대안을 적절하게 그리고 객관적으로 설정하는 것은 필수적이고 또한 본래의 계획이나 프로그램이 더 유리한 것처럼 보이기 위해 대안을 설정하였는지를 반드시 검토하여야 한다. 전략환경평가는 정책적 의도를 정당화하기 위한 수단이 아니고 계획이나 프로그램에 대해 정보를 토대로 한 의사결정을 지원하는 역할을 한다. 정보를 토대로 한 의사결정을 하기 위해서는 계획을 수립하지 않은 노 엑션(No Action)을 포함한 적절한 대안과 이러한 대안에 의한 환경영향을 충분히 검토하여야 한다.

공공참여의 경우에는 한편으로는 주민참여 기회를 이른 시점에 제공하여 개선하여야 한다. 계획수립 초기 단계와 스코핑 단계에서 공공에게 관련 정보를 제공하여 참여 가능성을 열어 놓아야 한다. 다른 한편으로는 정부기관에 의한 공공참여는 규정을 따르기 보다는 공공을 통해 계획을 최적화하고 계획과 프로그램에 대한 이해력을 더 높이는 기회로 활용되어야 한다.

모든 것으로 종합하면 독일의 전략환경평가 제도는 앞으로 더욱 더 발전되어야 한다. 특히 에너지 전환 정책에서 전략환경평가는 의사결정을 하는데 본질적으로 기여할 것이다.

7. 네덜란드의 전략환경평가(정민정)

(1) 발전 과정 및 법적 근거

네덜란드의 환경영향평가의 근원은 미국에서부터 유래되었으며, EU의 제도 도입에 따라 처음에는 프로젝트에 대한 환경영향평가를 실시하였고 이후에는 계획에 대한 환경영향평가를 도입하였다.

네덜란드가 EU 지령을 국내법으로 전환 수정하면서 EU 지령에 예외 조항이 있음에도 불구하고 이를 활용하지 않고 각종 추가 세부 규정을 만들자, 이에 기업 등이 불이익을 당하게 되는 경우가 발생하였다. 결국 네덜란드의 환경영향평가 법제는 2010년 7월 1일 환경관리법을 개정함으로써 환경영향평가에 대한 법률을 현대화 하였다.

환경 목표를 그대로 유지하면서 논리적 상관성에 따라 보다 적합한 맞춤형 방안을 찾아내며 규정사항을 줄이고 간소화하였다. 환경영향평가의 현대화 작업의 목표는 절차와 관련된 비용의 절감에 초점이 맞추어져 있으며, 이 변화를 통해 현재는 EU 표준 기준을 벗어나는 요구 조건이 매우 적어지게 되었다.

2010년 법 개정을 통해 결정에 대한 환경영향평가(besluit-m.e.r.)와 계획에 대한 환경영향평가(plan–m.e.r.)의 (사실상의) 구분은 사라졌다. 개발사업과 계획에 대한 환경평가가 단일 법에 의하여 단일 절차와 방법으로 진행되고 있다.

네덜란드의 계획에 대한 환경영향평가(plan–m.e.r.)는 기본적으로 SEA Directive라 불리는 EU Directive 2001/42/EC을 따르며, 대상 등과 관련한 부분은 개정 이전의 최초 지령인 85/337/EC를 준용한다.

네덜란드의 계획에 대한 환경영향평가(plan–m.e.r.) 및 계획에 대한 환경영향평가(plan–m.e.r.)는 2010년부터 통합되어 하나의 과정 안에서 진행되며, 관련법 규정은 계획에 대한 환경영향평가(plan–m.e.r.)와 계획에 대한 환경영향평가(plan–m.e.r.)에 모두 동일하게 적용된다. 법적근거로는 EU Directive와 이로부터 파생되어 네덜란드 상황에 적절히 변경 적용한 환경관리법, 환경영향평가령이 있다. 이외에도 네덜란드의 일반 행정법이나 판례도 법적근거로서 효력이 있다.

(2) 평가 절차

2010년 7월 1일에 제정된 환경평가 현대화 법안(Environmental Assessment Modernisation Bill)에 따라 결정에 대한 환경영향평가(besluit-m.e.r.)/계획에 대한 환경영향평가(plan–m.e.r.)의 절차를 간소화 절차(simplified procedure)와 일반 절차(full procedure)로 구분한다.

간소화 절차(simplified procedure)는 환경적 영향이 제한적인 결정에 대한 환경영향평가(besluit-m.e.r.)에 적용되며, 간단하고 즉시 허가 가능한 절차이며, 일반 절차(full-fledged procedure)는 심도 있는 결정을 요하는 복잡한 프로젝트 및 결정에 대한 환경영향평가(besluit-m.e.r.)와 계획(plans), 프로그램(programmes), 정책(policies)을 위한 계획에 대한 환경영향평가(plan–m.e.r.)에 적용한다.

[일반 절차]
통보 → 공지 → 자문의뢰 → 자문의 범위 및 세부사항 → 환경영향평가 보고서(MER)→ 환경영향평가 보고서 공지 및 결정(DECISION)초안 신청 → 의견개진 → 네덜란드 환경영향평가위원회의 자문 → 최종 결정 → 결정 공포→평가

---

① 통보

환경영향평가 보고서가 의무적인 허가를 신청하는 신청자는 서면으로 주무기관에 보고

② 공지

주무기관(승인기관)은 결정(DECISION)이 준비 중이라는 것을 공지하며, 아래 내용을 포함한다.

• 결정을 내리기 위한 계획에 관한 문서가 언제 어디에서 열람을 위해 제시될 것인지 여부

• 이 계획에 대한 의견을 제시할 기회가 주어지고 누구에게 어떤 방법으로 어느 정도의 기간에 걸쳐 이루어지는지 여부

• 계획의 준비와 관련하여 네덜란드 환경영향평가위원회 혹은 다른

독립적인기관에 자문을 의뢰하는지 여부

• 행위가 Natura 2000 지역 혹은 생태적인 주요 틀 안에서 이루어지는지 여부

③ 자문의뢰

주무기관(승인기관)은 환경영향평가 보고서의 범위와 세부사항에 대하여 결정에 참여할 정부기관과 자문가들에게 자문을 의뢰하고, 일반 절차에 있어서 네덜란드 환경영향평가위원회에 자문을 구하는 것은 의무사항이다.

환경영향평가위원회가 자문을 하는 경우 워크그룹을 결성하고 서면으로 공개적인 자문을 한다.

④ 자문의 범위 및 세부사항

주무기관이 신청자가 아닌 경우 주무기관은 작성될 환경영향평가 보고서의 범위와 세부내역에 대한 자문을 줄 수 있다.

⑤ 환경영향평가 보고서(MER)

신청자(주무기관이 신청자가 될 수도 있음)는 환경영향평가 보고서를 법적으로 주어진 기간에 작성하도록 하고 있다.

⑥ 환경영향평가 보고서 공지 및 결정(DECISION)초안 신청

주무기관은 환경영향평가 보고서와 결정초안을 접수하고 이를 열람용으로 제시한다.

⑦ 의견개진

환경영향평가 보고서와 결정초안에 대하여 누구나 의견을 개진할 수 있으며, 기간은 6주이지만 결정을 위한 절차를 재고할 기간이 주어진다.

⑧ 네덜란드 환경영향평가위원회의 자문

네덜란드 환경영향평가위원회는 의견개진을 위해 주어지는 것과 마찬가지로 6주 이내에 자문을 하도록 하고 있다.

⑨ 최종 결정

권한 있는 기관은 최종 결정(DECISION)을 내림. 결정에는 환경영향평가 보고서에 묘사된 어떤 환경에 영향을 미치는 것들이 고려되었는지, 환경영향평가 보고서에 명시된 어떤 대안들, 그리고 어떤 개재된 의견들과 환경영향평가위원회의 어떤 자문이 고려되었는지 명시해야 한다. 또한 주무기관은 시민사회단체가 계획(PLAN)을 준비함에 있어 연관이 되었는지도 알려야 함 그리고 평가의 방법과 시기도 확정되어야 한다.

⑩ 결정 공포

결정 공포는 원칙적으로 결정이 근거한 법에 명시된 방법에 따라서 이루어지고, 이 결정은 결정에 연관된 자문가 그리고 정부기관 및 의견을 개진한 사람들 모두에게 통보된다.

⑪ 평가

주무기관은 결정의 평가 부분에 명시된 것처럼 실제적으로 나타난 환경에 대한 영향을 평가하고, 필요한 경우 환경에 대한 영향을 억제하기 위해 조치를 취하도록 하고 있다.

[간소화 절차]
통보 → 필요한 경우 범위와 세부내역에 대한 자문 → 환경영향평가서 작성
→ 환경영향평가서 공지 및 열람제시 및 결정 신청(결정초안)→ 의견개진 및
자문 → 최종 결정 → 결정의 공고 → 평가

간소화 절차는 다음과 같은 허가에 적용하며, 자연보호법에 근거한 적합한 평가가 요구되는 경우에는 일반 절차가 요구된다.

- 주변환경 변경 승인
- 광업채굴권 승인
- 토질정화 허가
- 원자력에너지 법의 적용을 받는 허가
- 수질보호 관련법의 적용을 받는 허가

① 통보

신청자는 서면으로 주무당국에 환경영향평가 보고서가 필수적인 행위(ACTIVITY)을 추진한다고 보고하고 있다.

② 필요한 경우 범위와 세부내역에 대한 자문

신청자의 요구가 있을 경우나 혹은 주무당국은 자율적으로 작성할 환경영향평가 보고서의 범위나 세부사항에 대하여 자문을 할 수 있고, 자문은 요청이 있은 후 혹은 보고가 있은 후 6주 이내에 이루어져야 한다.

주무당국이 요청을 받거나 자문하기로 결정한 경우, 주무당국은 결정에 관련된 정부기관과 자문기관에 범위와 세부내역에 대하여 자문을 구한다. 네덜란드 환경영향평가위원회에 자문을 구하는 것은 의무사항은 아니나 필요하면 가능하다. 환경영향평가위원회가 자문을 할 때는 워크그룹을 구성하며 서면으로 공개적으로 자문을 발표한다. 권한을 가진 기관의 자문에 대하여 주무기관과 신청자는 협의를 한다.

③ 환경영향평가서 작성

신청자는 환경영향평가서를 작성하며, 작성기간은 법적으로 정해지지는 않다.

④ 환경영향평가서 공지 및 열람제시 및 결정 신청 (결정초안)

권한 있는 기관은 환경영향평가서와 결정 초안에 대하여 숙지하고 이를 열람용으로 제시하도록 하고 있다.

⑤ 의견개진 및 자문

환경영향평가서 및 결정초안에 대하여 누구나 의견을 제시할 수 있으며, 기간은 6주이나 결정을 위한 절차를 취소할 수 있는 기간이 필요하다.

환경영향평가위원회는 환경영향평가서에 대하여 자율적으로 자문을 할 수 있으며 이것은 환경영향평가위원회가 초기에 정보를 얻지 못했을 경우에도 가능하다.

⑥ 최종 결정

주무기관은 최종 결정을 내린다. 결정을 내림에 있어 기관은 환경영향평가 보고서에 명시된 환경에 미칠 영향을 고려했는지, 환경영향평가

보고서에 묘사된 대안에 대하여 무엇을 숙고했는지, 그리고 환경영향평가위원회가 개진된 의견을 어떻게 다루었는지 설명하여야 한다. 또한 평가의 시기와 방법에 대하여도 확정되어야 한다.

⑦ 결정의 공고

결정은 공포되며, 결정의 공포는 원칙적으로 결정이 근거하고 있는 내려진 법에 근거한 방법으로 이루어진다. 또한 결정은 결정에 관련된 자문가, 정부기관 그리고 의견을 개진한 개인들에게도 통보하도록 하고 있다.

⑧ 평가

주무기관은 결정의 평가부분에 묘사된바와 같이 실제적으로 나타난 환경에 미친 영향을 평가한다. 필요한 경우 환경에 대한 영향을 줄이기 위해 조치를 취할 수 있다.

(3) 운영체계

① 평가 대상 판별

네덜란드의 환경영향평가령(Besluit m.e.r.)은 환경관리법 제7.2조에 근거한 것으로, 환경영향평가 대상판별 기준과 관련하여 매우 중요한 기준이 된다. 환경영향평가령은 시행령 정도의 지위를 가지며, 여기에는 의무시되는 대상과 환경영향평가 대상여부를 판단하는 기준이 명시되어 있다.

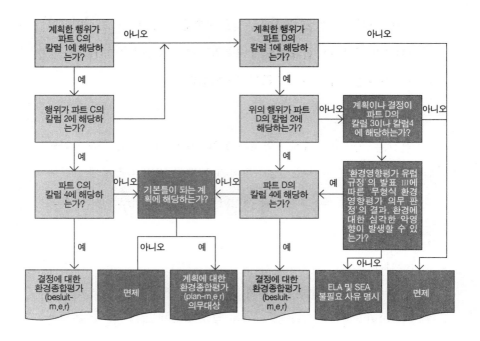

【그림 7-7】 환경영향평가 대상여부 판별 순서도[41]

② 평가 기준(항목)

대상 계획에 맞는 평가기준을 스코핑을 통해 설정한다. 예를 들어 교통부분의 평가기준은 접근성, 주차, 교통안정, 교통의 환경영향 등을 평가한다. 평가기준 항목으로는 유럽연합의 EIA지령인 2011/92/EU를 근거로 한다.

---

41 Milieueffectrapportage Handleiding

① 프로젝트의 특성
- 프로젝트의 규모
- 다른 프로젝트와 통합
- 천연자원 사용여부
- 쓰레기물질 생산
- 오염 및 방해/지장
- 사고 위험 (사용재료나 기술로 인한)
② 프로젝트의 장소
- 기존의 토지 사용
- 해당지역 자원의 재생 능력과 질 그리고 매장량
- 다음과 같은 지역의 자연의 흡수능력
a. 습지
b. 해안
c. 산간 및 숲 지역
d. 자연보호 지역 및 자연공원
e. 유럽연합 가이드라인 79/409/EEG (철새 이동경로) 및 92/43/EEG (서식지 동물)의 영향으로 각 회원국이 지정한 특별 자연보호지역
f. 유럽연합 법률로 정한 환경기준치를 넘기는 지역
g. 인구밀도가 높은 지역
h. 역사 문화 고고학적 가치가 있는 풍광

③ 잠재적 영향 특성
- 영향의 파급범위 (지형학적 지역 및 영향을 받을 주민의 규모 등)
- 영향이 기준치를 벗어나는 특성
- 영향을 받는 기간, 주기 및 재발성

③ 평가 방법

평가기준에 맞게 정량적 및 정성적 방법을 혼용하여 충분한 근거를 제시한다.

④ 자문

네덜란드 환경평가위원회는 의견개진을 위해 주어지는 것과 마찬가지로 6주이내에 자문해야 하며, 네덜란드 경영향평가위원회(NCEA)는 activity의 바람직성과 선택해야할 대안에 대하여 언급하지 않는다.

환경평가위원회의 자문은 여러 가지 방법으로 환경영향평가보고서 (MER) 절차중 환경평가위원회에 자문을 구할 수 있다. 환경평가위원회의 자문은 환경영향평가 보고서 일반 절차에서 의무적으로 수행하고, 환경평가위원회가 자율적 자문을 할 수 있다는 것은 법적으로 명시된다. 많은 반대가 예상되는 복잡한 계획(plan)이나 프로젝트에는 환경평가위원회에 자문을 구하는 것이 현명하며, 주무당국이 환경영향평가 보고서에 근거하여 프로젝트에 대한 정책결정을 할 때 환경문제를 충분하게 고려할 수 있다.

환경평가위원회의 자율적 자문의 종류는 다음과 같다

• 일반 및 간소화 절차에서 스코핑(scoping) :
• 환경영향평가 보고서의 단계별 절차에서 중간 평가
• 간소화 절차에서 결정에 대한 환경영향평가(besluit-m.e.r.)의 평가 자문
• 보완자문

- 환경영향평가 보고서의 판정에 대한 재의견(second opinion)

⑤ 의견수렴

환경영향평가 보고서 작성 및 평가 시 주민의견 수렴 절차가 있으며, 환경영향평가 보고서와 결정초안에 대하여 누구나 의견을 개진할 수 있다. 이 기간은 6주이나 결정을 위한 절차를 재고할 기간이 주어지고, 의견수렴은 시민, 기업 그리고 시민단체가 정책의 준비과정에 직접 참여하는 것으로 다음과 같은 행위가 여기에 포함된다.

- 정부가 시민에 자문
- 시민이 프로젝트에 대하여 함께 생각
- 정부가 시민들에게 계획된 결정에 대하여 의견
  (경우에 따라 환경영향평가 보고서 절차 중 법적 의무화)
- 시민이 직접 의견 제시

의견수렴 방법방법은 다음과 같다.

- 간소형태: 단순히 법이 규정하는 바에 따른 의견수렴 형태
- 일반형태: 이익단체와 함께 해결책을 찾기 위한 협의를 통한 방법 모색
  예) 작업실에서 모의실험 혹은 테이블에 모여 토의

의견수렴의 시기와 기간은 일반 환경영향평가 보고서 절차에서 초기

준비 단계, 즉 환경영향평가 보고서(MER)를 작성하기 이전에 의견을 수렴하는 절차가 이루어져야 하는 바, 시민과 단체는 의견수렴 절차를 통해 어떤 것들이 환경영향평가 보고서 안에서 조사되어져야 하는지를 제시한다. 즉, 환경영향평가 보고서가 작성된 후에는 환경영향평가 보고서 단순 및 일반 절차 모두 의견수렴 절차가 따르며, 의견 개진자는 환경영향평가 보고서에 어떤 관련 있는 정보가 누락되어 있는지 이 절차를 통해 알릴 수 있다.

초기 준비단계(scoping)를 위한 기간은 법적으로 정해지지 않으며, 주무기관이 이 단계에서 기간과 의견수렴 형태를 결정하고, 환경영향평가 보고서(MER)가 작성된 후 평가단계에서 기간은 법으로 정해져 있으며, 환경영향평가 보고서는 최소 6주 열람이 되어야 한다. 의견수렴에서 가장 중요한 것은 함께 토의한 결과가 환경영향평가 보고서에 반영되는 것, 예를 들어 의견수렴과정을 통해 나온 대안들이 환경영향평가 보고서에 반영되었는지, 혹은 환경영향평가 보고서에서 왜 다른 대안들이 미반영 되었는지 환경영향평가 보고서에 설명해야 한다.

⑥ 모니터링

의견수렴에서 논의한 결과를 반영시키며, 의견수렴과정에서 나온 대안들이 보고서에 반영되었는지, 혹은 왜 미반영 되었는지를 보고서에 설명해야 한다. 주무기관은 결정의 평가 부분에 명시된 것처럼 실제적으로 나타난 환경에 대한 영향을 평가하며, 필요한 경우 환경에 대한 영향을 억제하기 위해 조치를 취한다.

8. 국내외 전략환경영향평가의 차이점(정민정)

　　EU는 개발사업에 대한 환경영향평가 실시를 위해 관련 지령을 제정하였고, 이 지령에 따른 각 나라별 제도 시행을 위해 스코핑과 스크리닝, 검토 등에 대한 가이드를 제정하여 회원국의 환경영향평가 시행을 지원하고 있다.

　　영국과 네덜란드 모두 EU의 환경영향평가 지령에 근거하여 환경영향평가제도를 수행하고 있으나 해당 나라별 정치적 여건과 제도적 특성에 따라 운영체계는 상이하다. 영국은 환경영향평가 관련 단일법이 아닌 평가 분야별 또는 4개의 지역정부별 개별법령에 근거하여 환경영향평가를 시행하고 있다. 환경평가제도는 법(Act)보다는 주로 시행령(regulation)에 의해 상세히 규정되며, 관련 가이드가 제정되어 제도 시행을 돕고 있다고 할 수 있다. 네덜란드는 환경영향평가와 관련한 단일법령을 제정하여 시행하고 있으며 결정(사업허가결정)과 계획에 대한 평가가 동일한 절차와 방법을 따른다. 환경영향평가의 근거법인 환경관리법과 그 시행령인 환경영향평가령, 하위단계의 세부지침인 환경영향평가 매뉴얼 및 환경영향평가 가이드로 이어지는 일반적 제도적 체계를 가진다.

　　우리나라는 개발사업에 대한 지속가능성 평가제도인 환경영향평가는 환경영향평가법 단일법에 근거하여 시행되고 있어 영국과는 구분되며 네덜란드와는 유사하다. 영국처럼 지역정부별로 그리고 평가대상 분야 주체별로 관련법령을 만들어 시행하는 것은 제도 운영상 일부 혼란이 있을 수 있는 문제가 있기는 하나 환경영향평가 대상 분야의 여건과 특색을 충분히 반영하여 관련 제도를 주도적으로 발전시킬 수 있는 장점이 있다.

1) 절차와 기간

EU 지령은 환경영향평가와 관련한 평가절차에서 스크리닝과 환경정보 제출, 관련기관과 이익단체, 주민과의 협의, 개발행위 동의 결정 전 환경정보의 고려, 결정의 공표는 의무화토록 하고 있다. 스코핑은 의무절차는 아니나 개발사업자가 요청시 시행토록 하고 있어 사실상의 필수절차라 할 수 있다.

우리나라의 경우 평가대상 여부를 결정하는 스크리닝 단계가 없이 일정 요건을 충족시키면 무조건 시행토록 하고 있으며, 스코핑과 관련하여 우리나라는 의무화하고 있으나 해외 대상 사례국은 개발사업자의 의지에 따라 선택적으로 적용해 시행할 수 있도록 하고 있다. 이는 개발사업자가 평가서 작성에 따른 모든 책임을 지게 되므로 개발사업자의 판단과 이익을 존중하는 취지라 할 수 있다.

2) 평가 대상

EU는 환경영향평가대상을 필수대상과 선택적 대상으로 구분하고, 선택적 대상에 대해서는 스크리닝을 통해 시행여부를 결정토록 하고 있다. 필수 평가대상은 총 23개의 사업 목록별로 세부 평가대상을 제시하고, 해당 사업의 변경 또는 확장이 해당 규정에 충족되는 경우도 받도록 규정하고 있다. 선택적 평가대상은 총 12개 사업 분야별로 구분하여 이에 따른 세부 사업을 제시하고 있으나 구체적 최소기준은 제시하지 않고 회원국들이 각각의 상황에 따라 적용하도록 하고 있다.

우리나라와 영국, 네덜란드의 평가대상을 분석해 보면 가장 큰 차이점은 스크리닝 제도에 있으며, 획일적 규모를 정해놓고 해당 사업의 환경영향평가 여부를 결정하는 것보다 필수대상과 선택대상으로 구분하고 선택대상은 스크리닝을 통해 환경에 심각한 영향을 미치는 경우만 환경영향평가를 실시토록 하는 제도는 환경적 영향이 미약한 것을 제외할 수 있으므로 효율적 제도 운영을 가능하게 할 것이다. 다만 환경에 심각한 영향을 미치는 정도를 판정하는 절차 및 방법이 얼마나 객관성을 확보하면서 개발자가 수용가능한가에 대한 합의가 중요하다.

환경영향평가 최소규모를 스크리닝 제도 실시 등 국가간 제도 여건과 각종현황 등에 대한 고려 없이 직접 비교하는 것은 한계가 있다.

3) 평가 기준(항목)

영국의 경우, 환경영향평가 기준은 환경성을 평가하기 위한 항목으로 구성된다. 대상 항목은 인구, 동식물, 토양, 수자원, 대기 및 기후, 역사 및 문화유적, 경관, 기타 사항 등이다.

우리나라는 대기, 물, 토지, 자연생태, 생활, 사회·경제환경 등 6대 분야 21개 평가항목별을 대상으로 각종 법적 기준 등을 적용해 평가 시행한다.

- 대기환경 : 기상, 대기질, 악취, 온실가스
- 물환경 : 수질(지표·지하), 수리·수문, 해양환경
- 토지환경 : 토지이용, 토양, 지형·지질
- 자연생태환경 : 동식물상 자연환경자산
- 생활환경 : 친환경적 자연순환, 소음·진동, 위락, 경관, 위생·공중보건, 전파장애, 일조침해
- 사회·경제환경: 인구, 주거, 산업 등

4) 평가 기법

EU 지령과 가이드에는 특별한 방법론이 제시되지는 않으나 평가대상별 적절한 평가방법을 사용하는 것을 제시한다. 우리의 경우도, 개발사업에 대한 환경영향평가는 모델링, 지표 등 정량적 기법이 많이 적용되고 있어 큰 차이를 보이지 않는다.

5) 평가 주체

EU 지령에서는 평가 관련 주체에 대한 구체적인 언급은 없다. 다만 환경영향평가서 검토 시 이해단체 및 관련 주민의 의견 수렴을 하도록 하고 있다.

우리나라의 경우 개발행위 허가권자와 환경영향평가 검토권자가 분리되어 환경영향평가의 독립성을 확보하고자 노력하고 있지만 개발행위 허가권자와 환경영향평가 담당기관이 이원화되어 있어 개발행위 허

가권자가 환경 부작용의 저감 및 완화, 회피 등에 대한 적극적 노력에 대해 소극적일 수 있고, 환경영향평가 주관기관은 개발계획에 대한 충분한 이해가 동반되지 않으면 환경영향평가가 실현가능성이 낮은 대안이나 과도한 환경저감 조치 등을 요구한다는 비판을 받을 수 있다.

미스터 Q[42]

1. 미국의 전략환경영향평가 제도에 대해 서술하시오.

2. 캐나다의 전략환경영향평가 제도에 대해 서술하시오.

3. 유럽연합 전략환경영향평가 지침의 주요내용에 대해 서술하시오.

4. 유럽연합 전략환경영향평가 지침에 의한 전략환경영향평가 절차에 대해 서술하시오.

5. 유럽연합 전략환경영향평가 지침에 의해 수립되는 전략환경영향평가 보고서의 내용에 대해 서술하시오.

6. 영국의 전략환경영향평가 제도에 대해 서술하시오.

7. 독일의 전략환경영향평가 제도에 대해 서술하시오.

8. 독일의 전략환경평가 의무 대상 확인 절차에 대해 서술하시오.

9. 네덜란드의 전략환경평가 의무 대상 확인 절차에 대해 서술하시오.

10. Tiering에 대해 서술하시오.

11. 국내외 전략환경영향평가의 차이점에 대해 논하시오.

---

42 매사에 묻고, 따지고, 사안의 본질에 대하여 끊임없이 질문하는 Mister Q

제8장

전략환경영향평가 이해관계자와
절차 및 방법

학습목표

전략환경영향평가 제도는 복잡한 시스템이다. 이를 전체적으로 읽고
체계적으로 접근하기 위해서는 아래 그림 8−1과 같이 3차원으로 구분
하는 것이 바람직하다:

- 절차적 차원(procedural dimension)
- 조직적 차원(organized dimension)
- 내용적 차원(content dimension)

절차적 차원(procedural dimension)은 전략환경영향평가를 진행함에
있어 어떤 순서대로 하는가, 즉 절차를 의미한다. 조직적 차원(organized
dimension)은 전략환경영향평가 제도 시행에 있어서 어떤 이해관계자들
이(행정기관, 전략환경영향평가서 작성 대행자, 이해관계자 등) 각자의 역할을

부여 받아 어떻게 관여하는지 하는 것이며, 환경평가 방법 등에 따라 구체적으로는 평가준비서와 평가서 초안 및 평가서 작성방법을 다루는 내용적 차원(content dimension)이 있다.

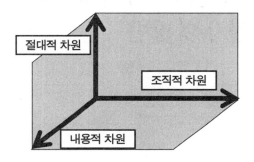

【그림 8-1】 전략환경영향평가 제도의 3차원

1. 전략환경영향평가의 이해관계자

조직적 차원에서는 전략환경영향평가와 관련하여 누가 참여하며 이들 간의 관계는 어떤지를 다룬다. 아래와 같이 여러 기관과 관계자들이 참여하는데 주가 되는 기관은 행정계획을 수립하는 기관과 전략환경영향평가서에 대해 협의를 해주는 협의기관이다. 그 외에 이해당사자와 검토기관 및 전략환경영향평가 대행업자 등이 참여한다(표 8-1과 그림 8-2). 이들 참여자는 절차적 단계에 따라 그 역할이 구분된다.

【표 8-1】전략환경영향평가제도 이해관계자의 역할

참여자	주요 역할
승인기관의 장/계획 수립기관	- 환경영향평가업자에게 전략환경영향평가서 작성 대행 의뢰 - 전략환경영향평가 준비서 작성 - 환경영향평가협의회 구성 및 운영 - 전략환경영향평가 항목 등의 결정 및 공개- 심의 요청 - 개발기본계획의 경우에 전략환경영향평가서 초안 작성 - 개발기본계획의 경우에 전략환경영향평가 초안에 대한 주민 의견 수렴 - 전략환경영향평가서 작성 - 설명회와 필요시 공청회 개최 - 협의 내용 이행
관계 행정기관 환경영향평가협의회	- 전략환경영향평가 준비서에 대한 심의 및 의견제시
협의기관 (환경부)	- 환경영향평가협의회 구성 및 운영 - 환경부장관은 주민의견수렴 절차 등의 이행여부 및 평가서내용을 검토 - 필요시 전략환경영향평가서 보완 요청
검토기관 (한국환경정책·평가연구원 또는 관계 전문가)	- 전략환경영향평가서 검토
지역주민 등	- 주민, 관계전문가, 환경단체, 민간단체 등 - 전략환경영향평가서 초안에 대한 열람 및 의견 제출 - 설명회 참여 및 의견 개진 - 해당 계획의 수립으로 예상되는 환경영향, 환경보전방안 및 공청회 개최 요구
환경영향평가업자	- 전략환경영향평가 준비서, 전략환경영향평가서(초안) 작성 대행

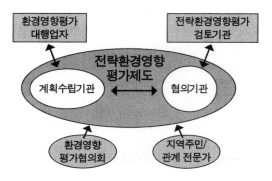

【그림 8-2】 조직적 차원의 관계자

① 전략환경영향평가 대상계획을 수립하는 행정기관의 장

행정기관의 장은 자신들이 수립하는 행정계획이 환경에 어떤 악 영향을 미치게 되는지에 대해 주도적으로 조사하여야 하며 전략환경영향평가서의 작성주체가 된다[1].

작성주체는 행정계획을 수립하는 중앙행정기관의 장 또는 소속기관의 장, 시·도지사, 시장·군수·자치구의 구청장이며[2], 작성된 전략환경영향평가서를 토대로 환경부에 협의를 요청하는 역할을 한다[3].

행정기관의 장은 행정계획에 대한 전략환경영향평가 협의 완료 후 그 협의내용을 준수하여 해당 계획으로 인해 나타날 수 있는 환경영향을 최소화할 수 있도록 노력하여야 하고 협의내용의 이행주체로서 사업진행으로 인한 환경문제 발생에 대해 일차적인 책임을 가진다.

---

1 환경부, 2015, 전략환경영향평가 업무매뉴얼
2 환경부, 2015, 전략환경영향평가 업무매뉴얼
3 환경영향평가법 제16조

② 협의기관

행정계획을 수립하는 행정기관으로부터 협의를 요청 받은 협의기관은 전략환경영향평가서를 검토하고 이에 대한 협의 내용을 통보한다. 행정계획을 수립하는 주관행정(계획수립 또는 승인)기관의 장이 중앙행정기관의 장인 경우는 환경부장관이 협의기관이고, 행정계획을 수립하는 기관의 장, 시·도지사 또는 시장·군수·구청장인 경우에는 지방환경관서의 장이 협의기관이다. 이러한 협의권자는 협의내용 이행여부 관리에 대해 2차적인 책임을 가지고 있다.

③ 환경영향평가 협의회

환경부장관, 계획 수립기관의 장은 환경영향평가협의회를 구성하여야 하는데 이 협의회는 협의기관의 장이 지명하는 소속 공무원, 계획 수립기관의 장 또는 승인기관장등이 지명하는 소속 공무원, 환경영향평가 등과 관련한 학식과 경험이 풍부한 민간전문가, 해당 계획 지역 관할 지방자치단체에 거주하는 주민대표 등 10명 내외로 구성된다. 이 협의회의 역할은 아래의 사항을 심의하는 데 있다[4].

- 평가 항목·범위 등의 결정에 관한 사항
- 약식절차에 의한 환경영향평가 실시 여부에 관한 사항
- 의견 수렴 내용과 설명회나 공청회의 생략 여부에 관한 사항
- 협의 내용의 조정에 관한 사항

---

4 환경영향평가법 제8조와 시행령 제3조

④ 전략환경영향평가업자

기술적이고 전문적인 능력을 요하는 전략환경영향평가서의 작성을 행정기관이 직접 수행하는데에는 많은 어려움이 따르므로 환경영향평가법에서는 평가서 작성 등을 포함하여 전략환경영향평가 업무에 있어서 전문 용역기관에 대행을 위탁할 수 있도록 규정하고 있다[5].

【참조 1】 환경영향평가법 상 환경영향평가서 작성 대행자 관련 규정

환경영향평가 등을 하려는 자는 다음 각 호의 서류를 작성할 때에는 환경영향평가업자에게 그 작성을 대행하게 할 수 있다.

1. 환경영향평가 등의 평가서 초안 및 평가서
2. 사후환경영향조사서
3. 약식평가서 (환경영향평가법 제53조)

환경영향평가 대행업자는 전략환경영향평가 대행자로서 비록 독립성에 대해서는 한계가 있겠지만 적극적인 자세로 계획수립자와 초기단계에서부터 소통을 하면서 직접 관여하는 것이 필요하다. 계획이 완료되는 시점이 아니라 초기단계에서부터 계획수립의 진행에 전반적으로 참여하는 것이 바람직하다.

---

5 환경부·KEI, 2012. 8, 환경영향평가 대행체계 개선방안 마련 연구

⑤ 검토기관

협의를 요청 받은 환경부 또는 지방환경청은 주민의견 수렴 절차 등의 이행 여부 및 전략환경영향평가서의 내용에 대해 한국환경정책·평가연구원에게 검토를 의뢰한다[6].

전략환경영향평가 제도에서는 위의 관계자들 사이에 계획수립기관과 협의기관이 주축을 이루고 있다. 계획수립기관을 대신하는 환경영향평가 대행업자와 협의기관을 위해 전문성을 가지고 전략환경영향평가서를 검토하는 한국환경정책·평가연구원이 합류하여 전략환경영향평가 제도가 운영된다. 전략환경영향평가 수준을 향상시키기 위해 환경영향평가 협의회와 지역주민 및 관계전문가가 주민설명회와 공청회에 참여하여 평가제도의 지원역할을 한다. 환경영향평가 협의회는 해당계획 지역민으로 구성되어 있어 지역의 환경정보를 제공하는 역할을 한다[7].

전략환경영향평가의 절차에 따라 위의 관계자들은 그 역할이 다르다: 계획수립자는 해당 행정계획에 대한 전략환경영향평가를 수행하기 위해 환경영향평가 업자에게 전략환경영향평가를 대행하기 위해 용역을 발주하는 역할을 하고, 환경영향평가를 대행하는 환경영향평가업자는 평가준비서를 작성한다. 작성 된 평가준비서에 대해 환경영향평가 협의회는 심의한다. 심의한 내용을 토대로 환경영향평가업자는 평가서 초

---

6 환경영향평가법 17조, 시행령 제23조
7 조공장, 2013.12, 환경영향평가협의회(스코핑) 활성화 방안 연구

안을 작성하고 개발기본계획의 경우 주민 설명회와 필요시 공청회를 진행하는 역할을 하고 최종적으로 평가서를 작성한다. 작성 된 전략환경영향평가서를 토대로 협의기관은 해당 계획에 대해 협의하는 역할을 한다. 이에 협의를 위한 전략환경영향평가서 검토는 환경정책평가원에서 하고 있다.

2. 전략환경영향평가의 절차

1) 국내의 단계별 평가 절차

전략환경영향평가의 절차적 차원에서는 평가를 하는데 거쳐야 하는 순서를 다룬다. 전략환경영향평가의 절차는 아래 그림 8－3과 같이 어디 기관에서 시작하여 어떤 단계를 거쳐 끝마무리까지 평가하는 과정인데 정책계획 전략환경영향평가의 경우 총 10단계이고, 개발기본계획의 경우, 한 단계가 더 많은 총 11단계로 구성된다.

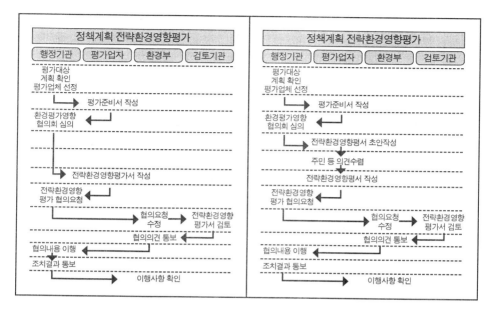

【그림 8-3】 정책계획과 개발기본계획 전략환경영향평가 절차

【참조 2】 약식전략환경영향평가

환경영향평가 개정법에 따르면 앞으로 구체적으로 입지가 정해지지 않은 연안통합관리계획, 국가기간교통망계획, 대도시권광역교통기본계획, 지하수관리기본계획, 공원녹지기본계획의 5개 정책계획 그리고 도시주거환경정비기본계획과 도시교통정비기본계획의 2개 개발기본계획에 대해서는 주민 등의 의견수렴과 환경부와의 협의절차를 동시에 진행하는데 이는 간추린 절차로써 약식전략환경영향평가를 시행하게 된다.[8]

---

8 환경부 보도자료(2016.7.27), 전략환경영향평가 대상계획 대폭 확대된다.

단계 1: 전략환경영향평가 대상 계획 확인

어떤 행정계획이 현재 전략환경영향평가를 받아야 하는가?

첫 번째 절차적 단계에서의 이러한 질문에 관한 답은 명료하다. 환경영향평가법 제9조, 시행령 제7조 별표에서 그 답을 찾을 수 있다. 행정기관이 수립하는 행정계획이 전략환경영향평가 대상 계획인지를 확인하는 방법은 환경영향평가법 시행령 제7조 2항의 별표에 전략환경영향평가 대상계획이 포함되어 있는지를 확인하는 것이다.

기본적으로 전략환경영향평가 대상 계획은 환경에 미치는 영향이 큰 계획이라 할 수 있겠다. 그러나 작은 계획이라도 환경에 미치는 영향이 클 수 있다점을 간과하여서는 안된다. 이처럼 계획은 각각의 성격이 매우 다르기 때문에 환경영향은 클 수 있고 작은 수도 있다. 이러한 점을 감안하며 각각의 계획을 개별적으로 사전평가를 통해 평가 대상여부를 확인하는 것이 바람직하다. 이러한 이유로 많은 국가에서는 screening을 통해 계획의 환경영향성을 판별하여 환경평가대상을 정한다. 그러나 우리나라에서는 매번 screening기법을 적용하기에는 번거롭고 논란의 여지가 있으므로 어느 정도 환경영향성이 큰 계획을 대상으로 목록화(Positive List Method)하여 screening 없이도 그 근거를 바탕으로 바로 환경평가대상으로 규정할 수 있게 하고 있다. 환경영향평가법 제9조 1항 및 시행령 제7조 2항에 근거하여 [별표2]에서는 전략환경영향평가 대상계획을 정하고 있다: 정책계획은 도시의 개발, 도로의 건설 등 8개 분야에서 15개 계획이 있으며, 개발기본계획은 17개 분야에서 86개 계획으로 총 101개의 계획이 전략환경영향평가 대상계획에 속한다.

정책계획과 개발기본계획은 어떤 특성을 갖고 있는가?

정책계획은 일반적으로 "개발 및 보전 등에 관한 기본방향이나 지침의 성격"을 띠고 있고 중·장기적인 계획이다. 정책계획은 일반적으로 10년 단위의 장기계획이다. 따라서 이는 미래 전망 변화 등 가변적인 성격으로 인해 불확실성이 높은 계획이라 할 수 있다. 불확실성은 내·외부적 요소에 의한 변수로 인해 계획집행이 계획대로 이행되지 않을 수도 있다는 의미이다.

일반적으로 정책계획과 상위계획은 비전을 제시하므로 계획의 내용에 있어 구체성이 낮다고 할 수 있다. 하지만 댐건설장기계획과 국가도로망종합계획의 경우에는 상세한 계획 내용이 포함되어 있어 구체성이 높다. 이런 계획은 투자계획의 성격이 높기 때문이다.

개발기본계획은 "국토의 일부 지역을 대상으로 하는 계획 중 구체적인 개발구역의 지정에 관한 계획이나 개별 법령에서 실시계획 등을 수립하기 전에 수립하도록 하는 계획으로서 실시계획 등의 기준이 되는 계획"이다.(환경부, 2014, 전략환경영향평가 업무매뉴얼, p.10).

정책계획과 개발기본계획의 구분은 계획의 위계를 반영한 것이고 이는 위에서 언급한 상·중·하에 따른 계획의 특성으로 구분하는 것과 같은 의미이다. 정책계획과 개발기본계획의 형식적인 분류보다 중요한 건 계획의 내용이다. 계획의 내용은 환경영향요인으로 작용하므로 이를 도출하여 이에 대해 전략환경영향평가를 시행하여야 한다.

단계 2: 환경영향평가업자 선정

대상계획이 확인되면 전략환경영향평가의 절차적 단계가 시작되는데 이 때 우선 행정기관은 전략환경영향평가를 대행할 수 있는 환경영향평가업자를 선정한다. 그 선정과정은 공개적이며 일반적으로 행정기관의 발주계획에서부터 시작하여 → 입찰[9] 공고(발주) → 입찰 참여(투찰) → 낙찰자 결정 → 계약체결 → 계약이행으로 절차가 이루어진다. 이에 낙찰 된 환경영향평가 대행업자는 발주청의 과업지시서[10]에 따라 전략환경영향평가 대행 업무를 시행한다.

그 시행 시점은 언제인가?

환경영향평가법에서는 이에 대해 별도로 규정하고 있지 않고 있다. 다만 "해당 계획을 확정하기 전에 전략환경영향평가서를 작성하여 환경부장관에게 협의를 요청하여야 한다"라고 규정하고 있다. "해당 계획의 확정 전"은 계획이 거의 마무리 되가는 확정하기 바로 전 시점이 될 수 있고 계획수립 초기 시점이 될 수 있다. 전략환경영향평가는 '환경보전방

---

9 입찰이란 경쟁계약을 체결함에 앞서 계약의 상대자가 될 것을 희망하는 자가 계약의 내용에 관하여 다수인과 경쟁을 통해 일정한 내용을 표시하는 행위를 말함.
　http://www.hkbid.co.kr/popup/bidhelpA_01.php(2016.5.6). 입찰정보의 모든 것은 한국입찰 홈피 (http://www.hkbid.co.kr/)를 통해 알수 있다.

10 "발주청 일방·우월적 지위에서 상호 동등한 입장으로 바꾸는 글로벌화"에 따라 과업지시서에 "발주청의 의견에 따른다" 또는 "예산범위 안에서 업무범위를 조정할 수 있다"라는 문구가 사라진다. 이러한 문구들은 발주청에서 우월적 지위를 앞세워 추가로 과업지시를 할 수 있는 근거로 악용할 수 있기 때문이다.(국토교통부 보도자료 2012.11.01)
　http://www.mltm.go.kr/USR/NEWS/m_71/dtl.jsp?id=95071208 (검색일 2016.5.6)

안' 등을 마련하기 위해서 여러 대안을 논의하는 계획수립 초기 구상 단계에서 시행하는 것이 가장 바람직하며, 반면에 최종안이 결정되는 최종구상 단계는 가장 안 좋은 시점은 물론이고 취지에도 맞지 않는다(그림 8−4). 따라서 여러 대안에 관한 논의는 환경영향을 최소화하는 지름길이기 때문에 논리적으로 계획초기 단계, 즉 초기구상 또는 중간 구상 단계가 가장 바람직하다. 그러나 이른 시점에 전략환경영향평가를 개시하더라도 대행업자, 즉 평가자가 계획 수립과정에 관여하지 않는다면 그 취지를 살리지 못할 수도 있다.

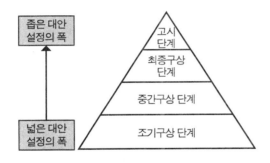

【그림 8−4】 대안 설정의 폭

단계 3: 전략환경영향평가 평가준비서 작성 단계

평가준비서는 누가 어떤 내용으로 작성하는가?

전략환경영향평가 준비서는 평가대행 업자가 작성하며, 어떤 내용을 담아야 하는지는 법규에서 규정하고 있다. 평가준비서는 정책계획과 개발기본계획에 따라 차이가 있다(그림 8−5). 후자는 주민 등의 의견 수렴을 하여야 하므로 의견수렴방안에 관한 내용이 추가된다.

평가준비서 작성은 평가서(초안) 작성의 효율성을 제고하고, 평가서(초안)의 방향과 질을 결정하는 중요한 과정이다. 이를 전략환경영향평가의 스코핑(Scoping)이라고 한다. 평가준비서는 향후 평가서(초안) 작성에 필요한 평가항목과 범위 및 방법을 제시하므로 평가서(초안) 작성의 기본이 되며 평가서(초안)의 질을 결정짓는 중요한 문서라고 할 수 있다. 이렇듯 중요한 의미를 갖고 있는 문서이기 때문에 평가업자가 작성한 준비서는 환경영향평가협의회의 심의를 받아야 한다(법 제8조). 평가준비서의 내용은 그림 8−5와 같다[11].

스코핑은 어떻게 하면 전략환경영향평가 대상계획의 특성에 맞춰 수준 높은 양질의 평가서를 작성 할 수 있는가에 초점이 맞추어져 있다. 양질의 평가서란 불필요한 부분은 제외하고 해당 계획과 관련하여 평가의 범위 및 방법을 설정하여 환경영향을 최소화하는 평가의 효과성을 보장하는 것이다. 협의회의 심의를 거쳐 평가의 범위 및 방법이 확정되고 평가준비서가 작성되면 비로소 다음 단계로 넘어가게 된다. 정책계획의 경우 평가서, 개발기본계획의 경우 평가서 초안 그리고 평가서를 작성한다. 따라서 평가준비서는 평가과정에서 가장 먼저 작성하는 문서이다.

---

11 환경영향평가법 시행규칙 제2조, 환경부고시 제2013-171호, 환경영향평가서등 작성 등에 관한 규정, 제26조).

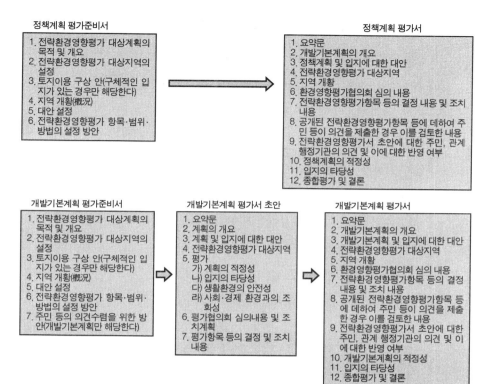

정책계획 평가준비서

1. 전략환경영향평가 대상계획의
   목적 및 개요
2. 전략환경영향평가 대상지역의
   설정
3. 토지이용 구상 안(구체적인 입
   지가 있는 경우만 해당한다)
4. 지역 개황(槪況)
5. 대안 설정
6. 전략환경영향평가 항목·범위·
   방법의 설정 방안

정책계획 평가서

1. 요약문
2. 개발기본계획의 개요
3. 정책계획 및 입지에 대한 대안
4. 전략환경영향평가 대상지역
5. 지역 개황
6. 환경영향평가협의회 심의 내용
7. 전략환경영향평가항목 등의 결정 내용 및 조치
   내용
8. 공개된 전략환경영향평가항목 등에 데하여 주
   민 등이 의견을 제출한 경우 이를 검토한 내용
9. 전략환경영향평가서 초안에 대한 주민, 관계
   행정기관의 의견 및 이에 대한 반영 여부
10. 정책계획의 적정성
11. 입지의 타당성
12. 종합평가 및 결론

개발기본계획 평가준비서

1. 전략환경영향평가 대상계획의
   목적 및 개요
2. 전략환경영향평가 대상지역의
   설정
3. 토지이용 구상 안(구체적인 입
   지가 있는 경우만 해당한다)
4. 지역 개황(槪況)
5. 대안 설정
6. 전략환경영향평가 항목·범위·
   방법의 설정 방안
7. 주민 등의 의견수렴을 위한 방
   안(개발기본계획만 해당한다)

개발기본계획 평가서 초안

1. 요약문
2. 계획의 개요
3. 계획 및 입지에 대한 대안
4. 전략환경영향평가 대상지역
5. 평가
   가) 계획의 적정성
   나) 입지의 타당성
   다) 생활환경의 안전성
   라) 사회·경제 환경과의 조
       화성
6. 평가협의회 심의내용 및 조
   치계획
7. 평가항목 등의 결정 및 조치
   내용

개발기본계획 평가서

1. 요약문
2. 개발기본계획의 개요
3. 개발기본계획 및 입지에 대한 대안
4. 전략환경영향평가 대상지역
5. 지역 개황
6. 환경영향평가협의회 심의 내용
7. 전략환경영향평가항목 등의 결정
   내용 및 조치 내용
8. 공개된 전략환경영향평가항목 등
   에 데하여 주민 등이 의견을 제출
   한 경우 이를 검토한 내용
9. 전략환경영향평가서 초안에 대한
   주민, 관계 행정기관의 의견 및 이
   에 대한 반영 여부
10. 개발기본계획의 적정성
11. 입지의 타당성
12. 종합평가 및 결론

【그림 8-5】 정책계획과 개발기본계획으로 구분되는 평가준비서와 평가서 초안 및 평가서

단계 4: 환경영향평가협의회의 심의

환경영향평가 협의회는 누가 구성하고, 어떤 역할을 하며 심의내용
은 무엇인가?

환경영향평가 협의회의 구성 주체는, 즉 행정계획을 수립하는 기관

의 장이 구성하고 환경영향평가분야에 관한 학식과 경험이 풍부한 자로 구성하되, 주민대표, 시민단체 등 민간전문가가 포함되도록 하여야 한다. 이처럼 환경영향평가 협의회에서 폭넓게 참여기회를 제공하는 것은 바람직하며 IAIA의 전략환경평가 기준에도 부합된다. 환경영향평가협의회 구성 및 운영지침(2013)에 따르면 협의회의 역할은 평가서 초안을 작성하기 전에 고려할 대안의 종류, 중점 검토항목, 항목별 세부 내용 및 검토 방법 등을 심의하여 결정하는데 있다[12].

계획수립기관은 전략환경영향평가협의회의 심의를 거쳐 아래의 사항을 결정하여야 한다[13].

- 전략환경영향평가 대상지역
- 토지이용구상안
- 대안
- 평가 항목·범위·방법 등

대부분 자문가로 구성 된 협의회는 전문적 의견을 제시하는 자문역할을 하고 있음에도 불구하고 환경영향평가법은 위의 사항을 심의하고 결정하여야 한다고 되어 있다. 하지만 이러한 결정은 협의회보다는 행정기관이 하는 것이 적절하다고 지적하고 있다[14].

---

12 환경부, 2013.1.1, 환경영향평가협의회 구성 및 운영지침
13 환경영향평가법 제11조
14 조공장, 2013, 환경영향평가협의회(스코핑) 활성화 방안 연구

전략환경영향평가서 초안은 개발기본계획의 경우에만 작성한다. 따라서 정책계획에는 이 단계가 포함되지 않는다. 전략환경영향평가서 초안은 누가 어떤 내용으로 작성하는가?

전략환경영향평가협의회의 심의를 거쳐 결정된 사항을 토대로 전략환경영향평가서 초안은 환경영향평가 대행업자에 의해 작성된다. 이 초안은 전략환경영향평가 대상계획 중 개발기본계획의 경우에만 작성한다. 초안 작성은 주민의 의견 수렴 등을 위한 하나의 절차라 할 수 있다. 해당 계획과 관련 된 주민 등의 의견수렴용으로 전략환경영향평가서 초안을 작성하고 공람한다. 그림 8－5는 평가서 초안의 내용을 보여준다[15].

단계 6: 주민 참여

주민참여는 개발기본계획의 경우에만 적용된다. 따라서 정책계획에는 이 단계가 포함되지 않는다. 환경영향평가제도에서 처럼 개발기본계획의 경우, 전략환경영향평가에서도 주민참여 제도를 운영하고 있다. 전략환경영향평가 절차에서 대변되기 어려운 주민 등의 이해관계인에게 그들의 의견을 제시 할 기회를 부여해 준다는 점은 유용하고, 또한 지역

---

15 환경영향평가법 시행령 제11조

실정에 밝은 주민·전문가의 참여[16]로 현지 조사의 정밀도를 제고하고 평가의 질을 향상시킬 수 있는 장점이 있다.

주민참여에 대해서는 환경영향평가 등의 기본원칙에서 명시하고 있다: 환경영향평가 등의 대상이 되는 계획 또는 사업에 대하여 충분한 정보 제공 등을 함으로써 환경영향평가 등의 과정에 주민 등이 원활하게 참여할 수 있도록 노력하여야 한다[17].

평가서 초안을 통해 주민 참여의 기회를 열어놓고 있는데 이는 IAIA에서 제시하는 좋은 전략환경평가의 기준에 부합된다고 할 수 있다. 주민 참여는 정책계획에서는 배제되고 개발기본계획 전략환경영향평가에서 만 주민참여의 가능성을 열어놓고 있다.

환경영향평가법 제13조 1항에 따라 개발기본계획의 경우 전략환경영향평가서 초안을 공고·공람하고 설명회를 개최하여 해당 평가 대상지역 주민의 의견을 들어야 한다. 주민 의견수렴을 위해 전략환경영향평가서 초안을 공고·공람하고[18] 설명회[19] 또는 필요시 공청회[20]를 개최한다. 이러한 의무화 된 주민의견 수렴 제도를 통해 해당 계획의 주민 등은 처음으로 개발계획의 내용과 이에 따른 환경영향을 접하게 된다.

하지만 주민 등의 이해관계자에게 제공(공고·공람, 공청회, 설명회 등)되는 전략환경영향평가서 초안은 내용이 방대하고 전문적이며 광범위하

---

16 환경부 보도자료: 환경영향평가 동식물상 조사, 지역주민 참여 의무화(2011. 11. 11)
17 환경영향평가법 제4조 3항
18 환경영향평가법 시행령 제13조
19 환경영향평가법 시행령 제15조
20 환경영향평가법 시행령 제16조

여 주민이 이해하는데 한계가 있다. 따라서 주민 등의 이해관계자에게 정보의 소통 강화를 위하여 이해하기 쉽게 간결하고 평이하게 평가서는 작성되어야 한다[21].

제3장에서 논한 바와 같이 주민참여는 단순하게 정보제공에 그치지 않고 주민의 입장표명의 기회를 이를 받아드릴 수 있는 쌍방향의 주민참여 형태가 바람직하다.

단계 7: 전략환경영향 평가서

전략환경영향평가서는 누가 어떤 내용으로 작성하는가?

환경영향평가 대행업자는 개발기본계획의 경우, 주민의견이 수렴된 내용을 반영하여 전략환경영향평가서를 작성하고[22], 이를 토대로 환경부장관에게 협의를 요청한다[23].

전략환경영향평가서는 환경오염과 환경훼손을 최소화하기 위하여 필요한 방안을 마련하기 위해 작성한다. 전략환경영향평가서를 통해 정책계획과 개발기본계획이 환경적으로 어떠한 영향을 미치고 있는지를 확인하고, 이를 토대로 계획의 환경성을 제고할 수 있다.

환경영향평가서등 작성 등에 관한 규정에 따라 정책계획과 개발기본계획으로 구분되는 전략환경영향평가서는 위 (그림 8-5)와 같은 구성으

---

21 환경영향평가법 제4조 4항
22 환경영향평가법 16조, 시행령 21조
23 환경영향평가법 16조

로 작성된다.(환경영향평가법 시행령 제21조, 환경영향평가서등 작성 등에 관한 규정 제23조).

아래 (그림 8-6)은 독일 전략환경영향평가서[24]의 내용을 비교한 것이다. 계획의 개요와 지역개황에 있어서 유사한 부분이 있으나 여러 부분에서 차이를 보여주고 있다. 큰 차이는 계획과 관련된 환경보전 목표에 대한 서술과 계획을 수립하지 않았을 때(No Action)에 예상되는 환경변화, 환경평가하면서 나타나는 고충 , 그리고 마지막으로 모니터링에서 발견된다.

환경영향평가법에 따른
개발기본계획
전략환경영향평가서의 내용
(환경영향평가법 시행령 제21조)

1. 요약문
2. 개발기본계획의 개요
3. 개발기본계획 및 입지에 대한 대안
4. 전략환경영향평가 대상지역
5. 지역 개황
6. 환경영향평가협의회 심의 내용
7. 전략환경영향평가항목 등의 결정 내용 및 조치 내용
8. 공개된 전략환경영향평가항목 등에 데하여 주민 등이 의견을 제출한 경우 이를 검토한 내용
9. 전략환경영향평가서 초안에 대한 주민, 관계 행정기관의 의견 및 이에 대한 반영 여부
10. 개발기본계획의 적정성
11. 입지의 타당성
12. 종합평가 및 결론
13. 부록

독일 환경영향평가법에 따른
전략환경평가의 환경보고서
(Environmental Report)의 내용

1. 계획이나 프로그램 개요(내용과 목적)와 타 계획이나 프로그램과의 관계
2. 계획이나 프로그램과 관련된 환경보전목표와 이 목표와 기타 환경 형량을 전략환경평가시에 어떤 방법으로 달성할 것인지에 대한 서술
3. 환경현황 특성과 계획 미 실시에 예상되는 환경변화에 대한 서술
4. 계획이나 프로그램과 관련된 주요 환경문제에 대한 서술
5. 예상되는 심각한 환경영향에 대한 서술
6. 계획이나 프로그램의 시행에 따른 심각한 부정적 환경영향을 방지하고 저감하며 가능한 대체를 위한 방안에 대한 서술
7. 예를 들어 기술적 문제, 부족한 지식 등 평가 내용 요약시에 발생하는 어려움에 대한 언급
8. 대안 선정 이유에 대한 간단한 서술과 어떻게 환경 평가를 하였는지에 대한 서술
9. 사후관리 대책에 대한 서술(모니터링)

【그림 8-6】 개발기본계획 전략환경영향평가서와 독일 전략환경평가서의 구성 비교

---

24 독일 환경영향평가법 제14g, 2015.12.21 (Gesetz über die Umweltverträglichkeitsprüfung, UVPG). 독일에서는 전략영향평가평가서 초안을 작성하지 않음

단계 8: 전략환경영향평가 협의 요청

전략환경영향평가서가 완성되면 협의[25]과정으로 넘어간다. 관련 계획수립기관의 장은 협의기관 인 환경부에 전략환경영향평가 협의를 요청한다.

단계 9: 전략환경영향평가 협의 요청 수렴 및 검토

행정계획 수립기관이 환경부에 전략환경영향평가 협의를 요청하면 환경부는 이 요청을 수렴하고 전략환경영향평가서에 대해 환경부는 검토의뢰를 할 수 있다. 이때 검토기관은 한국환경정책·평가연구원, 국립환경과학원, 한국환경공단 등이다.

단계 10: 략환경영향평가 협의의견 통보

---

25 행정법령상 하나의 행정권한은 하나의 행정기관이 이를 행사하는 것을 원칙으로 하고 있고 하나의 행정권한을 둘 이상의 행정기관이 행사하는 경우에는 당해 권한과 관련이 있는 다른 행정기관이 참여하거나 관여하도록 하고 있다. 하나는 행정권한의 행사에 참여 또는 관여할 필요성이 있는 모든 행정기관이 하나의 합의제기구를 구성하여 그 권한을 행사하는 방법이다. 이 경우 위원회, 협의회 등 합의제기구의 일반적인 구성·운영방식에 따르게 되므로 권한 행사의 방식 및 절차 등에 관하여 별다른 문제가 없다고 할 것이다. 다른 하나는 특정한 사항이 둘 이상의 행정기관에 관련되어 있어 행정권한을 대외적으로 최종 행사하는 주된 행정기관이 관계행정기관의 의견을 듣거나 동의를 얻기 위하여 그 권한의 행사 전에 협의를 하도록 하는 방법이다. 이 협의 법적 성격은 자문 또는 의견을 구하는 협의, 합의 또는 동의를 구하는 협의, 면허·허가 등에 상당하는 협의 등으로 크게 구분한다(류철호, 2005, 법령상 협의규정에 관한 검토, 법제 2005.5). 전략환경영향평가의 경우 동의를 구하는 협의로 이해할 수 있다.

환경부는 검토기관의 검토의견을 참고하여 협의를 요청 한 행정계획 수립기관에게 협의 의견을 통보한다.

환경부가 검토기관에게 검토를 의뢰하는 검토내용은 의견수렴의 적 정성, 내용의 충실성 등이다. 내용의 충실성에서는 환경영향평가서등 작 성 등에 관한 규정에 적합하게 작성되었는지와 환경에 미치는 불가피한 영향의 분석, 사업계획에 대한 대안 검토, 예측·분석에 따른 평가 및 저 감대책 등의 적정성 여부 등을 확인한다[26].

중점적인 검토는 아래의 경우에 필요하다고 보고 있다[27].

- 환경문제로 인한 집단민원이 발생되어 환경갈등이 있는 경우
- 생태·경관보전지역 또는 생태·자연도 1등급권역 등 환경·생태적으로 보전가치가 높은 지역에서 이미 부동의 한 계획으로서 다시 협의를 요청하거나 부동의 된 지역에서 계획을 수립하는 경우계획을 수립하는 경우
- 주변에 미치는 환경영향이 상당한 환경영향평가 대상사업으로 이어지는 행정계획의 경우

평가서 검토 후 필요한 경우 전략환경영향평가서의 보완을 요청하거나, 현장조사 실시, 자문(전문)위원회 개최, 자문(전문)위원회 심의를 거쳐

---

26 환경부, 2013.2.1, 환경영향평가서등에 관한 협의업무 처리규정 제5조(환경부예규 제477호)
27 환경부, 2013.2.1, 환경영향평가서등에 관한 협의업무 처리규정 제7조(환경부예규 제477호)

검토의견을 취합하여 평가서에 대한 협의내용을 결정·통보한다[28].

> **단계 11: 환경부의 협의의견 이행 및 조치 결과 통보**

행정계획 수립기관은 환경부의 협의의견을 이행하고 협의의견의 내용에 대해 조치하고 그 결과를 통보한다.

> **단계 12: 환경부의 협의의견 이행 사항 확인**

마지막으로 환경부는 행정계획 수립기관으로부터 통보받은 협의의견 이행 사항을 확인한다.

2) 전략환경영향평가 시행시점과 행정계획과 전략환경영향평가의 연계

전략환경영향평가 절차만큼 중요한 부분은 계획의 과정에 있어서 '언제 전략환경영향평가를 시작하고 계획과 평가의 과정이 어떻게 연계되어 있는가'하는 것이다. 환경영향평가법에 따르면 전략환경평가의 시점은 "협의하는 때, 승인 또는 심의를 요청하는 때, 계획의 확정 전"이다[29].

EU SEA 지침은 "계획 또는 프로그램 수립과 계획 채택 전 또는 법적

---

28 환경부, 2014.1, 전략환경영향평가 업무 매뉴얼
29 환경영향평가법 제7조2항

절차에서 서류 제출 전"으로 되어 있다[30]. 독일 환경영향평가법에 의하면 전략환경영향평가의 결과는 계획 또는 프로그램의 수립 또는 그 변경 과정에서 가능한 이른 시점에 고려하여야 한다[31].

행정계획과 전략환경영향평가의 관계에서 바람직한 것은 이 두 관계가 전체적인 과정에서 있어 통합의 측면에서 서로 발 맞춰가는 방식이다. 그러기 위해서는 계획안이 만들어진 후에 전략환경영향평가가 시행되는 것이 아니라 그 전, 즉 계획수립 초기가 더 적절하다. 다시 말하면 계획과 평가의 과정이 순차적이 아니고 동시에 이루어져야 한다는 것을 의미한다. 그렇게 할 때, 전략환경영향평가는 목표설정에서 문제 해결 방안에 까지 모든 계획의 과정에 효과를 낼 수 있다. 계획안이 나온 후 또는 완성단계에서 시행되는 전략환경평가는 그 결과를 계획에 반영할 수 없으므로 실효성이 없는 평가라고 할 수 있다. 대부분의 전략환경영향평가 규정은 계획 초안 또는 더 늦은 시점에 전략환경영향평가를 시행하는 것으로 되어 있으나 이러한 순차적인 방법은 전략환경영향평가를 계획과 통합하는데 효과적이지 못하다. 이미 계획의 초안이 마련되면 환경에 영향을 미칠 수 있는 의사결정을 이미 한 셈이기 때문이다. 계획 수립과정과 병행해서 시행되는 전략환경영향평가도 그 효과성에 대해서 증명되지 않고 있다. 이 경우 외부에서 계획에 대해 접근하고 있고 일부분에서

---

30 EU SEA Directive 제4조 1항; "during the preparation of a plan or programme and before its adoption or submission to the legislative procedure"

31 독일 환경영향평가법 제1조

만 계획과 연계하고 서로 지원하는 시스템이기 때문이다.

전략환경영향평가 제도의 효율성을 위해서는 평가자와 계획수립자의 역할이 있고 서로 협업할 필요가 있다. 평가결과가 계획에 어느 정도 고려되어야 하는 가에 대해선 계획수립 부처의 권한을 지나치게 침해하여 원래 계획의 목표달성에 지장을 줄 정도가 되어서는 안 되지만, 또한 전략환경영향평가를 고려하지 않고 원래 계획의도에 따라 진행되는 하나의 요식행위로 전락되어서도 안 된다. 그 적정선을 찾기 위해서는 평가자와 계획수립자간의 관계정립이 필요하고 계획수립자와 평가자간의 협업이 요구된다. 협업을 위해서는 독일의 경우와 같이 평가와 계획의 과정이 연계되어야 한다.

독일의 전략환경평가 지침은 전략환경평가를 계획의 수립과정과 연계하여 제시하고 있다. 연계 뿐 만 아니라 전략환경평가는 계획의 일환이라는 점을 확연하게 보여주고 있다. 독일의 환경영향평가법에 따르면 전략환경평가 제도는 행정계획 수립 또는 변경절차의 비독립적인 부분 (unselstaendige Verfahren[32])이라고 하는데 이는 전략환경평가가 독립적으로 시행되는 제도가 아니라 계획수립의 일부분이란 점을 강조하는 것이다. 이 부분은 우리나라 전략환경영향평가와 분명 다른 점이다. 이에 따라 전략환경평가는 아래 그림 8-7과 같이 계획수립 절차의 일부분이며

---

32 전략환경평가는 계획의 수립 또는 변경하는 행정절차의 비독립적인 부분... (Die Strategische Umweltprüfung ist ein unselbständiger Teil behördlicher Verfahren zur Aufstellung oder Änderung von Plänen und Programmen...). 독일 환경영향평가법 제2조 4항 1호

계획수립과정과 연계되어 있음을 알 수 있다. 독일 전략환경평가는 계획의 일부분이므로 계획수립절차가 필요하다. 전략환경평가의 책임은 계획수립기관에 있다.

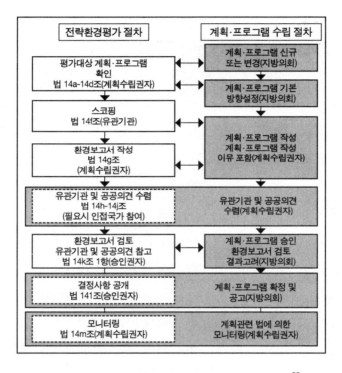

【그림 8-7】 독일 전략환경평가(SUP) 절차와 계획수립 절차의 연계[33]

33 Balla, Wulfert, Peters, 2009, Leitfaden zur Strategischen Umweltprufung (SUP), p.10, UBA Text 08/09

3. 전략환경영향평가서 작성 방법

1) 개요와 기본원칙 및 체계

(1) 개요

전략환경영향평가서는 예상되는 중대한 환경영향과 합리적인 대안에 대해 기술하고 이를 평가한 문서이다. 이 평가서는 개발계획의 경우 전략환경영향평가 평가준비서와 전략환경영향평가서 초안을 거쳐 작성된다. 정책계획의 경우 전략환경영향평가 준비서의 초안 없이 평가서가 작성된다.

평가준비서는 환경영향평가 협의회의 심의용이며, 평가서 초안은 주민 설명회 개최 전 주민 공람용으로 사용되며, 평가서는 환경부와의 협의를 위해 사용된다.[34] 전략환경영향평가서에 대한 책임은 해당 계획수립기관이다.

전략환경영향평가서는 평가서 작성 방법은 전략환경영향평가의 질을 좌우할 수 있는 핵심 부분을 차지한다. 전략환경영향평가서 작성에 앞서 평가준비서를 작성하는데 이는 평가서의 질을 좌우하고 양질의 평가서는 행정계획에 반영되어 계획의 환경성 제고가 가능해진다. 이는 계획과 평가의 과정이 부분적으로 분리되지 않고 같이 진행되는 것을 내포하고 있다. 이미 내부적으로 완성된 계획에 대해 평가한다면 이는 계획

---

[34] 독일의 경우 우리나라와는 달리 평가서 외에 계획 또는 프로그램 안이 공공참여와 관련기관과의 협의를 위해 사용된다.

의 내용을 정당화하고 평가를 했다는 요식행위에 불과할 수 있다.

(2) 기본원칙

환경영향평가법은 전략환경영향평가서 작성에 적용하는 기본원칙 3가지를 제시하고 있다[35].

① 환경보전방안 및 그 대안은 과학적으로 조사·예측된 결과를 근거로 하여 경제적·기술적으로 실행할 수 있는 범위에서 마련되어야 한다.

② 환경영향평가 등의 결과는 지역주민 및 의사결정권자가 이해할 수 있도록 간결하고 평이하게 작성되어야 한다. 전문용어의 해설 및 사진·그림·표·그래프를 충분히 활용하여 알기 쉽도록, 전문용어나 수치보다는 그림(그래프 개념도 등)을 이용하여 작성하여야 한다.

③ 환경영향평가 등은 계획 또는 사업이 특정 지역 또는 시기에 집중될 경우에는 이에 대한 누적적 영향을 고려하여 실시되어야 한다.

환경영향평가법에서 제시한 기본원칙 외에 아래의 3가지 사항이 중요하다[36].

1. 평가준비서의 주요내용은 대상계획의 시행으로 인하여 예상되는 환경오염피해, 동식물상 등 자연환경에 대한 영향 등에 관한 사항 중에서 중점적으로 평가해야 할 사항과 그렇지 않은 사항을 파악할 수 있도

---

35 환경영향평가법 제4조
36 환경부, 2011.12, 환경영향평가 스코핑 가이드라인(안)-평가항목·범위 결정 등을 위한 지침서

록 작성하여야 한다.

2. 평가준비서는 계획 또는 사업의 특성 및 지역의 환경적 특성을 반영하여 작성되어야 한다. 계획의 특성은 제5장을 참조한다. 지역의 환경적 특성은 민감도 정도를 말한다.

3. 평가준비서는 전문용어의 해설 및 사진·그림·표·그래프를 충분히 활용하여 알기 쉽도록 작성하여야 한다.

(3) 체계

전략환경영향평가 평가준비서와 전략환경영향평가서의 내용적 구성은 복잡한 양상을 띠고 있어 난해한 느낌을 주고 있다. 하지만 그 기본 내용은 계획 수립전의 환경이 환경영향요소로 작용하는 계획에 의해 영향을 받고, 그 환경영향으로 인해 환경변화가 일어나며, 마지막으로 환경변화에 대해 환경평가를 하는 단순한 편이다.

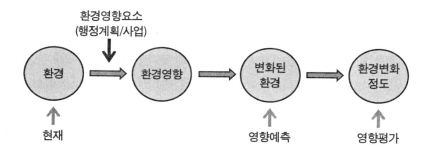

【그림 8-8】 전략환경영향평가의 기본 구조

평가서를 작성하는 데 유익한 전략환경영향평가의 기본적인 구조를 좀 더 자세히 아래와 같은 내용으로 체계화하여 평가준비서와 평가서 작성과 연계할 수 있다(그림 8-9).

- **단계 0** : 원활한 평가과정을 위해 사전 준비가 필요하다.

- **단계 1** : 스크리닝 단계에서는 행정계획의 대상여부를 확인한다.

- **단계 2** : 계획 단계에서는 환경영향요소인 계획원안의 특성을 파악한다. 이 내용은 평가준비서와 평가서의 계획에 있어 개요에 해당한다.

- **단계 3** : 대안 설정단계에서는 계획의 내용과 관련하여 대안을 설정한다. 단계 2의 대상설정은 평가준비서의 입지대안과 평가서의 정책계획 (개발기본계획) 대안 및 입지 대안에 해당한다.

- **단계 4** : 스코핑(Scoping), 즉 어떤 평가항목을 평가할 것인가와 평가범위를 어디로 할 것인가 및 어떤 방법으로 평가할 것인지에 대해 서술한다. 스코핑은 평가준비서와 평가서의 전략환경영향평가 항목·범위·방법에 해당된다.

- **단계 5** : 환경보전목표를 설정한다.

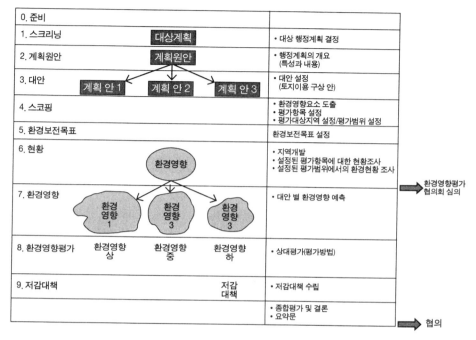

【그림 8-9】전략환경영향평가서 작성 체계도

- **단계 6** : 계획 수립 전의 환경 특성을 파악한다. 환경 특성은 평가준비서와 평가서의 지역개황에 해당한다.

- **단계 7**: 대안별로 환경에 미치는 영향을 예측한다. 환경영향예측은 평가준비서와 평가서의 전략환경영향평가 항목·범위·방법에 해당된다.

- **단계 8** : 환경영향이 어떤 환경변화를 가져왔는지를 평가한다. 환경평가는 평가서의 계획의 적정성과 입지의 타당성 및 종합평가에 해당된다.

- **단계 9** : 저감대책을 수립한다.

2) 사전 준비

(1) 내용

전략환경영향평가는 규격화된 추진절차, 서로 상반되는 이해관계자들이 참여하고, 민원발생 가능성이 있는 등 복잡한 양상을 띠고 있고 많은 시간과 비용이 소요되므로 성공리에 진행할 수 있도록 하기 위해서는 준비과정이 필요하다. 이러한 전략환경영향평가 준비단계는 사전 준비를 통해 전 평가과정에 대한 개략적인 구상을 하는 것이며, 양질의 평가를 하는데 목적이 있다. 독일 국립환경연구원(UBA)과 환경부(BMU) 공동으로 작성한 전략환경평가 지침에서도 이러한 준비과정을 권장하고 있다.[37]

첫째, 전략환경영향평가의 개념과 목적에 대해 생각하여야 한다. 전략환경영향평가는 단순하게 평가를 위한 제도라기보다 어느 대상을 평가하는 것이다. 그 대상은 법에서 정한 정책 또는 개발기본계획이다. 따라서 이러한 계획에 대한 충분한 이해가 필요하고 계획과 전략환경영향평가는 어떤 관계에 있는지를 인식하고 있어야 한다.

두 번째, 전략환경영향평가는 평가를 위한 평가제도가 아니라 평가를 통해 추구하는 바가 있는 데 그 목적은 궁극적으로 전략환경영향평가를 통해 계획의 환경성 제고를 어떻게 할 수 있는가에 있다.

세 번째는 전략환경영향평가 절차에 대해 충분히 알고 있어야 한다.

---

37 UBA/BMU, 2010, Leitfaden zur Strategischen Umweltpruefung

네 번째, 두번째와 관련하여 전략환경영향평가서와 평가준비서는 왜 따로 작성하여야 하는지, 그리고 전략환경영향평가서 초안과 전략환경 영향평가서는 어떤 차이가 있는지에 대해 이해를 하여야 한다.

다섯 번째, 계획의 특성상 전략환경영향평가 과정에서 정보와 자료 확보, 민원 등 어떤 어려움에 봉착할 수 있는지를 생각한다.

위에서 언급된 여러 분야에 대해 미리 생각하고 준비를 하여야 하는 데 예를 들어 아래와 같은 체크리스트(checklist)를 통해 보다 체계적이고 효과적으로 준비과정을 접근할 수 있다.

체크리스트(checklist)

checklist 1	행정계획은 어떤 추진과정을 통해 수립되는가?
checklist 2	행정계획의 추진과정은 언제부터 시작되었는가?
checklist 3	전략환경영향평가가 추구하는 목적은 무엇인가?
checklist 4	정책 및 개발기본계획은 어디까지 진척되어 있는가?
checklist 5	전략환경영향평가와 관련하여 어떤 기관들이 관련되어 있는가?
checklist 6	복잡한 의해관계자가 관여하는 행정계획인가?
checklist 7	민원발생이 큰 행정계획인가?
checklist 8	평가 대상계획과 관련된 정보 확보는 수월한가?
checklist 9	전국을 대상으로 하는 행정계획인가?
checklist 10	지역차원의 행정계획인가?
checklist 11	상세한 조사를 필요로 하는 행정계획인가?
checklist 12	계획의 내용 상 복잡한 양상을 띠고 있는 행정계획인가?
checklist 13	평가과정에 많은 시간을 필요로 하는 행정계획인가?
checklist 14	평가준비서 심의기간은 어느 정도인가?
checklist 15	전략환경영향평가에 소요되는 기간을 어느 정도 인가?
checklist 16	전략환경영향평가 협의는 어떻게 진행되는가?

(2) ☞힌트

정책이나 개발기본계획에 대한 전략환경영향평가의 여건, 목적, 추진 과정, 이해관계자들을 사전에 파악하고 전체 평가과정을 계획하고 작업을 시작한다. 이러한 준비작업의 목적은 추진 과정에서 발생하는 불필요한 시간과 비용 낭비를 방지하고 여러 당사자 간에 원만한 관계를 유지하고 주어진 기한 내에 정책이나 개발기본계획에 맞게 전략환경평가의 과정을 마치는데 있다.

환경영향평가의 준비 과정에 대해정해진 규정은 없다. 정책이나 개발기본계획을 수립하는 행정기관과 주민 및 협의기관(환경부)간의 중간 역할을 할 수 있는 환경영향평가업자가 조정 역할을 할 수 있다.

3) 스크리닝

(1) ★내용

우리나라는 계획의 종류를 기준으로 환경평가 대상을 환경영향평가법에서 규정하고 있다. 이러한 법령에 의한 사전결정은 계획과 지역의 특성을 고려하지 못하고 환경적 영향의 크기와 관계 없이 동일한 절차를 적용하는 방식이다[38, 39]. 전략환경영향평가를 시작하기 전에 스크리닝을 통해 행정계획이 전략환경영향평가를 받아야 하는지 아니면 안 받아도 되는지를 결정한다(그림 8－10). 이러한 선발과정을 스크리닝이라고 하며

---

38 김지영, 2010.11, 스크리닝 검토기준 및 제도 도입 방안
39 조공장, 2011.12, 스크리닝 시범실시 및 효율적 운영을 위한 연구

계획의 특성과 환경영향의 크기에 따라 전략환경영향평가 여부를 결정하는 유연한 제도이다. 스크리닝을 거쳐야 하는 계획은 법규에 따라 규정되어야 한다. 스크리닝은 전략환경영향평가 전 단계, 즉 평가를 시작하기 전에 자리 잡고 있다. 전략환경영향평가는 중대한 환경영향이 예상되는 행정계획에만 의미 있는 제도이다.

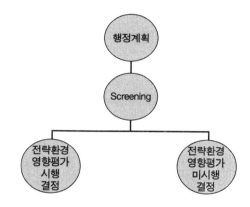

【그림 8-10】 스크리닝에 따른 전략환경영향평가 시행여부 결정

(2) ◈법적 요구사항

입법예고 된 환경영향평가법 제1조의2(전략환경영향평가 대상계획 결정 관련 절차)에 따르면 행정기관의 장은 전략환경영향평가 실시여부 결정 후, 그 결과를 30일 이내에 환경부장관에게 통보하여야 한다.(환경부 공고 제2016-616호, 2016년 7월 29일) 전략환경영향평가 실시 여부를 결정한다는 것은 스크리닝을 의미하며 기존에 없었던 제도이다.

【참조 3】 유럽연합 전략환경평가 지침(EU SEA Directive) 제2조와 3조와 부록 II에 따르면 계획이 중대한 환경영향을 유발하는지 조사되어야 한다. 예상되는 중대한 환경영향성을 확인하는 기준은 아래와 같이 두 가지 분야이다:

1. 계획과 프로그램의 특성
   - 계획·프로그램이 사업과 다른 행위에 대해 입지, 종류, 규모, 운영조건, 자원이용에 관해 어떤 조건을 내세우느냐에 대한 정도
   - 본 계획·프로그램이 위계 상에 있는 다른 계획·프로그램에 대해 어떤 조건을 내세우느냐에 대한 정도
   - 특히 지속가능발전을 위해 환경재량을 판단할 때 계획·프로그램이 어느 정도의 의미를 가지고 있느냐에 대한 정도
   - 계획·프로그램과 관련된 환경문제
   - 유럽연합의 환경법규 이행에 있어서 계획·프로그램이 가지고 있는 의미 (예: 폐기물과 하천보전 분야)

2. 중대한 환경영향이 예상되는 지역의 특성 및 중대한 환경영향의 특성
   - 환경영향 발생가능성, 환경영향의 지속기간, 환경영향 발생 빈도, 환경영향의 비가역성
   - 누적환경영향
   - 환경영향의 월경성
   - 건강과 환경에 미치는 위해성(예: 사고)
   - 환경영향의 크기와 공간적 범위(예: 예상되는 주민 피해와 지역)
   - 아래의 특징으로 인한 예상되는 영향지역의 의미와 민감도(예: 자연생태계의 특성과 문화유산)
   - 자연생태계의 특성 또는 문화유산
   - 환경기준 초과
   - 집약적인 토지이용
   - 국가, 유럽연합 또는 국제적 차원에서 보호지역으로 인정되는 지역과 경관에 미치는 환경영향

【참조4】 독일 전략환경평가 스크리닝[40]

스크리닝, 즉 개별적인 계획의 사전평가는 계획의 특성상 규칙적으로 중대한 환경영향이 발생하지 않는 특성 때문에 일부 계획과 프로그램에 국한되어 있다. 이 평가에서는 개략적으로 심각한 환경영향이 예상되는지를 판정한다. 환경영향이 예상되면 전략환경평가를 실시한다.

스크리닝 대상 계획은 환경영향평가법에 따라 아래와 같다:

- 사업과 연동된 환경영향평가법 부록 3의 2번에 해당하는 계획과 프로그램. 여기서 사업은 규모 상 환경영향평가 대상사업 기준에 미달하는 사업을 말함. 예: 대기환경보전계획에 따른 목재가공업, 이 사업은 환경영향평가법 상 평가대상 사업이 아니지만 대기환경보전법에 따라 인허가 대상사업임
- 환경영향평가법 부록 3에 해당되지 않지만 연방정부와 주정부의 환경영향평가법 상 스크리닝에 해당하는 사업과 연동된 계획과 프로그램
- 전략환경평가 의무대상 계획과 프로그램이 약간 변경되는 경우와 지구단위와 같은 작은 면적의 토지를 이용하는 경우

(3) ☞힌트

어떤 계획이 중대한 환경영향 유발하는지 판단하기 어렵다. 하지만 일반적으로 많은 개발사업이 행정계획에 내재되어 있고, 환경갈등의 여지가 많고, 다양한 이해관계자가 관여되어 있으면 중대한 환경영향의 발생가능성이 크다고 할 수 있다. 이러한 계획에 대해서는 공공이 더 관심을 가지게 되는데 이 경우 스크리닝이 절대적으로 필요하다고 할 수 있다. 스크리닝 결과, 즉 전략환경영향평가 대상 결정에 대한 신뢰도를 높이기 위해 스크

---

40 UBA, 2009, Leitfaden zur Strategischen Umweltprüfung (SUP)

리닝의 객관성과 공정성이 확보되어야 한다[41].

4) 계획원안의 특성 및 내용

(1) ★내용

행정주체 또는 그 기관이 수립하는 행정계획[42] 중 일부는 전략환경영향평가 대상이다. 행정계획은 환경에 영향을 미치는 요인으로 작용하여 전략환경영향평가 대상으로 법률에서 규정하고 있다. 지피지기 백전백승이라고 하여 적을 알아야 이길 수 있다고 했는데 유사하게 이 개념을 전략환경영향평가에 적용할 수 있다. 즉 평가의 대상인 행정계획을 잘 알면 이에 맞게 평가할 수 있다는 뜻이다.

환경영향평가법에서는 행정계획을 정책계획과 개발기본계획으로 구분하고 있는데 이 구분자체가 계획을 더 세부화한 것으로 포괄적인 행정계획보다 더 자세히 안다는 것을 의미한다. 하지만 이것으로 충분하지 않고 평가를 하기 위해서는 이에 대해 더 많은 내용을 알아야 한다. 계획은 평가의 대상이므로 평가와 관련된 계획내용에 대해 보다 자세히 알고 있어서 제대로 평가할 수 있는 조건을 갖추게 된다. 이러한 기본적인 부분을 간과하면 계획의 내용과 부합하지 않은 등 제대로 된 평가가 되지 않거나 쓸모없는 평가가 될 수 있다.

---

41 조공장, 2011.12, 스크리닝 시범실시 및 효율적 운영을 위한 연구
42 행정계획은 장래의 정책방향에 대한 단순한 구상에 그치는 비구속적 행정계획과 수범자를 구속하는 구속적 행정계획으로 구분한다.

(2) ✿법적 요구사항

환경영향평가서 등 작성 등에 관한 규정에 따르면 평가준비서에서의
계획에 대한 서술 분야는 목적과 개요이다[43]. 계획의 목적 외 계획의 목표
및 필요성 등을 기술한다. 계획의 개요에는 아래의 사항을 제시하여야
한다:

- 계획의 추진 근거 및 전략환경영향평가의 근거, 계획의 확정·결
  정·승인기관명을 제시
- 계획의 규모와 입지, 계획 기간 등에 대한 내용을 기술. 구상 단계
  에서 명확한 입지나 소요 부지의 산출이 어려운 경우에는 대략적으
  로 제시

평가서에서는 계획의 배경 및 목적을 서술한다. 평가준비서에서와
유사하게 계획의 배경과 목적 및 필요성을 기술한다. 또한 전략환경영
향평가 실시 근거와 환경영향평가 시행령 별표2의 규정에 따라 대상계
획의 범위, 평가서 제출시기 및 협의요청시기를 기재한다.

(3)☞힌트

계획의 특성을 파악하는데 도움이 되는 힌트는 다음과 같다.

전략환경영향평가 평가준비서 작성 시에 우선 계획이 추구하는 목적
과 계획에 대해 개요 형태로 서술하도록 되어 있는 데 그 이유는 무엇일

---

43 환경영향평가서 등 작성 등에 관한 규정 제6조, 환경부 고시 제2016-22호

까? 어떤 대상에 관해 평가의 과제가 주어졌을 때 그 평가 대상에 대해 정보가 미흡하다면 적절하게 평가할 수 없고 평가의 질이 떨어질 수 있기 때문이다. 평가준비서의 1. 항목인 계획의 목적과 개요에 대한 정보는 계획수립자를 통해 확보할 수 있으므로 평가자와 계획수립자간의 협업이 필요하다.

행정계획은 일반적으로 아래의 내용과 관련이 있다:

- 계획이 추구하는 목적과 목표를 정해놓고 수립한다.
- 정해진 절차에 따라 수립된다.
- 다른 계획과 연계되어 있다.
- 여러 계획의 수립단계를 거쳐 확정된다.
- 일반적으로 계획의 위계 하에 수립된다.
- 법상 계획기간이 정해져 있다.
- 정량적 또는 정성적, 또는 정량·정성적 내용의 혼합형으로 사업 계획을 추진한다.

이러한 6가지 계획의 성격과 특성은 아래 그림 8-11과 같이 이미 평가준비서 단계에서 계획에 알맞는 평가를 할 수 있는 주요 내용을 도출할 수 있는 자료를 제공하고 있다. 따라서 "전략환경영향평가 대상계획의 목적 및 개요"에 관한 더 자세한 접근이 필요하다.

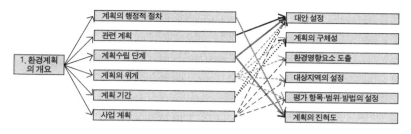

【그림 8-11】 행정계획의 개요와 평가내용의 관련성

가) 계획의 목적·목표 및 필요성

행정계획의 목적은 일반적인 사항이라면 계획의 목표는 보다 구체적이다. 설정된 목표를 달성하기 위해 사업을 추진하는 데 그 사업은 이 대안 설정과 관련이 있다. 목표달성을 위해 어떤 안, 즉 어떤 사업들이 적절한지 판단하는 하나의 근거가 될 수 있기 때문이다.

정책계획인 제3차 철도망구축계획(2016-2025년)의 예를 들면 계획의 목적과 목표는 아래 그림과 같다. 목표달성을 위한 추진과제 6개 분야이며 5개의 분야에는 철도사업이 계획되어 있다. 추진과제 분야 5를 제외하고는 고속철도 또는 일반철도사업이 계획되어 있으며 이는 환경영향요인이 될 수 있다.

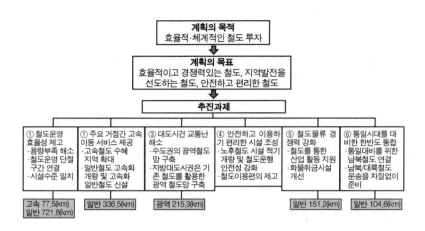

【그림 8-12】제3차 국가철도망 구축계획의 주요 내용(제3차 국가철도망 구축계획 재정리)

　　제2차 국가철도망 구축계획('11~'20)이 완료되기 전에 제3차 철도망
구축계획이 수립되었는데 이 필요성은 대내외적인 경제·사회 여건 변화
와 교통철도부문 현황 및 진단의 내용에서 도출할 수 있다. 소득수준 향
상 및 시간가치 중시에 따라 서비스의 질을 강조하고 신속성에 대한 선
호가 증가, 지역 간 통행 수요 증가, 광역권 통행량의 지속적 증가, 환경
친화적인 철도로 교통체계의 전환, 철도수송 분담률 제고와 같은 경제·
사회 여건 변화로 인해 제3차 철도망구축계획이 필요하다고 거시적으로
언급하고 있다. 구체적으로 철도와 관련된 문제점은 광역철도(수도권)는
해외 주요도시에 비해 연장이 부족하고 분담률도 낮으며, 첨단시설인 고
속철도와 건설 후 50년 이상인 철도가 병존하여 시설 및 안전수준의 차
이가 심화된 상태로 분석되었는데 이 부분이 본 철도구축계획의 필요성
이 된다.

나) 계획의 개요

계획의 개요에는 계획명, 대상 계획의 위치도, 규모, 계획수립기관, 협의기관, 계획의 추진 근거, 전략환경영향평가의 근거, 계획의 확정·결정·승인기관 명을 제시한다. 그 외에 계획의 행정적 절차, 관련계획, 계획수립 단계, 계획의 위계, 계획 기간, 사업 계획이 포함된다. 이를 통해 평가 대상 계획이 어떤 절차를 거쳐 수립되는지, 어떤 계획과 관련되어 있는지, 어느 단계에 까지 진척됐는지, 상·중·하의 위계 상 어느 위치에 있는지, 어느 기간으로 설정되어 있는지, 목표달성을 위해 어떤 사업들을 계획하고 있는지 등에 대해 개략적으로 알 수 있고 이것이 실마리가 되어 해당 행정계획에 맞는 전략환경영향평가를 작성할 수 있다.

계획 명

행정계획의 명칭을 기재하는데 계획수립기관이 정해놓은 명칭을 그대로 기재한다.

대상 계획의 위치도

대상계획은 입지가 있는 계획과 입지가 없는 계획으로 구분할 수 있다. 전자는 토지를 이용하는 개발계획(공공주택지구 지정, 철도망구축계획)의 경우로서 대상계획의 위치도를 제시할 수 있다. 유통산업발전기본계획은 후자의 경우로서 위치도 제시할 수 없다. 대상 계획이 어디에 위치하는지를 항공사진이나 지형도에 표기한다. 위치도를 통해 일차적으로 전략환경평가와 관련된 주변 여건을 개략적으로 파악할 수 있다.

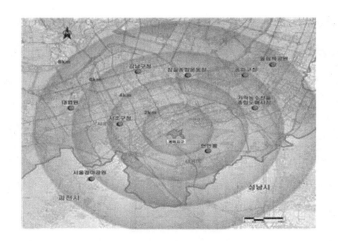

자료: 서울특별시, 2014.3, 구룡마을 도시개발사업 개발계획 수립 전략환경영향평가 항목
등의 결정내용

【그림 8-13】 구룡마을 도시개발사업 개발계획 지구 위치도

규모

대상계획의 규모는 위치도와 같이 토지를 이용하는 개발 사업을 포
함하는 행정계획에만 해당되며 이 경우 토지 규모는 계획수립기관이 제
시한 면적을 도면에 표기하고 표를 작성한다.

계획수립기관

계획수립기관은 행정계획을 수립하는 기관을 말하며 예를 들어 서울시
가 A공공주택지구를 지정하는 계획이면 서울시가 계획수립기관이 된다.

행정계획의 확정·결정·승인기관 명

행정계획을 수립하는 해당기관은 전략환경영향평가 수립자이면서

계획을 확정·결정을 한다. 따라서 계획의 승인기관은 국토교통부가 수립하는 철도망구축계획의 경우에는 국토교통부이고, 서울특별시가 A공공주택지구를 지정하면 서울특별시가 승인기관이 된다. 국토교통부와 서울특별시는 대상계획 전략환경영향평가에 대해 환경부에게 협의를 요청하는 기관이다.

협의기관

국토교통부가 수립하는 철도망구축계획의 경우, 전략환경영향평가에 대해 협의를 해 주는 기관은 환경부이며, 서울특별시가 추진하는 A공공주택지구의 경우에는 한강유역환경청이 협의기관이 된다.

행정계획의 추진 근거

행정계획의 추진 근거는 법정계획이므로 해당하는 관련법을 기재한다. 제3차 국가철도망 구축계획의 경우 추진 근거는 철도건설법이며 서울특별시의 A 공공주택지구 계획은 도시개발법이다.

전략환경영향평가의 근거

국가철도망 구축계획에 대한 전략환경영향평가의 근거는 환경영향평가법 시행령 별표 2(제7조제2항 및 제22조제2항 관련)에 명시되어 있으므로 이 조항과 해당 별표 내용을 기술한다. 전략환경영향평가의 법적 근거는 평가의 합법성을 판단할 수 있는 자료가 된다.

계획의 행정적 절차

일반적으로 행정절차는 행정절차법에 근거하여 행정의 공정성·투

명성 및 신뢰성을 확보하고 국민의 권익 보호를 위한 것이다. 정책계획
의 행정절차는 해당 행정청이 "...행정에 관한 결정을 함에 있어 요구되
는 외부와의 일련의 교섭과정..."을 말하며 행정업무수행을 위하여 사전
에 행정의 상대방과 거쳐야 할 대외적 절차이다[44]. 전략환경영향평가 업
무 매뉴얼은 계획별로 절차를 제시하고 있는데 국가철도망 구축계획의
경우 다음과 같다.

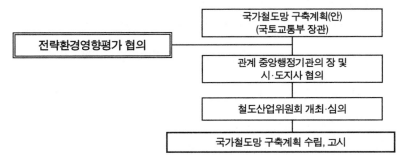

【그림 8-14】 철도망 구축계획의 행정적 절차[45]

위 그림을 통해 국가철도망 구축계획은 전략환경영향평가 협의를 위
해 환경부의 장과 본 계획과 관련된 중앙행정기관의 장 및 시도지사와 협
의를 하여야 하고, 그 이후에는 철도산업위원회의 심의를 거쳐 확정된다.

---

44 행정자치부, 2014.11, 행정절차제도 실무
45 환경부, 2015, 전략환경영향평가 업무 매뉴얼

관련계획

평가 대상 행정계획이 단일 계획이거나 타 계획과 연계되어 있는 경우가 있다. 만약에 타 계획과 관련성이 있다면 이에 대한 서술이 필요하다. 예를 들어 댐건설장기계획은 유역치수종합계획과 관련이 있다. 유역치수종합계획에 의해 홍수방지를 위해 여러 대책 중 하나로 댐건설의 필요성이 제기되었고 이는 댐건설이 댐건설장기계획에 수록되는 근거 자료가 되었다. 유역치수종합계획에 의해 확정된 댐건설 사업이 포함된 "댐건설장기계획"에 대한 전략환경영향평가에서는 댐 건설여부 보다는 입지에 대해서만 평가한다. 이 처럼 타 계획에 의해 이미 확정된 계획의 경우 사업추진 여부가 평가대상이 아니라 입지 선정에 따른 환경영향에 대해서만 평가할 수 있다.

제3차 국가철도망 구축계획의 경우 대안설정과 관련하여 직접적으로 관련된 상위 계획은 없는 것으로 보여진다.

계획의 수립 단계

계획수립단계는 일반적으로 현황조사 → 목표설정 → 다수의 안 설정 → 최종 안 선정 → 고시 → 실행으로 구분할 수 있는데 이를 통해 계획이 어느 정도 진척되고 있는지를 알 수 있다. 계획 수립 단계가 초기 단계, 즉 초안 설정 단계인지 아니면 최종 안이 확정된 단계인지가 중요하다. 초안 설정 단계라면 전략환경영향평가에 따라 필요 시 대안 변경이 가능 할 것이나 계획의 단계 상 끝마무리 단계에 와 있다면 이미 계획수립이 많이 진척되어 새로운 대안설정의 의미는 퇴색되고 계획변경에 개입하기는 어려울 것이다. 반면 초기 단계이면 계획에 반영할 수 있는 대안을 계획기관과 협업을 통해 설정하고 이를 토대로 각 대안별 환경영향을 평가할 수 있다.

이러한 점을 감안하여 국가철도망 구축계획의 시점이 어느 단계에서 전략환경영향평가를 시행하는지에 대해 서술하여야 한다. 대체적으로 국가철도망 구축계획과 같은 정책계획은 수년 간의 계획수립기간을 거치는 경향을 보이고 있다. 따라서 계획수립자는 이를 감안하여 계획 초기단계에 전략환경영향평가 시행을 지향하여야 한다.

계획의 위계

일반적으로 계획은 상중하의 위계 하에 수립되는데 이를 통해 계획이 어느 정도 구체적인 선에서 수립되는 계획인지를 파악할 수 있다. 상위계획에서는 구체성이 떨어지고 하위계획에서는 구체성이 높다. 계획의 위계는 대안의 종류와 관련이 있으므로 이를 통해 어떤 형태의 대안 설정이 가능한지 미리 예상할 수 있다. 일반적으로 계획의 위계에 맞게 대안을 설정한다. 즉 대안의 위계를 고려하여 계획의 위계에 상응하는 대안을 설정할 수 있다. 계획의 내용은 계획의 위계와 일치하지 않을 수 있다. 계획의 위계상, 중 위계에 위치한다 하여도 그 내용이 중 위계보다 구체적이면 그 위계는 중요하지 않고 계획의 내용에 따라 대안을 설정하여야 한다.

제3차 국가철도망 구축계획의 경우 아래 그림 8−15에서와 같이 관련계획 체계를 통해 그 위계를 파악할 수 있는데 그 상위계획으로 국가기간교통망 계획과 그 하위계획으로 철도건설기본계획이 수립된다. 그 다음으로 철도건설사업 기본 및 실시설계의 과정으로 이어지는 철도건설사업이 시행된다. 이러한 계획의 위계를 통해 국가철도망 구축계획은 중간정도의 위계에 위치하고 있다고 할 수 있다. 위계상으로는 중간정도의 수준인데 계획의 내용이 세부적이어서 계획의 위계와 일치하지 않는다.

【그림 8-15】 국가철도망 구축계획관련 계획 체계도

행정계획의 공간적 범위 및 시간적 범위

행정계획의 공간적 범위는 계획의 행정적 지역을 의미하며 계획의 명칭 또는 내용에 따라 그 범위는 전국이나 일부 지역이 될 수 있다. 국가철도망 구축계획과 같이 "국가"라는 이름이 붙으면 전국단위의 개념이 될 수 있다. 하지만 국가단위라고 해도 세부 사업계획에 따라 그 범위는 사업지역으로 국한될 수 있다. 예를 들어 제3차 국가철도망 구축계획에 포함되어 있는 대도시권 교통난 해소사업으로 수도권광역급행철도 등의 사업들이 있는데 이 경우 수도권이 공간적 범위가 된다. 이렇듯 공간적 범위는 전국적이면서 일부지역이 될 수 있으므로 평가준비서에 이를 기재하여야 한다. 서울특별시가 추진하는 A 공공주택지구의 경우 구룡마을이 된다.

시간적 범위는 계획의 기간을 말한다. 행정계획은 장·중·단기 계획[46]으로 구분되는데 해당 법률에 해당계획의 기간을 규정하고 있다. 하지만 장기계획의 경우 급변하는 사회경제 여건변화에 따라 수정되기 일쑤다. 예를 들어 제2차 국가철도망 구축계획의 기간은 2011~2020년이었지만 2020년이 다되기 전에 제3차 국가철도망 구축계획(2016-2025년)이 수립되었다. 서울특별시 A 공공주택지구의 경우 시간적 범위는 2012년(기준년도)에서 2016(목표년도)으로 보고 있다[47].

계획기간을 기재하여야 하는 이유는 계획 기간만큼 환경영향도 지속될 수 있다는 것을 의미한다. 또한 전략환경영향평가는 이 기간에 맞춰 한 번의 평가를 하게 된다는 점이다. 하지만 앞으로는 행정기관의 장은 5년마다 주기적으로 전략환경영향평가 시행여부를 결정할 수 있다.

정책·개발기본계획의 내용

정책·개발기본계획의 내용에 대해서는 대상계획의 특성에 대해 대강 서술하여야 한다. 사업계획의 특성은 아래의 요인에 따라 구분할 수 있다.

-대상계획의 유형

---

[46] 장기계획은 10년 이상인 계획, 중기계획은 5년 단위의 계획, 단기계획은 2-3년 단위의 계획을 말한다.

[47] 서울특별시, 2014.3, 구룡마을 도시개발사업 개발계획 수립 전략환경영향평가 항목 등의 결정내용

-사업계획의 형태 및 규모

-수자원과 토지 및 자연환경의 이용

대상계획의 유형

일반적으로 정책계획은 기본방향이나 지침 등을 일반적으로 제시하는 계획이라고 한다[48]. 이러한 일반적인 정책계획의 정의를 통해 계획의 특성을 확인하기 어려우므로 아래와 같이 3가지 형태로 대분할 수 있다.

• 발전계획: 기본방향, 제도 또는 체계 정비, 활성화, 지원 프로그램 및 콘텐츠 개발 및 확대, 자원화화, 선진화, Data 및 정보망 구축, 기반구축 및 확충, 관리방안 등을 제시하는 계획(예: 유통산업발전기본계획[49], 관광개발기본계획[50], 산지관리기본계획[51], 폐기물처리기본계획[52])

• 토지이용계획: 토지이용(도로 건설 사업, 댐 건설 사업, 철도 건설 사업)이 주된 정책계획 (도로건설·관리계획[53], 댐건설장기계획[54], 국가철도망구축계획[55])

• 혼합형 계획: 주로 발전계획의 내용을 담고 있으나 일부는 아래와 같은 사업계획을 포함한 정책계획. 마을안길·마을간 연결도로 정비, 배

---

48 환경부, 2015, 전략환경영향평가업무 매뉴얼

49 산업통상자원부 보도자료, 2014.05, 유통산업 재도약을 위한 정책방향 - 유통산업발전기본계획 ('14~'18)

50 문화체육관광부, 2011.12, 제3차 관광개발기본계획(2012-2021)

51 산림청, 제1차 산지관리기본계획 (2013~2017)

52 환경부, 2011.2, 제3차 폐기물처리기본계획 수립지침

53 도로법 제6조

54 댐건설 및 주변지역지원 등에 관한 법률 제7조

55 철도건설법 제4조

수로 정비, 교량가설 등의 농어촌 생산기반 정비 사업계획(농어촌정비계획[56]), 농업생산기반 정비 사업계획(농업생산기반 정비사업 기본계획[57]), 보양온천(保養溫泉)지역 지정(예: 온천발전종합계획), 사방시설확충[58]을 포함하는 사업계획(예: 온천발전종합계획(사방(砂防) 기본계획[59])

개발기본계획은 국토의 일부 지역을 대상으로 하는 계획 중 구체적인 개발구역의 지정에 관한 계획이나, 개별 법령에서 실시계획 등을 수립하기 전에 수립하도록 하는 계획으로서 실시계획 등의 기준이 되는 계획으로 구분된다.

사업계획의 형태 및 규모

정책·개발기본계획의 사업계획 특성은 아래 (그림 29)와 같이 4가지 점·선·면·혼합형 형태로 구분할 수 있으며 각각의 사업유형에 의해 발생할 수 있는 환경영향 범위는 유형에 따라 다르게 나타난다. 선형 사업계획의 영향지역 범위가 '3'이라면 점형 사업은 '4'이고, 면형 사업은 '12'다(그림 8-30). 따라서 면형의 사업에 의해 발생하는 환경영향 범위가 가장 넓다고 할 수 있다. 점형 또는 면형 사업에 도로가 개설되거나 면형 사업에 소각장과 같은 점형 사업이 설치된다면 혼합형이 된다. 이러한 사업의 유형 외에 고려할 요소는 도로와 같은 선형사업의 경우 차도,

---

56 농어촌정비법 제4조
57 농어촌정비법 제8조
58 사방댐 시설 2030년까지 총 24,600개소 확충
59 산림청, 사방(砂防) 기본계획(2012-2017)

제한속도, 통행차량 등이다. 그 외에 자원회수시설의 경우 소각 용량, 면 사업의 경우 토지사용의 밀도 등의 사업의 강도이며 이에 따라 각각의 사업형태의 영향범위는 축소 또는 확대될 수 있다.

사업계획의 형태에 따라 환경영향을 구분할 수 있다. 도로와 송전선로의 선형 사업은 주로 생태적으로 우수한 임야나, 전답, 하천변 등에 추진되나 때로는 도시지역에서도 건설된다. 또한 해안도로의 경우 해안가를 따라 노선이 계획되는 경우도 있다. 도심지역을 통과하는 도로도 건설된다. 긴 송전선로의 사업계획의 경우 여러 용도로 이용되는 토지에서 시행된다. 도로건설과 같은 선형사업은 생물 서식지를 단절시키고 도로 이용차량으로 인한 소음·진동, 대기오염을 발생시킨다. 송전선로가 주거지를 관통한다면 전자파에 노출될 수 있는 위험성을 안고 있고 송전탑 건설에 따른 자연생태계훼손도 동반될 수 있다.

정책·개발기본계획은 계획이 추구하는 목표를 달성하기 위해 사업계획을 구상하는데 이는 전략환경영향평가서 작성 시점에서 확정된 것이 아니고 평가의 결과에 따라 변경가능한 안(案)이다. 사업계획의 안은 계획의 내용에 따라 정성적이거나 구체적 또는 혼합형일 수 있다. 계획의 안은 단일 안이거나 다수의 안(여러 대책)이 될 수 있다. 하나의 안이 확정되면 사업으로 이어질 수 있다.

수자원과 토지 및 자연환경의 이용

사업계획에 소요되는 수자원의 양과 소요되는 토지 면적은 얼마나 되며, 자연환경을 어느 정도로 이용하여 사업계획을 수립하는지도 사업계획의 특성을 나타내는 부분이다.

사업계획의 특성에서 환경영향요소로 작용하는 것이 무엇인지를 도출하는 것이 중요하다. 대체적으로 대책들은 환경영향요소로 작용한다. 예를 들어 제3차 국가철도망 구축계획의 주요 내용에서 고속철도 또는 일반철도사업이 신규로 계획되어 있다(표8-2). 이러한 사업들은 환경영향요인이 될 수 있다. 이러한 사업들은 환경영향요인이 될 수 있다.

【표 8-2】 제3차 국가철도망 구축계획의 신규사업

제3차 국가철도망 구축계획의 신규사업
• 철도운영 효율성 제고를 위한 신규추진 사업 : 경부고속선 수색~금천구청, 중앙선 용산~망우 등 11개 사업
• 주요 거점 간 고속연결을 위한 신규추진 사업 : 고속철도 어천·지제 연결선, 남부내륙선 등 7개 사업
• 대도시권 교통난 해소를 위한 신규추진 사업: 수도권광역급행철도 송도~청량리, 의정부~금정 등 10개 사업
• 철도물류 활성화 사업을 위한 신규추진 사업 : 새만금선, 구미산단선 등 7개 사업

자료: 국토교통부, 2016, 제3차 국가철도망 구축계획 (2016-2025)

사업계획의 특성에 대해 서술을 할 때에 계획의 목적과 목표도 포함시키는 것이 바람직하다. 대책은 목적과 목표를 달성하기 위한 방법으로 대안을 설정하기 때문이다. 계획의 내용을 통해 계획의 목표달성을 위해 어떤 세부적인 대책, 즉 대안을 담고 있는지를 알 수 있다. 이 대책을 통해 사업계획이 정도 구체적인지, 환경영향요소로서 작용하는 실체가 어떤 건지, 대상지역을 어느 범위까지 설정하는 건지 그리고 마지막으로 어떻게 평가항목·범위·방법을 설정할 수 있는지에 대해 단초를 얻을 수 있다.

5) 대안 설정

(1) ★내용

대안을 설정한다는 것은 계획의 여러 안을 모색한다는 의미이다. 복수의 안은 환경보전목표를 달성하기 위한 방안들이다. 설정한 대안은 독립적이거나 독립적인 여러 안을 융합한 것일 수 있고, 또는 하나 안의 세부적인 옵션도 될 수 있다.

대안은 추세를 고려하여 설정하여야 한다. 이 추세는 환경변화가 종전처럼 계속 진행되고 계획을 시행하지 않을 경우(No Action)에 예상되는 환경 추세를 말한다. 이 추세를 근거로 어떤 대책이 필요한지를 판단할 수 있고 복수의 대안을 서로 비교할 수 있다.

유럽에서는 예를 들어 독일 환경영향평가법에 규정하고 있듯이 계획 미수립(No Action)을 대안으로 보지 않고 계획 수립전의 환경의 질이 계획 수립시와 미수립(No Action)시를 서로 비교하여 전략환경평가 보고서[60]에 서술하도록 되어 있다[61]. 즉 추세와 비교하여 어느 대안이 추세보다 좋아지는 또는 나빠지는지를 판단할 수 있다. No Action 대안은 대안과 비교하여 환경악화 여부를 판단하는 기본 자료로 활용되기 때문에 계획

---

60 전략환경영향평가서와 동일
61 UVPG(독일 환경영향평가법) 제14조g의 2항

을 수립하지 않은 대안(No Action)은 대안으로 볼 수 없다. 전략환경영향
평가 대상계획은 이미 언급하였듯이 법정계획으로 반드시 수립하여야
하는 계획이므로 계획의 미수립(No Action)을 하나의 안으로 볼 수 없는
것이다. 외국에서는 No Action을 대안으로 보지 않고 계획수립 시와 미
수립 시에 환경변화에 있어서 어떤 차이가 있는지를 확인하기 위한 방법
으로 이해하고 있다.[62] 계획 수립을 하지 않은 상태에서 환경 상황이 어떻
게 전개되는지를 파악하기 위한 것이기 때문이다.[63]

개발된 복수의 대안에 대해 어떤 환경영향을 유발하는지 조사하고
평가한다. 이 평가의 결가를 토대로 최상의 대안을 도출해낼 수 있다. 최
상의 대안을 도출하므로서 이미 근본적인 환경영향을 저감할 수 있으며
이 안에 대해 필요시 별도의 저감방안을 수립할 수 있다.

(2) ●법적 요구사항

대안은 "전략환경영향평가 대상계획의 목표와 방향, 환경적 목표와
기준, 추진전략과 방법, 수요와 공급, 위치와 시기, 입지 등 조건이 다른
여러 가지 안"이다(환경영향평가 등 작성 등에 관한 규정 제2조3항). 대안설정
의 목적은 어떻게 계획의 조건을 바꿀 것인지 알아내기 위한 것이다. 환
경보전을 위한 대안은 과학적으로 조사·예측된 결과를 근거로 하여 경
제적·기술적으로 실행할 수 있는 범위에서 마련되어야 한다[64].

---

62 Abter, K., ITA, 2009, Handbuch Strategische Umweltprüfung

63 Balla, Wulfert, Peters, 2009, Leitfaden zur Strategischen Umweltprufung (SUP), p.10, UBA
Text 08/09

64 환경영향평가법 제4조

평가준비서의 구성요소인 토지이용구상안에 따르면 "구체적인 입지가 있는 계획의 경우 대상지역의 축척 1:3,000 내지 1:25,000도에 토지이용 구상안을 제시[65]하여야 한다". 또한 평가서의 경우 대안 설정·분석의 적정성에서 "대안이 적절하게 설정되고 분석되었는지 제시한다"라고 되어 있다[66].

유럽의 경우, 독일은 환경영향평가법에서 복수의 대안을 선정한 이유와 평가방법에 대해 기술하여야 한다고 규정하고 있다.[67] 유럽연합의 전략환경평가지침(EU SEA Directive) 부록 I(h)에 따르면 합리적인 복수의 대안을 설정한 이유를 서술하여야 하고 제5조는 그 대안에 의한 환경영향을 평가하도록 규정하고 있다.

(3) ☞ 힌트

개념

대안이란 무엇인가? 하나의 계획안(案)은 어떤 목표를 달성하기 위한 방법이며 이 안을 대신하거나 바꾸는 다른 안을 말할 때 대안이라 한다. 어떤 문제를 해결하거나 목표달성을 하는 데 오직 하나만의 방법이 있는 것이 아니라 여러 가지 방식이 있는데 이를 대안이라 한다. 대안은 "어떤 목표를 달성하기 위해 선택할 수 있는 행동"[68]이므로 대안은 막연한 것

---

65 환경부, 2016, 환경영향평가서 등 작성 등에 관한 규정, 별표 3, 환경부 고시 제2016-22호
66 환경부, 2016, 환경영향평가서 등 작성 등에 관한 규정, 별표 4, 환경부 고시 제2016-22호
67 UVPG(독일 환경영향평가법) 제14조g의 2항
68 naver 지식백과 행정학 사전,
　　https://search.naver.com/search.naver?where=nexearch&query=%EB%8C%80%EC%95%88
　　&sm=top_hty&fbm=1&ie=utf8(검색일 2016.8.13)

이 아니고 계획의 목표달성을 위해 설정하는 것이다. 대안을 통해 "...환경에 미치는 영향을 저감 또는 방지..."할 수 있다[69]. 대안설정은 서로 비교할 수 있도록 둘 또는 그 이상의 안을 제시하는 것을 의미한다. 이 때 대안 설정의 조건은 한 안(원안)보다 다른 대안이 우월 또는 열등해야 한다. 이러한 조건하에 대안을 설정할 수 있다. 원안보다 다른 안, 즉 대안이 환경적으로 더 좋으면 그 안을 대안으로 설정할 수 있다. 하지만 원안보다 다른 안, 즉 대안이 환경적 측면에서 더 불리하면 당연히 그 안은 대안이 될 수 없고 대안 설정의 의미는 상실된다. 합리적이고 현실적으로 계획과 관련된 대안을 제시해야 한다. 또한 유용한 대안이 되기 위해서는 대안은 비교할 수 있도록 서로 구분이 가능한 형태를 띠고 있어야 한다. 일반적으로 원래 안을 대신한 다른 하나의 안 또는 여러 개의 안을 대안이라고 한다.

전략환경영향평가 업무 매뉴얼과 환경영향평가서 등 작성 등에 관한 규정은 대안의 종류를 제시하고 있으나 무엇을 위한 대안인지에 대해서는 언급되어 있지 않다.

대안은 계획과 관련된 합리적이고 현실적이어야 한다. 합리적인 대안이라 함은 계획의 공간적 범위 내에서 합법적이고 실질적으로 계획의 목적 달성에 유리한 모든 안을 말한다. 입지가 이미 정해진 상태에서 다른 입지를 요구하거나 과도한 비용이 소요되는 대안들은 부적절한 대안들이다. 원 안을 합리화하기 위해 설정한 대안은 더욱 더 합리적인 대안이 아

---

[69] 환경영향평가서등 작성 등에 관한 규정 제2조, 환경부 고시 제2016-22호

니다.

또한 미국의 경우를 비추어 볼 때, 대안은 대안 간 비교할 수 있는 형태를 갖추어야 한다.

【참조 5】미국의 대안평가 규정

미국에서 대안평가는 환경평가 규정의 핵심에 속한다. 국가환경정책법(NEPA)에 따르면 환경에 지대한 영향을 미치는 건의 사항, 법안 보고서 그리고 연방정부의 주요 사업에 대한 책임부서의 입장에는 대안에 대해 의견이 포함되어야 한다. 이에 대해 "Regulations for implementing the procedural provisions of the national environmental policy Act"(Regulations)의 1502.14조의 "alternatives including the proposed action"은 "the heart of the environmental impact statement"라고 하고 있다.

이러한 규정에 따라 대안은 환경영향평가서(environmental impact statement)의 중심에 있다. 대안의 논의에서 원안을 근본적으로 바꾸는 것도 가능한데 이를 "primary alternatives" 또는 원안을 교체하는 대안이라고도 할 수 있다. 예를 들면 원자력 발전 대신 화력발전소, 또는 전력 절약을 통해 신규 발전소 건설의 필요성을 무력화하는 대안도 이에 해당된다.

대안의 역할

대안을 설정하는 이유는 무엇인가? 계획수립자는 예상되는 합리적인 대안들에 의한 환경영향을 조사하고 평가하여야 한다. 대안평가는 특별한 의미를 갖는 데 부정적 영향을 처음부터 발생하지 않토록 하거나 최소화하는 데 큰 역할 하기 때문이다.

【참조 6】 독일의 전략환경영향평가에 있어서 대안의 역할[70]

독일의 전략환경평가 지침에 따라 계획수립자는 여러 안에 의해 예상되는 부정적 환경영향을 조사하고 분석하고 평가하여야 한다. 또한 대안은 계획 수립초기에 예상되는 부정적 환경영향을 결정적으로 방지하거나 저감하는 데 기여할 수 있기 때문에 전략환경평가에서 큰 의미를 부여하고 있다

출처 : UBA/BMU, 2013, Leitfaden zur Strategischen Umweltpruefung, 2010.

유럽연합의 전략환경평가 지침에 따르면 전략환경평가의 목적은 중대한 환경영향이 예상되는 계획이나 프로그램 수립 시에 환경고려가 되도록 하는 데 있다. 환경고려는 전략환경평가의 결과를 근거로 할 수 있다. 전략환경평가에서는 대안을 설정하고 그 대안에 대한 평가를 토대로 환경성 제고가 가능하다. 따라서 대안을 설정하고 그 설정된 대안에 대한 분석결과는 환경고려의 기반이 될 수 있다. 따라서 대안설정 및 평가는 환경고려의 기본이며 이를 통해서 비로소 계획에 대한 환경성 제고가 가능하다.

대안설정 주체

대안설정은 계획수립자가 하여야 한다.

계획수립 절차와 전략환경영향평가 절차와 연계한 이상적인 대안설정은 전략환경영향평가가 시작되는 계획수립 초기 단계이어야 한다.

계획 수립시에 내부적으로 의사결정이 진행된 후에 시작되는 환경

---

70 UBA/BMU, 2013, Leitfaden zur Strategischen Umweltpruefung, 2010.

평가에서는 대안설정의 시기를 놓친다. 이런 경우 대안 설정이 불가능하거나 의미가 없는 형식적인 대안만 설정하게 된다[71]. 전략환경영향평가가 시작되면서 계획안은 확정되고 대체적으로 실질적이고 효과적인 대안 설정 가능성은 매우 낮다. 따라서 대안 설정의 시점을 앞 댕겨 시작하여야 한다. 대체적으로 계획수립과정에서 여러 안들이 논의되다 하나의 안으로 압축되고 전략환경영향평가의 과정으로 진입한다. 계획의 마지막 과정에서 전략환경영향평가를 하는 것이 아니라 여러 안을 논의하는 계획수립의 초기단계가 전략환경영향평가의 시점이 되어 대안을 설정하여야 한다. 이 시점에서는 계획수립자와 평가자의 협업을 통해 다수의 안에 대한 논의를 할 수 있다. 안 변경이 불가능한 계획수립의 마지막 단계에서의 대안 설정을 한다면 대안설정의 의미는 퇴색할 수밖에 없을 것이다.

대안평가 절차

대안평가 절차는 적어도 2단계를 거친다.

- 합리적인 대안 설정
- 설정된 대안의 평가

① 합리적인 대안 설정

대안 평가는 합리적인 대안설정에서부터 시작한다.

대안은 합리적인 대안이어야 만 의미가 있고 그런 대안을 평가를 하여야 의사결정에 도움이 된다. 합리적 대안이란 계획의 공간적 범위 내에서 계획이 추구하는 목적을 달성하기 위해 법 태두리 내에서 시도하는

---

71 조공장외 7인, 2008, 환경평가제도 30년의 성과분석과 발전방향

모든 대안을 의미한다. 이 에는 예를 들면 필요성 대안, 기본방향 대안, 입지대안, 기술 대안이 포함될 수 있다. 대안은 오로지 부정적 영향의 관점에서만 설정되는 것은 아니다. 오히려 합리적인 대안의 관점에서 의사결정 시에 환경고려 할 수 있도록 모든 대안을 서로 비교하여야 한다.

사실상 비현실적인 대안을 설정하는 것은 허용되지 않으며 특히 계획수립자가 구상하고 있는 원안보다도 오히려 불합리한 대안을 제시하여 계획수립자의 계획안을 정당화한다면 더욱 그러하다(조공장외 7인, 2008, 환경평가제도 30년의 성과분석과 발전방향).

【참조 7】 비합리적인 대안의 예
- 주변 자연생태계에 심각한 영향을 유발하는 대안
- 기업이 매입한 부지에 대해 다른 입지를 대안으로 설정한 대안
- 고비용을 수반하는 대안으로 실현 불가능한 대안

No Action은 일반적으로 합리적인 대안으로 볼 수 없다. 계획의 목적 달성에 적합하지 않은 No Action을 대안으로 보는 것은 부절하다. No Action은 Action으로 인해 예상되는 환경영향을 상대적 비교하는 용도로만 적절하다.

사업들은 이미 환경을 포함한 여러 기준에 부합되어 사업을 하게 되는데 이는 입지선정과정을 거쳤다는 것이다. 따라서 입지적정성(환경입지컨설팅)은 전략환경영향평가의 일환인 대안평가의 과정으로 보아야 한다.

②대안 설정의 원칙

대안은 과학적으로 조사·예측된 결과를 근거로 하여 경제적·기술적으로 실행할 수 있는 범위에서 마련되어야 한다(환경영향평가법 제4조항). 유럽연합(EU) 전략환경평가 지침(EU SEA Directive)은 계획의 목적과 공간적 범위를 고려하여 합리적인 대안을 설정·조사하도록 규정하고 있다(EU SEA Directive 제5조). 합리적 대안 설정은 부정적 환경영향이 가장 적게 나타나는 대안을 말하거나 또는 긍정적 환경영향이 가장 큰 대안을 말한다. 때로는 계획의 문제 해결을 위해 불가피하게 중대한 환경영향을 수용해야 하는 하나의 안도 합리적인 대안이 될 수 있다.

③대안의 위계 및 종류

대안은 제5장에서 서술하였듯이 이론적으로 의사결정 위계에 따라 상·중·하의 대안위계로 구분할 수 있다(제5장의 그림(대안의 위계)). 상위 의사결정 단계에서는 계획에서 구상하는 사업이 필요한가와 사업에 대한 수요가 어느 정도인지에 대한 대안설정이 가능하다. 이러한 상위의 대안설정은 상위계획의 대부분은 전략환경영향평가의 대상계획이 아니므로 실제로 적용할 수 없는 대안의 종류이다. 계획이 추구하는 목표를 어떻게 달성할 수 있는가에 대한 대안, 즉 수단과 방법은 일반적으로 중위 계획에 적용되는 대안의 종류이다. 예를 들면 섬강(원주천) 유역 종합 치수계획은 홍수방어를 위해 천변 저류지 건설, 홍수 조절용 댐 건설, 제방개수 배수 펌프장 신설을 주요 내용[72]으로 제시하고 있는데 이러한 내

---

72 http://www.gwjournal.com/news/articleView.html?idxno=425(검색일 2016.8.10)

용이 수단과 방법에 해당된다. 그리고 마지막으로 하위단계에서의 대안은 입지를 어디로 할 것인가 그리고 입지 확정 후에 댐을 배치를 어떻게 할 것인가를 대한 대안으로 구분할 수 있다.

이론적으로 대안의 종류는 다양하다. 중요한 건 대안 설정의 목표가 무엇인가이다. 전략환경영향평가에서 대안이란 전략환경영향평가 대상계획의 목표와 방향, 환경적 목표와 기준, 추진전략과 방법, 수요와 공급, 위치와 시기, 입지 등 조건이 다른 여러 가지 안[73]을 말하는데 무엇을 위한 대안이지는 서술되어 있지 않다. 대안은 계획수립자가 대부분 경제성이라는 계획의 목표 달성을 위해 설정한다면 환경평가의 측면에서는 환경영향 저감 내지 방지를 위하거나 또는 설정한 환경목표와 적합한지를 본다.

또한 대안은 계획의 위계와 내용에 적합하게 설정하여야 한다. 그러기 위해서 위에서 언급한 전략환경영향평가 대상계획의 유형과 사업계획의 내용을 충분히 인지하여야 한다.

---

73 환경부, 2016, 환경영향평가서 등 작성 등에 관한 규정, 환경부 고시 제2016-22호

【참조 8】 발전계획에서의 대안:

발전계획은 토지이용과 무관한 계획으로 소프트한 분야의 내용을 다루고 있으므로 유통산업발전기본계획의 경우와 같이 "대형 유통" 또는 "소형 유통" 또는 "균형잡힌 유통"의 대안을 구상할 수 있다. 수요와 공급을 고려한 대안은 대부분의 정책계획의 경우 적용하는데 한계가 있다.[74]

융·복합 물류 클러스터 구축 대안

네트워크형 입지방식

기존 항만들의 기능(속초항: 크루즈 관광, 묵호: 관광항, 동해·옥계·삼척항: 벌크화물 중심)을 특화시키고 이를 양양공항, 철도, 도로가 연결되는 지역을 중심으로 배후지원 거점을 네트워크화하는 융·복합 물류 클러스터 구축 방법

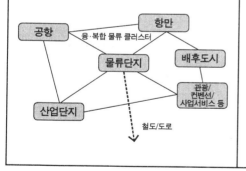

집중형 입지방식

여러 교통망이 집결하는 한 지역을 중심으로 조성하는 입지방식으로 융복합 물류 클러스터의 응집력은 떨어지지만 시설투자를 최소화하고, 넓은 지역에 대한 지역파급효과를 극대화하는 융·복합 물류 클러스터 구축 방법

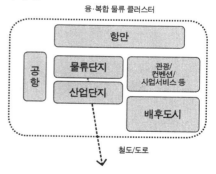

【그림 8-16】 발전계획에서의 대안 예시(물류 클러스터 구축)

---

74 제3차 관광개발기본계획(2012-2021)은 "소득증대에 따른 국민여가시간 변화", "국민 여가 지출 변화"와 "관광소비, 새로운 핵심 관광소비계층의 등장"을 고려하지만 정량적인 관광수요에 부응하기 위한 관광개발계획은 아니기 때문에 수요와 공급 차원에서 대안설정하기 어려움.

원주시 도시기본계획의 공간

집중형 체계

원주 도심~기업도시~문막을 개발주축으로 설정한 뒤 남원주 역세권 및 혁신도시를 잇는 동·남부 방향을 개발부축으로 설정하는 것으로 원주와 문막을 중심으로 하는 집중형 도시 체계

분산형 체계

기존 시가지를 중심으로 동·서·남측을 주축으로 설정하는 것으로 원주가 도심이 되며, 문막, 남원주 역세권, 기업도시, 혁신도시를 부도심으로 설정하는 분산형 도시체계

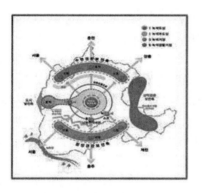

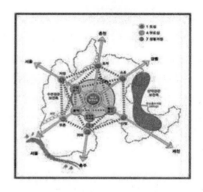

【그림 8-17】 발전계획에서의 대안 예시(도시계획 공간구상)

폐기물관리체계 구축 안	
광역화 유해하지 않은 생활계와 사업장계 폐기물의 권역 내 시군간 교차처리 하는 대안, 또는 생활폐기물을 시군 간 연계·병합처리 하는 대안	**집적화** 폐기물을 타 환경기초시설과 연계·병합처리 하는 대안
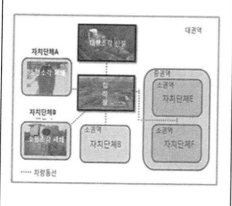	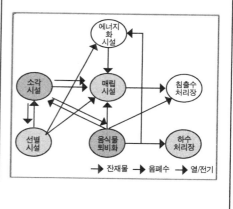

【그림 8－18】 계획에서의 대안 예시(폐기물처리계획)

【참조9】 토지이용계획에서의 대안

토지를 이용하는 선형 사업계획(도로건설·관리계획)의 경우 신규 노선, 도로 확장 등에 대한 대안을 설정할 수 있다. 철도망에 대한 대안은 신규 노선 필요성 여부와 시점 종점 연결 대안, 철도 노선 확장 필요성 여부에 대한 대안이 가능하다(국가철도망구축계획).

도시개발구역의 지정과 같은 면형 사업계획의 경우 입지의 위치에 대한 대안 설정이 적절하다. 댐 건설과 같은 혼합형 사업의 경우 입지, 입지 확정 후 댐 규모의 대안, 댐 진입도로의 노선을 대안으로 설정할 수 있다(댐건설장기계획). 철도나 댐관련 정책계획의 경우 계획의 목적에 맞게 사업계획을 추진해야 하는 상황에서는 이에 적합한 대안을 설정하여야 한다. A라는 시점에서 B라는 종점간의 이동성 확보하기 위한 계획이라면 도로, 철도 등의 교통수단이 대안이 될 수 있다. 하지만 철도 사업의 경우 철도 외에 교통수단은 허용하지 않기 때문에 노선의 대안 등만 가능하다. 재정비촉진지구 또는 국가산업단지의 지정을 목적으로 하는 경우 입지의 대안이 적합할 것이다. 입지가 확정된 후에는 부지 내의 토지이용계획 안을 대안으로 설정할 수 있다. 지구·구역·지역·단지의 지정에 대한 계획은 대체적으로 이미 입지를 선정한 상태에서 개발기본계획이 추진되므로 실질적으로 입지 대안보다는 정해진 입지 내에서 토지이용 안을 설정하게 된다.

목적 달성을 위해 다양한 방법들이 대안으로 설정할 수 있다.

- 수요·공급: 수요·공급량(규모)에 대한 조건을 변경하여 대안을 설정하는 방법. 예를 들어 수요를 조절하여 공급 계획을 변경하거나 계획자체의 필요성이 없도록 할 수 있는가?
- 입지 내지 노선상의 대안: 어떤 목적으로 하는 어느 입지내지 입지 혼합 또는 노선을 대상으로 하는 대안. 개발 대상 입지를 결정하는 계획의 경우 대상지역 또는 그 경계의 일부를 조정하여 대안으로 설정
- 토지이용 형태의 대안: 어떤 토지이용 형태가 어느 입지에 적정한가?

- 교통 수단상의 대안: 어떤 목적(접근성과 이동성 향상)을 위해 어떤 교통수단(-철도, 도로)을 어느 노선으로 하는 것이 적절한가? 또한 접근성과 이동성 향상을 위해 기존 도로 확장으로 충분한지 아니면 신규도로를 건설하여야 하는가?
- 기술 대안: 신에너지 생산을 위해 어떤 기술(풍력발전 또는 태양광 등)이 적절한가?
- 규모 대안: 규모가 큰 중앙형의 시설이 적절한가 아니면 여러 개로 분산된 작은 시설이 적절한가?
- 면적 변경 대안: 예를 들어 골프장을 어느 쪽으로 확장할 것인가?
- 시기·순서: 개발 시기 및 순서를 결정하는 계획의 경우 시행 시기는 언제인가 그리고 및 진행 순서(예: 연차 별 개발)는 어떻게 하는가?

철도 노선(Location) 대안

대안 1	대안 2	대안 3
감곡(장호원)~충주구간을 직선화하는 노선, 기업도시 및 첨단산업단지 남측으로 우회하여 충북선 달천역으로 진입하는 노선	노선대를 통과하여 개량 확장국도인 38호선 및 공군부대를 우회하여 기존 충주역으로 진입하는 노선	감곡(장호원)에서 앙성온천 지구를 경유 우회하여 기업 도시를 터널로 경유하여 충북선 달천역으로 진입 하는 노선

【그림 8-19】 철도 노선의 대안 예시(**철도 노선**)

노선 안A: 집단 취락지역과 생태자연도 1등급 지역 통과
노선 안B: 동물이동 경로를 통과하고 생태지연도 1등급 지역에는 터널 건설
노선 안C: 문화재 천연기념물 지역과 습지 및 동물이동 경로 통과

【그림 8-20】 도로 노선 대안

④ 대안설정 방법

대안 설정이란 계획이 추구하는 목표를 달성하기 위해 어떤 방안들이 있는지 모색하는 과정이다. 대안 설정은 말 그대로 여러 안을 제시하고 논의하는 과정이므로 최종 안을 확정하여 사업을 추진하기 전 단계다.

대안(대책)은 경제적 목표와 환경목표를 달성하기 위해 설정할 수 있는데 전자는 계획수립자의 몫이며 후자는 평가자의 하는 일이다(그림 8-21). 이 두 목표를 위한 대안은 서로 상충할 수 있다.

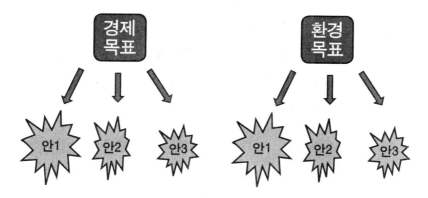

【그림 8-21】 계획의 목표와 환경 목표를 고려한 대안 설정 개념

　평가자의 역할은 환경목표를 염두에 두고 대안을 설정하여야 하며 이 대안에 대한 평가결과를 계획수립자에게 전달하는 역할을 한다. 따라서 평가자는 대안의 위계와 종류에 대한 지식을 기반으로 계획수립자가 친환경적인 대안을 참고할 수 있도록 지원해주는 역할을 한다. 이미 평가준비서 단계에서 계획의 개요를 통해 계획의 특성을 이해하여야 이러한 지원역할을 충분히 할 수 있다.

　대안 설정과 관련된 주체는 누가인가? 최종안을 설정하는 대안 설정 과정은 계획수립자가 주도하지만 기본적으로 평가자와 의견교환을 하는 등의 협업을 통해 하는 것이 바람직하다. 대안 설정은 계획의 추구하는 목표를 달성하기 위한 것도 있지만 다른 한편으로는 대안 평가를 통해 대안의 친화경성을 확보할 수 있기 때문이다. 오랜 기간 계획을 수립하는 과정에서 설정된 대안은 행정계획의 목표달성에 유리할 수 있지만 환경영향의 관점에서는 불리할 수 있다. 따라서 계획수립자에게 전략환경영향평가의 결과를 전달하여 친환경적인 대안이 설정되도록 하는 것이 필요하다. 이처럼 대안설정 주체 인 계획수립자와 평가자 간의 의견을 주고받는 소통을 통해 최종 대안이 설정되어 환경영향을 최소화하는 것이 전략환경영향평가라고 할 수 있다.

⑤ 토지이용구상 안

토지이용구상 안이란 토지이용을 통한 개발 사업계획에 대해 계획구역 내의 토지를 어떻게 이용할 것인지를 이리저리 생각하는 것을 말한다[75]. 만약에 유통산업발전기본계획 처럼 전략환경영향평가 대상 계획에 토지를 이용하는 사업계획이 없다면 토지이용구상안이 존재하지 않으므로 기술 할 필요가 없다. 토지이용구상안은 여러 대안 중에 하나의 안이다.

서울 A 공공주택지구 지정 계획의 토지이용구상안은 저소득층의 주거안정 및 주거수준 향상을 도모하고 무주택자의 주택마련을 촉진하기 위한 큰 목적이 있고 다른 한편으로는 환경보전, 자원순환, 에너지자립, 탄소저감 등 환경친화적이고 에너지 절약적인 기법을 최대한 고려하여야 한다는 기본원칙에 입각하여 토지이용을 구상한 것이다. 하지만 환경영향의 관점에 본다면 다른 안이 더 적절할 수 있기 때문에 전략환경영향평가를 통해 다른 안을 제시할 수 있어야 한다. 토지이용 구상안은 사업계획으로 지정된 개발지구에서 어떻게 토지이용을 할 것인가를 의미한다. 예를 들면 주택건설용지(단독주택과 공동주택)와 상업업무시설(상업

---

75 토지이용규제정보서비스(http://luris.molit.go.kr)의 용어사전

과 업무) 및 공공시설용지(주차장, 공원, 녹지, 도로, 보행자도로)를 어떻게 배치하는지, 총면적에서 각각의 면적은 어느 정도로 할 것인지가 토지이용구상안이 된다(아래 그림 8-22).

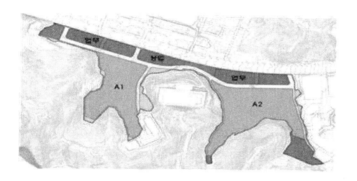

【그림 8-22】 서울 A 공공주택지구 토지이용구상 안[76]

토지이용구상안은 사업계획 전의 토지가 다른 용도로 바뀐다는 것을 의미한다. 도시지역에서의 토지는 주거지역, 상업지역, 공업지역, 녹지지역으로, 관리지역에서는 계획관리지역, 생산관리지역, 보전관리지역으로 용도지역으로 지정되어 있다. 그 외에 농림지역은 농업용으로, 자연환경보전지역은 보전 용도로 이용되고 있다. 기존의 용도지역이 다른 토지이용으로 전환되면서 환경영향이 발생할 수 있다.

76 서울특별시, 2016.06, 서울 A 공공주택지구 지정 전략환경영향평가항목 등의 결정내용

6) 환경보전목표 설정

(1) ★내용

계획을 통해 추구하고자 하는 직접적인 목표와 이때 고려하여야 하는 환경보전목표가 무엇인지 확인하여야 한다. 계획의 시행으로 인해 어떤 수준의 목표를 달성하고자 하는지를 명백하게 밝힐 필요가 있다. 목표는 정량적 또는 정성적 또는 정략적으로 구분할 수 있으나 후자의 경우 정확한 설정은 어렵다. 또한 목표는 기존의 문제점을 개선하는 반응형(reactive)과 미래 비전을 제시하고 이를 달성하기 위한 적극형(proactive) 형태로 구분 할 수 있다. 환경보전목표는 해당계획의 성격과 내용을 고려하여 맞춤형으로 설정한다. 전략환경평가를 통해 계획의 목표를 달성하기 위해 계획의 환경분야의 문제점을 해결하는 방안을 찾아낸다.

목표를 설정 할 때 고려해야 할 점은 다음과 같다.

- 목표들은 법적으로 이미 규정되어 있거나,
- 정책적으로 이미 결정이 난 목표이거나,
- 학술적으로 권장할 수 있는 목표가 될 수 있다.

환경보전목표 외에 계획을 통해서 추구하는 목표가 있다. 즉, 지속가능발전의 차원에서 사회적 목표와 경제적 목표가 있다. 바람직한 관계는 각각의 목표 간에 서로 호환을 이루는 것이다(그림 8-23).

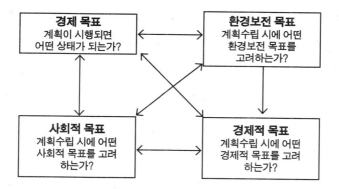

【그림 8-23】 목표의 정의

(2) ◉법적 요구사항

환경영향평가법 제5조에 따라 전략환경영향평가 시에 환경보전목표를 설정하고 이를 토대로 환경영향평가 등을 실시하여야 한다. 환경보전목표는 아래의 사항을 고려하여 설정하여야 한다[77].

1. 환경기준(환경정책기본 제12조), 생태·자연도(자연환경보전법 제2조제14호), 지역별 오염총량기준(대기환경보전법, 수질 및 수생태계 보전에 관한 법률 등), 그 밖에 관계 법률에서 환경보전을 위하여 설정한 기준

2. 계획의 성격

3. 계획이 환경에 미치는 영향의 정도

4. 평가 당시의 과학적·기술적 수준 및 경제적 상황 등.

---

77 환경영향평가법 제5조

협의기준도 환경보전목표가 될 수 있다. 협의기준이란 사업의 시행으로 영향을 받게 되는 지역에서 환경정책기본법 제12조에 따른 환경기준을 유지하기 어렵거나 환경의 악화를 방지할 수 없다고 인정하여 사업자 또는 승인기관의 장이 해당계획에 적용하기로 환경부장관과 협의한 기준을 말한다[78].

설정 한 환경보전목표를 어떻게 사용할 것인지에 대해서는 환경영향평가법에서는 구체적으로 언급되어 있지 않다. 환경영향평가서 등 작성 등에 관한 규정의 평가준비서와 평가서의 내용적 구성에도 제외되어 있다. 환경보전목표는 계획의 안들로 인해 발생하는 환경영향과 비교하여 어떤 차이가 있는지를 평가하는데 활용된다. 다시 말하면 여러 다수의 안 중에 어느 안이 예상되는 환경영향을 최소화하였는지 또는 설정 한 환경보전목표를 달성하는데 유리한지를 판단하는데 사용된다.

유럽연합의 전략환경평가의 지침도 위의 내용과 유사하게 환경보전목표를 설정하도록 하고 있다. 다소 차이가 있는 부분은 설정한 목표를 어떻게 계획 수립 시에 고려하여야 하는지를 서술하도록 되어 있다는 점이다.[79] 우리나라의 경우는 평가의 관점에서 설정 된 목표를 토대로 평가를 시행하도록 되어 있지만 유럽연합 지침의 경우에는 환경보전목표가 계획에서 어떻게 고려되었는지를 규정하고 있어 계획의 관점에서 환경

---

78 환경영향평가법 제2조

79 EU SEA directive 별표 1의 e: "the environmental protection objectives, established at international, Community or Member State level, which are relevant to the plan or programme and the way those objectives and any environmental considerations have been taken into account during its preparation"

보전목표가 활용되고 있다. 하지만 관련 법률에서는 일부 환경 분야에만 기준이 설정되어 있다. 그 외 분야의 목표는 어떻게 설정하는가? 외국에서도 그렇듯이 정부에서 발간한 정책 자료와 법정 환경계획에서 제시하는 목표(지표)를 환경보전목표로 사용할 수 있다.

(3) ☞ 힌트

국내에서는 법규에서 환경기준 또는 배출기준을 제시하고 있는데 이들이 바로 환경목표가 된다. 또한 환경관련계획에서 설정 한 환경목표도 환경보전목표가 된다.

목표는 질적 목표와 양적 목표 형태로 존재한다. 양적 목표는 설정하기는 어려워도 실제로 목표의 달성여부를 판단하기 위해서는 잣대(지표)가 필요하다.

【참조 10】 환경영향평가법 상 환경보전목표의 설정 규정

환경영향평가법 제5조에 따라 과학적·기술적 수준 및 경제적 상황 등을 고려하여 아래와 같이 법에 근거한 환경보전목표를 설정한다.
- 환경기준(「환경정책기본법」 제12조)
- 생태·자연도(「자연환경보전법」 제2조제14호)
- 지역별 오염총량기준(「대기환경보전법」, 「수질 및 수생태계 보전에 관한 법률」)
- 그밖에 관계 법률에서 환경보전을 위하여 설정한 기준

환경질은 대기나 소음 등 환경의 한 분야에 국한하여 환경상태를 나타나는 것이 아니라 생태계의 경우와 같이 복합적이기도 하다. 수질, 대기질, 소음 등의 환경분야에 정확한 수치로 표현할 수 있는 환경보전목

표는 개발이 되어 있는 반면 육상 및 육수 생태계 등의 종합적인 환경분야의 환경보전목표는 설정되어 있지 않은 경우가 많다. 환경질은 구체적인 상황에서 어떤 환경질을 유지 또는 개선할 것인지에 대하여 환경질목표를 설정하면서 그 특성을 보여준다. 환경질 목표는 전문적이고 과학적인 근거에서 나온 결과이기도 하지만 동시에 사회·정책적인 가치관을 반영한 결과이기도 하다. 따라서 환경질 목표는 환경 가치관과 환경보전의 필요성에 대한 사회적 배경과 함께 자연과학적인 지식과 관련이 있다

환경보전의 목표는 아래와 같이 구분할 수 있다.

- 추세목표, Tendenz-Ziele (예: 소음감소추세)
- 행동목표, Aktionsziele (예: 소음발생원 방지를 위한 목표)
- 보호목표, Schutzziele (예: 소음영향권에서의 주민 보호를 위한 목표, 예: 소음피해 주민 감소(%), 소음피해지역 감소(면적 또는 %))
- 환경질 목표, Qualitaetsziele (예: 소음기준 55dB 유지)
- 프로그램목표, Programmziele (예: 설정된 기간 내에 달성하고 하는 목표)

환경보전목표는 환경 기준(예: 소음 기준) 또는 측정치(소음 측정치)와 다르다. 소음피해 주민 수를 줄이기 또는 소음피해 면적 줄이기가 환경보전목표가 된다. 여러 경우에 사용할 수 있는 일률적인 환경보전목표는 적절하지 않다. 환경영향평가법 제5조에 명시되어 있듯이 행정계획의 성격 및 수준(위계)에 따라 환경보전목표를 설정하여야 하기 때문이다.

환경보전목표 설정 시 고려할 그 외의 사항은 해당계획에서 추구하는 내용과 연계해서 목표를 설정하여야 하는 점이다. 목표 설정에 있어서 관련 기관과 이해관계자 간의 공감대 형성이 중요하므로 이를 또한 고려하여야 한다.

【참조 11】텐넨가우 지역개발 계획의 목표시스템 개발

텐넨가우(Tenengau[80]) 지역개발계획의 경우 개발된 수질과 관련 된 환경보전 목표시스템

텐넨가우(Tenengau) 지역개발계획에 대한 전략환경평가에서는 아래와 같은 4단계의 목표시스템을 개발하였다.

1. 비전: 하천의 높은 등급의 수질과 수 생태계의 보전
2. 환경보전목표: 비전을 구체화한 것으로 자연적인 홍수 저류지 보전
3. 환경보전목표 기준: 수질 II등급
4. 환경지표: BOD 등 계획의 환경영향을 판단할 수 있는 지표

　출처: Arbter K., ITA (Hg.), Handbuch Strategische Umweltprüfung - Die
　　　　Umweltprüfung von Politiken, Plänen und Programmen; 3. erw. Aufl., Wien
　　　　2009

---

80 오스트리아 중부에 위치한 소도시

【참조 12】 영국 베드퍼드셔 종합개발계획의 환경보전목표

베드퍼드셔(Bedfordshire, 영국 잉글랜드 미들랜즈 지방 남부 지방) 종합개발계
획(1991 - 2011)의 질적 환경보전목표
목표 1: 새로 수립되는 계획에서는 종전 계획(1986-1991년)대비 토지손실을
50% 줄이고 1991에서 2011년 사이에 토지손실을 1000ha로 제한한다.
목표 2: 현재 지방정부에서 운영·관리하는 야생동물 보전지역은 7%이나, 이
를 25%로 확대한다.

출처: Arbter K., ITA (Hg.), Handbuch Strategische Umweltprüfung – Die Umweltprüfung
von Politiken, Plänen und Programmen; 3. erw. Aufl., Wien 2009

목표들은 서로 양립할 수 없는 경우가 있다. 따라서 Matriz기법을 이
용 한 부합성 평가를 통해 양립여부를 판단할 수 있다(위 예시). 서로 부합
되지 않은 부분이 발견되면 그 해결 방안을 모색하여야 한다. 그 방법은
목표 수정이나 정책적 판단이 될 수 있다. 목표들 간의 갈등 해결이 불가
능할 경우는 가급적 그 내용을 투명하게 밝혀야 한다.

【참조 13】 예시

영국 동 서섹스 주(Est-Sussex) 종합개발계획 목표의 상호 부합성 매트릭스 (matrix)[94]

Est-Sussex 지역 종합개발계획(1991-2011)에서는 아래와 같이 9개 분야의 목표를 설정하였으며 목표 간의 부합성을 상호대조표를 통해 점검하였다.

목표

1. 환경질 보전 및 환경질 개선
2. 지역경제 수준 향상
3. 지역 주택수요 목표 기여
4. 도시재생
5. 번창하고 매력적인 농촌지역 조성
6. 육지와의 접근성 향상
7. 대중교통망 구축 및 이동 필요성 감축
8. 수요에 맞는 인프라와 서비스와의 조정
9. 우선순위, 자원 및 프로그램간 의 조정

【표 5】 계획 목표의 상호 부합성 매트릭스(matrix)

	2	3	4	5	6	7	8	9
1	?	?	+	+	+	+	+	+
2		+	+	+	+	+	+	+
3			+	+	+	?	+	+
4				?	+	+	+	+
5					+	-	?	+
6						+	+	+
7							+?	+
8								+

Note) +부합, - 미부합, ? 불확실, x 불명확한 관련성

출처 : Arbter K., ITA (Hg.), Handbuch Strategische Umweltprüfung - Die Umweltprüfung von Politiken, Plänen und Programmen; 3. erw. Aufl., Wien 2009

【참조 14】 예시

비엔나 북부지역 개발계획 전략환경평가(2001-2003)의 목표 설정

【표 6】 계획 목표 설정 내용

공간계획의 목표	환경목표	교통목표
• 교통체증 방지 • 토지이용간의 갈등, 불투수성 포장, 단절, 개발지로 용도변경 방지 • 자원 절약 • 대중교통수단 접근성 확보 • 경쟁력 확보 및 경제성장 • 고품격 일자리 창출 • 도심지 접근성 확보 • 균형잡힌 건축과 건축밀도 • 고품질의 일자리 창출 • 균형잡힌 업종 혼합	• 오픈스페이스 확보 및 개발 • 녹지 네트워크 조성 및 오픈스페이스의 연결 • 토양 불투수성 및 토지 소모의 최소화 • 하천을 포함한 생태적 보전 가치지역 보존 • 지하수 보전 • 경관 및 도시 정체성 보전 • 농지, 정원, 포도밭 보전 • 대기오염 배출 저감 • 소음방지 • 에너지 사용 저감	• 교통유발 방지 • 친환경교통수단으로의 전환 • 주거지역뿐만 아니라 직장에서도 비자동차 소유자를 위한 이동성 확보 • 대중교통수단 개선 • 비동력 교통수단, 보행자, 자전거 이용자 증진 • 경쟁력 확보 • 중심지의 교통인프라 확장을 통한 교통체증 완화 • 도로에서 철도로의 물류 이동 전환

출처: Arbter K., ITA (Hg.), Handbuch Strategische Umweltprüfung - Die Umweltprüfung von Politiken, Plänen und Programmen; 3. erw. Aufl., Wien 2009

7) 평가항목·범위·방법 (스코핑)

평가항목·범위·방법 설정을 일반적으로 스코핑(Scoping)이라고 한다. 평가 준비서에서 전략환경영향평가 평가항목과 범위 및 방법을 설정, 즉 스코핑을 하고 이에 대해 환경영향평가협의회의 심의를 거쳐 적절하다고 판단되면 확정한다. 확정 된 스코핑를 토대로 평가서(초안)를 작성하게 된다. 다음과 같이 스코핑의 주요사항 인 평가항목·범위·방법의 설정은 각각 분리해서 접근하도록 한다.

(1) 평가항목

① ★평가항목의 내용

계획수립자는 전략환경영향평가를 위해 개략적인 조사방법의 뼈대를 정하는데 이를 스코핑(Scoping)이라고 한다. 국내에서는 일반적으로 평가항목과 평가범위 및 평가방법의 설정을 scoping이라고도 하며 이는 "계획수립자가 전략환경영향평가서를 작성할 때 '선택과 집중' 차원에서 꼭 평가해야 할 항목과 범위를 미리 정하는 절차"를 말한다[81]. 우리나라 스코핑 제도는 「환경·교통·재해 등에 관한 영향평가법」 제29조에 의해 2001년 1월부터 환경영향평가서 작성규정에 중점평가항목을 도입한 것을 발단으로 2009년에 전면 도입되었다. 하지만 국회예산정책처는 우리나라 스코핑 제도가 오래 전에 도입되었음에도 불구하고 평가항목·범위 설정이 형식화되어 있다고 지적하고 있다[82].

---

81 환경부, 2011. 12, 환경영향평가 스코핑 가이드라인
82 국회예산정책처 보도자료, 2012,1.26, 환경영향평가제도의 운영 및 사후관리 부실

스코핑이란 본격적으로 환경영향을 평가하기 전에 어떻게 효율적인 평가를 할 것인가에 대해 식별하는 단계이라고 할 수 있다. 스코핑을 통해 평가의 질적 향상으로 계획수립자의 시간적·경제적 부담을 경감할 수 있다. 이는 계획의 특성에 맞게 평가항목과 범위 및 방법을 설정하여 필요한 부분에 초점을 두고 평가의 틀을 제공하기 때문이다. 계획의 특성을 고려하지 않고 평가항목을 정한다면 결국 백과사전식 평가가 될 것이다. 스코핑은 또한 평가의 신뢰성을 제고할 수 있다. 평가의 성패를 결정짓는 중요 단계인 스코핑에서 주민 참여기회를 제공한다면 평가결과에 대해 이해도를 높이고 이는 결과적으로 신뢰를 높이는 계기가 될 것이기 때문이다.

스코핑의 개념은 다양하다.[83] 우리나라에서 스코핑은 전략환경영향평가 평가항목과 범위 및 방법의 설정에 국한되어 있는 반면, 독일에서는 평가항목과 범위 및 방법 외에 환경 및 건강과 관련 된 부서의 참여범위를 설정하고, 단계화(Tiering)의 개념에 따라 상·하위 계획과의 관련성 및 위계상 어느 단계에서 평가할 것인가를 정하며, 마지막으로 어느 정도까지 상세하게 평가하고 예측할 것인가를 설정하는 일을 스코핑이라고 한다.[84] 독일에서는 적절한 스코핑을 위해 checklist를 개발하여 사용하고 있다 (표 8-2).

---

83 조공장, 2013.11, 환경영향평가협의회(스코핑) 활성화 방안 연구

84 스코핑은 독일 환경영향평가법 제14조의f에서 규정하고 있다. Thomas Charissé, 2014.09.04, Scopingstermin zur Festlegung des Untersuchungsrahmens für die Strategische Umweltprüfung(SUP), Informationsveranstaltung Hochwasserrisikomanagementplan Nidda

【참조 15】독일의 환경영향평가법상의 전략환경평가 보고서와 유럽연합의 전략환경평가 지침의 스코핑

독일 환경영향평가법 14f조에 따르면 전략환경평가 주관 기관은 전략환경평가를 위한 조사의 뼈대를 정하여야 하는데 이에는 환경보고서에 포함되는 범위와 상세도가 포함된다. 또한 대상계획이 계층화 된 계획의 일부라면 중복평가를 위해 어느 단계에서 중점적으로 환경영향을 평가하는지에 대해 서술하여야 한다.[85]

유럽연합의 전략환경평가지침(EU SEA Directive) 5조(4)에 스코핑과 관련하여 "환경보고서에 포함되는 범위와 상세도"에 대해 언급하고 있다. 동 지침 6(3)조에 따라 스코핑 시에는 관련기관과 협의하여야 한다. 동 지침 부록 I(f)에서 제시한 환경보전 항목은 스코핑하는데 도움을 줄 수 있다. 동 지침 부록 I(a)에 따라 다른 관련 계획과의 관계에 대해 서술하여야 한다.

【표 8-2】 스코핑(Scoping) checklist

Scoping 분야	Checklist	해당 여부	비고
1. 시간적 범위	● 평가의 시간적 범위를 언제까지 볼 것인가?		
2. 대상지역 설정	● 평가의 대상 지역을 어디까지 볼 것인가?		
3. 조사 및 평가의 깊이	● 얼마나 상세하게 조사하고 평가할 것인가?		
4. 대안의 설정	● 계획의 목표를 달성하기 위해 어떤 다수의 대안이 설정되었는가?		
5. 대상계획에 대한 평가의 깊이	● 얼마나 상세하게 평가할 것인가?)		
6. 평가항목의 설정	● 어떤 평가항목을 조사하고 어떤 분야는 조사하지 않을 것인가?		

---

85 UVPG(독일 환경영향평가법) 제14조f의 1항과 3항

7. 평가범위	● 대상지역과 다른 경우 어디를 평가범위로 설정할 것인가?		
8. 평가방법	● 대안별 환경영향은 어떻게 평가할 것인가?		
9. 관련 계획과의 관계	● 해당계획이 상·하위계획 등과 어떤 관계에 있는가?		
10. 계획의 위계	● 계획이 위계의 일부인 경우 어떻게 위계수 준에 적합하게 평가하는가? ● 중복평가 방지를 위해 위계에 맞게 어떤 내 용을 중점적으로 평가하는가?		

② ✿ 법적 요구사항

"전략환경영향평가는 계획의 수립으로 영향을 받게 될 환경영향평가분야에 대하여 실시하여야 한다"[86]. 이 법 조항은 행정계획은 잠재적 환경영향요소를 내포하고 있고 이로 인해 환경영향이 발생하고 그 영향에 의한 환경변화를 평가한다는 의미를 담고 있다. 환경영향요소는 계획의 내용 중 환경에 미치는 영향의 원인이 되는 요소[87]를 말하여 이 원인에 의해 일부 환경 분야에 환경영향이 발생되고 이에 따라 환경변화가 일어난다. 이렇게 환경영향을 받아 환경변화가 일어나는데 이 분야를 "환경영향평가분야"라고 하며 이를 세분화 한 것을 "환경영향평가항목"(이하 평가항목)이라고 한다[88].

환경영향평가서 등에 있어, 작성 등에 관한 규정에 의한 평가준비서 작성 방법에 따르면 환경영향평가법 시행령 별표1에서 정하고 있는 '환

---

86 환경영향평가 법 제7조 제1항
87 환경영향평가서등 작성 등에 관한 규정. 제 2조 환경부 고시 제2013-171호
88 환경영향평가법 제7조

경영향평가 등의 분야별 세부평가항목' 중 평가에 필요한 항목을 선정하고, 그 선정 사유 및 제외되는 경우에는 그 사유를 제시하여야 하며 또한 평가 항목별로 평가 범위 및 방법 등을 선정하고 그 사유를 제시하여야 한다[89].

환경영향평가 분야 및 항목은 환경영향평가와 전략환경영향평가에 따라 구분되고 있다.

전자는 자연생태환경 분야, 대기환경 분야, 수환경 분야, 토지환경 분야, 생활환경 분야, 사회·경제 환경의 6개 분야로 구분하며 각각의 환경 분야는 총 21개 세부 분야로 구분한다(아래 그림 8－24).

【그림 8－24】 환경영향평가의 환경분야와 평가항목[90]

---

89 환경부, 2016, 환경영향평가서 등 작성 등에 관한 규정, 환경부 고시 제2016-22호
90 환경영향평가법 제7조와 시행령 제2조(별표 1)를 토대로 구성

환경영향평가와 마찬가지로 전략환경영향평가에서도 분야와 평가항목으로 구분되나 그 명칭과 내용은 사뭇 다르다. 정책계획과 개발기본계획에 따라 평가분야와 평가항목을 따로 구분하고 있다[91]. 환경영향평가법 시행령 제2조(별표 1)에 따라 평가대상 계획이 정책계획이면 환경보전계획과의 부합성, 계획의 연계성·일관성, 계획의 적정성·지속성 분야를 평가하고,

개발기본계획이면 계획의 적절성, 입지의 타당성 분야를 평가하여야 한다. 각각의 분야는 아래 (그림 8-25)와 같이 평가항목으로 세분화되어 있다.

【참조 16】 약식전략환경영향평가

환경영향평가법 개정법에 따르면 앞으로 구체적으로 입지가 정해지지 않은 연안통합관리계획, 국가기간교통망계획, 대도시권광역교통기본계획, 지하수관리기본계획, 공원녹지기본계획, 도시주거환경정비기본계획과 도시교통정비기본계획의 대상계획에 대해서는 계획의 적정성을 중심으로 평가하고, 입지타당성 검토항목은 평가항목에서 제외할 수 있다.[92]

---

91 우리나라에서만 환경영향평가와 전략환경영향평가에 따라 평가항목을 구분하고 있다.
92 환경부 보도자료(2016.7.27), 전략환경영향평가 대상계획 대폭 확대된다.

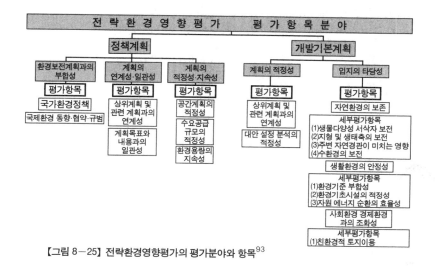

【그림 8-25】 전략환경영향평가의 평가분야와 항목[93]

【참조 17】 독일의 평가 항목

유럽에서는 독일 환경영향평가법에서와 같이 환경영향평가와 전략환경평가의 구분 없이 동일하게 평가항목을 아래와 같이 규정하고 있다.[94]

1. 사람의 건강, 동물, 식물, 생물다양성

2. 토양, 물, 대기, 기후, 경관(Landschaft)

3. 문화재, 기타 유형자산

4. 위의 보호재화 간의 상호작용

이 항목들은 환경영향으로부터 보호되어야 하는 항목들로서 국내 평가항목과 큰 차이가 있다. 따라서 폐기물, 소음, 악취 등은 보호대상이 아니므로 평가항목이 아니라고 보고 있다.

---

93 환경영향평가법 시행령 제2조(별표 1)

94 UVPG(독일 환경영향평가법) 제2조 1항

③ ☞힌트

우리나라 전략환경영향평가 평가항목은 독일 전략환경평가 평가항목과 전혀 다르며 계획의 수립으로 영향을 받게 되는 평가항목의 개념과 일치하지 않는다. 그럼 전략환경영향평가 세부평가항목을 어떻게 이해하여야 하는가? 이 평가항목은 환경영향평가법에서 규정하고 있는 개념의 평가항목이라기 보다는 평가의 지표라고 할 수 있다. 즉 영향을 받게 될 항목의 변화가 예를 들어 정책계획의 경우에 해당하는 환경보전계획과 부합하는가를 지표를 이용하여 평가하는 것이다.

a. "환경보전계획과의 부합성"의 평가항목 설정

〔그림 8-8〕과 같이 환경영향요소→환경영향→환경변화→환경평가로 이어지는 일련의 평가과정에서 환경보전계획과의 부합성은 마지막 단계 인 환경평가와 연계하여 하나의 평가항목으로 이해 할 수 있다. 예를 들어 도로건설계획이라는 환경영향요소에 의해 자연생태환경 평가항목 분야인 동식물상에 미치는 영향(생물서식지 단절)으로 생물다양성이 감소되고 이는 국가생물다양성 전략에서 규정하고 있는 생물다양성 증진과 부합하는지를 평가할 수 있는 내용이다. 이처럼 생물서식지 단절과 생물다양성 감소라는 환경영향은 이에 해당하는 환경보전계획과 부합성에 해당하는 국가생물다양성 전략과 연계하여 환경영향을 평가할 수 있다.

도로망기본계획은 선형사업이 주축이 되는 계획으로 서식지 단절에 미치는 영향이 매우 크다. 이러한 계획은 국가생물다양성전략, 양생생물보호 기본계획, 자연환경보전기본계획의 목표인 핵심 생태축 연결성 강화에 부정적 영향을 미칠 수 있다. 또한 백두대간 보호 기본계획이 추구하는 백두대간의 자연환경 및 산림자원 보호에 부정적 영향을 미칠 수 있다. 따라서 도로망기본계획이 위의 계획과 부합되는지를 평가할 필요가 있다.

평가분야인 "환경보전계획과의 부합성"은 국가 환경 정책과의 부합성과 국제환경 동향·협약·규범과의 부합성으로 구분되어 있다.

국가 환경 정책과의 부합성은 예를 들어 아래의 내용으로 구분하여 판단할 수 있다.

• 환경기준과의 부합성

환경기준은 환경정책기본법에 제시되어 있어 환경정책기본법상의 환경기준이라고 한다. 이 기준은 국가 환경기준이며 필요시에 지역 환경기준을 적용할 수 있다. 대상계획으로 인해 발생하는 환경영향이 환경정책기본법상의 환경기준을 유지하는데 어느 정도 부합하는가를 평가하는 것이 환경기준과의 부합성 평가라고 할 수 있다. 예를 들어 산업단지 조성 계획에 의한 대기환경영향이 국가단위의 대기질 환경기준 또는 지역 환경기준을 초과여부를 판단하여 초과하면 부합하지 않고 미달이면 부합한다고 평가할 수 있다.

환경오염·환경훼손 또는 자연생태계의 변화가 현저하거나 현저하게 될 우려가 있는 지역과 환경기준을 자주 초과하는 지역을 특별대책지역이라고 한다. 이때 이 지역의 환경보전을 위한 특별종합대책[95]이 수립되고, 토지이용과 시설설치를 제한 할 수 있다. 특별종합대책과의 부합성에서는 대상계획으로 인해 특별대책지역[96]의 환경이 어느 정도 악화될 우려가 있는지와 대상계획이 특별대책지역 규제내용과 어느 정도 부합하는가를 다룬다.

환경정책에서는 환경법이 포함된다. 법정 계획은 환경법의 내용을 집행하기 위해 수립하므로 법정 계획과 부합성을 평가하는 것으로도 환경정책과의 부합성을 판단 할 수 있다. 환경영향평가법에서는 환경계획과의 부합성을 요구하고 있지만 필요시 별도로 환경법의 목표와의 부합성을 함께 평가할 수 있다. 예를 들어 대상계획으로 인해 발생하는 환경영향이 자연환경보전법의 주요 목표와 어느 정도 부합 하는가 또는 대상계획으로 인해 발생하는 환경영향이 백두대간보호에 관한 법률의 주요 목표와 어느 정도 부합하는가 등이다.

• **종합계획과의 부합성**은 국가단위인 환경종합계획과 환경보전중기종합계획, 그리고 지방자치단체에서 수립하는 시·도 환경보전계획과 시·군·구 환경보전계획의 내용과의 부합여부를 보는 것이다. 각각의 종합계획은 목표들을 설정하고 있다. 대상계획으로 인한 환경영향이 이러한 목표와 어느 정도 부합하는지를 평가하는 것이 국가 환경 정책과의

---

95 환경정책기본법 제38조

96 환경오염·환경훼손 또는 자연생태계의 변화가 현저하거나 현저하게 될 우려가 있는 지역과 환경기준을 자주 초과하는 지역(환경정책기본법 제38조)

부합성에서 다루는 내용이다.

• **대기환경계획과의 부합성**에서는 대상계획으로 인한 환경영향이 대기환경개선종합계획, 대기환경기준달성·유지계획(실천계획)의 목표와 어느 정도 부합하는지를 평가한다.

• **수 환경계획과의 부합성**에서는 대상계획으로 인한 환경영향이 수질오염 총량관리기본계획 등의 14개 수 환경 분야의 계획의 목표와 어느 정도 부합하는지를 평가한다.

예를 들어 한강, 낙동강 등 4대강 수계 물 관리 종합 대책은 전국 모든 하천의 5%를 '좋은 물' 이상으로 개선하겠다는 정책목표를 설정하였는데 이에 대상계획으로 인한 수환경 영향이 어느 정도 부합하는지를 평가한다.

• **해양환경계획과의 부합성**에서는 대상계획으로 인한 환경영향이 해양환경보전종합계획 등의 목표와 어느 정도 부합하는지를 평가한다.

• **토양환경계획과의 부합성**에서는 대상계획으로 인한 대상계획으로 인한 환경영향이 토양보전기본계획 등의 목표와 어느 정도 부합하는지를 평가한다.

• **자연생태환경계획과의 부합성**에서는 대상계획으로 인한 환경영향이 자연환경보전기본계획 등의 목표와 어느 정도 부합하는지를 평가한다.

- **인공조명계획과의 부합성**에서는 대상계획으로 인한 환경영향이 빛공해 방지계획 등의 목표와 어느 정도 부합하는지를 평가한다.

- **기후변화관련 계획과의 부합성**에서는 대상계획으로 인한 환경영향이 기후변화협약대응 종합대책 등의 목표와 어느 정도 부합하는지를 평가한다.

국제환경 협약과의 부합성은 아래의 부합성을 의미한다.

우리나라가 가입한 국제 환경협약은 대기·기후(Air Climate)분야에 8개 협약, 해양·어업(Marine-Fishery)분야에 23개 협약, 자연 및 생물보호(Nature&Species Conservation)분야에 8개 협약, 핵안전 (Nuclear Security)분야에 7개, 유해물질·폐기물 (Toxic Substances·Hygiene)분야에 3개 협약, 기타 분야에 7개로서 총 56개 협약이다[97]. 환경부, 2014, 전략환경영향평가 업무 매뉴얼, 2014.1, 562-567

이 중 대부분의 국제 환경협약은 국내보다는 국외 영토를 대상으로 하고 있으므로 개발계획에 의한 환경영역범위를 벗어나고 있다. 평가항목인 국제 환경동향, 협약 규범과 관련 된 협약은 4개 분야이며 그 내용은 다음과 같다.

국제환경 협약과의 부합성이라는 평가항목은 대상계획으로 인한 환경영향이 협약의 내용에 어떠한 영향을 미치는가를 평가하는 항목이다.

---

[97] 환경부, 2014, 전략환경영향평가 업무 매뉴얼, 2014.1, 562-567

이는 국제적 환경협약을 고려하여 수립하였는지 또는 국제 환경협약을 준수하였는지, 이를 위한 계획이 체계적으로 반영되었는지 또는 국제 환경동향을 고려하여 계획이 수립되었는지가 중요한 것이 아니라 정책계획으로 인한 영향이 환경협약에 어떻게 영향을 미치는 가이다. 예를 들어 국가도로망종합계획으로 인해 예상되는 철새보호협정에 따른 철새 서식지 보호 또는 람사협약에 따라 지정된 습지에 어떠한 환경영향이 미칠 것인지를 보는 것이다.

b. 계획의 연계성·일관성 세부평가항목

계획의 연계성·일관성은 "상위 계획 및 관련 계획과의 연계성"과 "계획목표와 내용과의 일관성"을 의미한다. 전자는 상위 행정계획과의 일관성이 있는지 그리고 다른 행정계획과의 수직적 또는 수평적으로 연계되어 있는지를 판단하는 것이다. 후자는 계획목표와 계획의 세부내용이 일관성 있는지를 제시한다. 전략환경영향평가 업무 매뉴얼에서 제시한 이러한 평가항목은 위에서 정의한 평가항목의 기준과는 사뭇 다른 내용이다. 이는 평가항목이라기 보다는 계획의 계층적 특성을 파악하기 위한 내용(Tiering)이라고 볼 수 있다. 이는 국토환경계획에서 사용하는 유사한 개념이고 전략환경영향평가와 무관한 평가항목으로 보여진다.

c. 계획의 적정성·지속성 세부평가항목 및 범위 설정

계획의 적정성·지속성은 "공간계획의 적정성", "수요·공급 규모의 적정성", "환경용량의 지속성"으로 구분된다.

공간계획의 적정성에서는 아래의 사항을 제시한다.

• 국토의 생태적 건전성, 환경과 개발의 조화 등을 위해 통합적 네트워크화 방안이 고려되었는지 제시한다.

• 광역적 생태·녹지축(백두대간, 하천 등) 보전 등 각종 보호지역을 충분히 고려하여 계획되었는지 제시한다.

• 국토의 환경 친화적 토지이용 차원에서 생활권 배분 등 공간계획이 효율적으로 계획되었는지 제시한다.

• 계획의 수립·시행으로 인한 환경적 여건 변화와 관련 장·단기적 보전대책을 감안하여 계획이 수립되었는지 제시한다.

공간계획의 적정성을 판단하는 위의 4가지 내용은 전략환경영향평가와 무관하고 단순하게 체크리스트를 통해 확인하는 목록이다.

공급 규모의 적정성에서는

• 인구 증가, 자원 수요, 에너지 수요 등 지구적·국가적 환경문제와 연계하여 환경계획이 타당하게 수립되었는지 제시한다.

환경용량의 지속성에서는

• 계획의 수요·규모·수단 예측 시 환경 용량 및 환경 지표 등 환경적 요소를 고려하여 타당하게 검토, 분석되었는지 제시한다.

• 대기오염총량관리제 및 수질오염총량관리계획(기본계획, 시행계획 등)의 할당 부하량의 준수가 가능한지 제시한다.

계획의 적정성·지속성의 평가항목은 위에서 정의한 평가항목의 개념과 큰 차이가 있는 내용이다. 이는 평가항목이라기 보다는 계획의 친환경성을 판단하는 지표라고 할 수 있다. 국토계획평가에서 사용하고 있는 평가기준 '국토종합계획과의 정합성'에서 대상계획의 내용이 국토종합계획의 목표에 부합하는지 여부를 묻는다[98]. 계획의 적정성·지속성의 평가항목은 이러한 국토계획평가에서 사용하는 평가기준과 유사하다.

d. 개발기본 계획의 적정성 평가항목

개발기본 계획의 적정성은 "상위 계획 및 관련 계획과의 연계성"과 "대안 설정·분석의 적정성"으로 구분하고 있다. 상위 계획과 관련 계획과의 연계성은 상위 행정계획과의 일관성이 있는지 제시하고 다른 행정계획과의 수직적 또는 수평적 연계성이 일관되게 반영되었는지 제시하는 것이다[99]. 상위 계획 및 관련 계획과의 연계성은 정책계획의 "상위 계획 및 관련 계획의 연계성"과 동일한 것으로 평가항목이라기 보다는 계획의 계층적 특성을 파악하기 위한 내용(Tiering)이기 때문에 전략환경영향평가와 무관한 평가항목으로 보여진다.

대안 설정·분석의 적정성은 대안이 적절하게 설정되고 분석되었는지를 제시한다. 대안 설정은 이미 평가준비서의 "토지이용구상 안"과 "대안설정"항목에서 그리고 평가서의 "계획 및 입지"에 대한 대안에서 서술하고 있어 불필요하다고 판단된다. 또한 대안 설정은 평가항목의 개념과도 일치하지 않으므로 평가항목으로 부적절하다고 할 수 있다.

---

98 국토해양부장관, 2012, 국토계획평가에 관한 업무처리지침, 국토해양부 고시 제321호, 별표 1
99 환경부, 2014, 전략환경영향평가 매뉴얼

e. 입지의 타당성 평가항목

입지의 타당성은 입지와 타당성의 합성어로서 입지는 "장소"를 의미하고 타당성은 "사물의 이치에 맞는 옳은 성질"[100]을 의미한다. 입지는 사업과 같은 개발행위를 하기 위하여 선택하는 장소이다. 입지는 그 규모가 크거나 작을 수 있으며 또한 계획의 추진 단계에 따라 입지의 경계선이 개략적이거나 정확하게 정해질 수 있다. 입지는 유리하거나 불리한 입지로 구분할 수 있다. 유리한 입지는 입지선성에 따른 환경영향이 적은 경우를 말하며 불리한 입지는 환경영향이 큰 경우를 말한다. "일의 이치를 보아 옳다"를 타당하다고 본다면 전략환경영향평가의 관점에서 옳은 입지는 환경영향이 적은 입지를 말한다. 반면 환경영향이 큰 입지는 옳지 않은, 즉 부적절한 입지를 의미하고 입지타당성이 낮다고 할 수 있다.

- 상수원보호구역 300m 상류 위치 → 상수원 수질 악화 우려
- 고속도로 및 지방도 근처 사업부지 → 조망 문제로 「산지관리법」 저촉 가능성
- 주변에 민가 및 정온시설 위치 → 소음, 먼지, 토사유출 등 환경 분쟁 발생 가능
- 인접지역 저수지로 인해 농어촌 정비법 제 22조 및 동법 시행령 제30조 '저수지 상류 500m 이내에는 공장설립이 제한'된다는 법령에 저촉

사업 타당성은 사업이 성공할 가능성이 어느 정도인가를 나타내는 것처럼 입지의 타당성은 사업의 장소로서 적합한가를 나타내는 개념일

---

100 다음 국어사전

것이다. 사업 타당성은 수익성 여부를 판단하여 경제적 측면을 강조한다. 반면 입지의 타당성은 계획으로 인해 환경영향, 피해가 어느 정도 발생하는가와 환경법규와의 저촉여부[101]를 본다면 환경영향이 가장 큰 지역은 민감도가 가장 큰, 즉 민감 지역이 "상"일 것이다. 반대로 환경영향이 가장 작은 지역은 민감도가 가장 낮은 민감 지역이 "하"일 것이다(그림 57).

입지 타당성이라는 평가분야는 아래 그림과 같이 3개의 평가항목과 세부평가항목으로 구분된다. 3개의 평가항목 분야는 자연환경 보전, 생활환경의 안정성, 사회·경제 환경과의 조화성이다. 평가의 관점에서 본다면 자연환경의 보전은 자연환경에 미치는 영향을 보고 정부의 환경정책과 부합성을 평가하는 것을 의미한다. 이와 동일하게 생활환경의 안정성은 생활환경에 미치는 영향을 평가하여 생활환경의 안정성에 어떤 피해를 주는지 평가한다. 또한 사회·경제 환경과 조화성은 사회·경제 환경에 미치는 영향을 평가하여 조화성에 어떤 피해를 주는지 평가한다.

3개의 평가항목의 하위 개념인 세부평가항목은 어떤 의미인가? 자연환경의 보전에 미치는 영향은 포괄적인 개념이기 때문에 아래와 같이 세분화한 것이다.

---

101 - 야생 동식물 보호법에 따른 야생 동식물 특별보호구역 및 그 구제사항에 해당되는가
  - 백두대간보호에 관한 법률에 의한 백두대간보호지역 및 그 규제사항에 해당되는가
  - 환경정책기본법에 따른 특별대책지역(수질/대기) 및 그 규제사항에 해당되는가
  - 4대강 특별법에 따른 수변지역 및 그 규제사항(용도지역 변경 포함)에 해당되는가
  - 수도법에 의한 상수원보호지역 및 그 규제사항에 해당되는가
  - 골프장의 입지기준 및 환경보전 등에 관한 규정(문화관광부 고시)에 부적합한가
  - 한강·낙동강·금강·영산강·섬진강 수계 중 오염총량관리기본계획 수립지역인가

- 생물다양성·서식지 보전에 미치는 영향

- 지형 및 생태축의 보전에 미치는 영향

- 주변 자연경관에 미치는 영향

- 수환경의 보전에 미치는 영향으로 구분하여 생활환경의 보전에 미치는 영향은 포괄적이기 때문에 아래와 같이 세분화한 것이다.

- 환경기준 부합성

- 환경기초시설의 적정성

- 자원·에너지 순환의 효율성으로 좀 더 세부화 하여 이해할 필요가 있다.

사회·경제 생활환경의 조화성은 너무 광범위하기 때문에 "환경 친화적 토지이용"으로 제한하고 있다.

전략환경영향평가의 평가항목의 구조는 다 단계이므로 이러한 구조를 고려하여 평가항목을 설정할 수 있다. 입지타당성의 예를 들어 본다면

- 우선 "입지 타당성"을 평가하기 위해 환경영향을 파악하여야 하므로 대상계획에 의한 환경영향이 "자연환경의 보전", "생활환경의 안정성", "사회·경제 환경과의 조화성" 중 어느 평가 항목분야에 주로 발생할 것인지를 판단한다.

- 2단계에서는 계획 특성상 주요 평가항목 분야에 해당하는 세부평가 항목 중 어느 평가 항목을 주로 평가할 것 인지를 선택한다.

- 3단계에서는 선정한 세부평가항목을 위해 필요한 자료를 확인한다.

【참조 18】 비엔나 폐기물관리계획(1999-2001) 전략환경평가의 조사범위 (Scoping)

비엔나 폐기물관리계획(1999-2001) 전략환경평가 팀이 설정한 조사범위는 아래와 같다:

- 조사범위: 비엔나 시와 그 주변
- 일부 폐기물을 제외한곤 비엔나에서 발생하는 모든 폐기물이 관리 대상
- 예상 년도: 10년
- 그 외에 대안별 평가를 위한 평가방법과 평가지표 개발

f. 평가항목 설정 방법

평가항목 설정 방법은 브레인스토밍(Brainstorming), AHP(Analytic Hierarchy Process)기법, 네트워크(Network), 상호대조표(Matrix) 등을 이용하여 설정할 수 있다. 이 방법들은 토지이용을 포함한 구체성이 큰 대상계획에 한에 적용할 수 있다.

환경영향평가서 작성 등의 결정을 위한 가이드라인에 따르면 평가항목은 다음 그림과 같은 방법으로 설정할 수 있다.

1. 우선 계획이 어느 위계에 위치하고 있고 점·선·면·혼합형 중 어떤 형태의 사업 계획인지를 통해 사업계획의 특성을 파악한다:

   - 어떤 종류의 사업계획인가?
   - 사업계획 안이 환경에 미치는 영향의 원인이 되는 요소, 즉 환경영향요소는 무엇인가

2. 사업계획 지역의 환경적 특성을 파악한다.

   - 어디에 사업계획이 시행되는가?

- 사업지역의 환경(민감도)은 어떤 상태인가?
- 지역의 특별한 이슈(분쟁 등)가 되는 환경문제가 있는가에 대해 분석한다.

    3. 위 1-2를 토대로 환경영향요소와 평가항목 간의 관계를 상호대조표(Matrix)를 통해 분석한다.

    4. 환경영향평가항목과 환경영향 정도를 도출한다:
- 사업계획의 환경영향요소는 어느 환경(평가항목)에 영향을 미치는가?
- 그 환경영향은 어느 정도 인가?

【표 8 − 3】 평가 항목과 환경영향요소간의 영향정도 도출 매트릭스(matrix)

평가항목 / 환경 영향요소	토양	수환경	대기/기후	동식물상	경관	인구
토지이용변화	√	√	√	√	√	√
지형변화				√	√	
불투수성포장	√	√	√	√	√	
미세먼지		√	√	√		
소음진동				√		
오염물질	√	√		√		
단절				√		
물수지변화	√	√	√	√		

【참조 19】 상호대조표(Matrix)의 원리

상호대조표는 말 그대로 "무엇이" "어느 환경에 영향을 끼치는가"의 관계를 상호대조하여 종합적으로 보여주는 표이다. 즉 환경영향요소와 평가항목 간의 관계를 이해하기 쉽도록 횡축에 환경영향요소를 종축에 평가항목을 기입하여 개발행위가 환경에 어떠한 영향을 미치는가를 상호대조할 수 있는 것이 행렬식 대조표이다(환경영향평가서작성 등에 관한 규정, 2001, 환경부고시 제1997-95호).

평가항목 \ 환경 영향요소	어느 환경분야에 어느 정도 영향을 미치는가?
어떤 환경영향요소가	

【그림 8-26】 상호 대조표 개념도

행렬식 대조표의 원리는 종단의 환경영향요소를 뜻하는 "무엇"과 횡단에 있는 "어떤 환경 분야"를 대조하는데 있다(그림 1). 환경영향요소(무엇이)가 어느 환경 분야(평가항목)에 영향을 끼치게 된다면 그 해당 칸에 그 상호관계성을 표기한다. 이러한 방법은 다양한 환경영향요소로부터 영향을 받게 되는 평가항목간의 관계를 일목연하게 표현할 수 있다. 평가항목을 설정하기 위해 평가준비서 작성 시에 사용된다.

작성방법:
1. 가로(횡)줄에는 평가항목을 기재(환경영향평가법 별표 1)
2. 세로줄(종)에는 환경영향요인을 기재
3. 환경영향요소에 의해 영향을 받게 되는 평가항목과 환경영향 정도를 3등급으로 표시

(2)평가범위 설정

① ★평가범위 설정의 내용

계획의 수립으로 인해 영향을 받게 되는 지역은 평가대상지역이다. 이 지역을 전략환경영향평가 대상 지역 또는 평가범위라고 한다. 용어는 다르지만 이는 영향을 받는 지역이므로 환경영향권이라고 할 수 있다. 환경영향권이 넓거나 좁으냐에 따라 전략환경영향평가의 난이도는 차이가 날 수 있다. 환경영향권이 정해지면 이 지역에 대해 지역개황과 환경 현황조사를 해야 하고 이 지역에 미치는 환경영향을 평가하여야 한다.

② ✿법적 요구사항

전략환경영향평가 대상지역은 "계획시행으로 인하여 환경에 영향을 미칠 것으로 예상되는 지역"이다[102]. 설정된 대상지역의 범위는 도면에 표시한다. 구체적인 입지가 없는 계획의 경우에는 계획으로 인한 영향의 시간·공간적 범위를 개괄적이고 정성적인 형태로 파악하여 제시한다. 평가 범위는 평가 항목별로 설정하는 것이므로 평가항목에 따라 범위가 차이가 날 수 있다.

【참조 20】유럽연합 전략환경평가 지침(부록 Ic)

중대한 환경영향이 예상되는지 지역에 환경특성을 조사하도록 되어 있다. 따라서 중대한 환경영향이 예상되는 지역이 평가범위로 간주해도 된다. [103]

---

102 환경부, 2016, 환경영향평가서 등 작성 등에 관한 규정 제5조와 별표 3, 환경부 고시 제2016-22호
103 유럽연합 전략환경평가 지침 부록 Ic

③☞힌트

전략환경영향평가 대상지역은 과학적으로 예측·분석하여 설정하고 그 설정한 내용을 도면으로 표시하여야 한다. 또한 범위 설정에 사용된 근거를 객관적으로 제시하여야 한다[104].

계획의 공간적 범위, 즉 계획지역과 평가대상 지역 및 평가범위는 어떤 차이가 있는지는 아래 그림 8-27을 통해 개념화 할 수 있다. 행정계획은 대체로 행정구역상의 지역을 말하고 평가대상 지역은 직·간접적으로 환경영향을 받는 지역이다. 직접 환경영향 지역은 계획으로 인한 영향이 즉각적으로 나타나는 범위이며, 간접 환경영향 지역은 계획으로 인해 추후에 시간을 두고 영향이 확실시 나타나는 지역을 의미한다. 평가대상지역은 평가항목별 평가범위를 고려하지 않고 모든 평가항목을 포괄하는 지역으로 계획지역보다는 그 공간적 범위가 좁다. 평가범위는 평가항목별로 조사를 하여야 하는 지역이므로 그 범위가 서로 차이가 나지만 전체적으로 그 공간적 범위는 계획지역과 평가대상 지역에 비해 가장 좁다고 할 수 있다.

전략환경영향평가 대상지역은 아래 그림 8-28과 같이 직·간접 영향지역을 포함한다. 직접 영향 지역은 계획으로 인한 영향이 즉각적으로 나타나는 범위를, 간접 영향 지역은 계획으로 인해 추후에 시간을 두고 영향이 확실시 나타나는 지역을 의미한다.

---

104 환경영향평가서 등 작성 등에 관한 규정 제16조, 별표 1

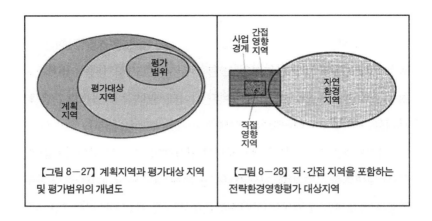

【그림 8-27】 계획지역과 평가대상 지역 및 평가범위의 개념도

【그림 8-28】 직·간접 지역을 포함하는 전략환경영향평가 대상지역

a. 대상지역 범위

그림 8-29와 같이 전략환경영향평가 대상지역 범위는 계획의 특성과 환경영향의 특성을 고려하여 설정한다.

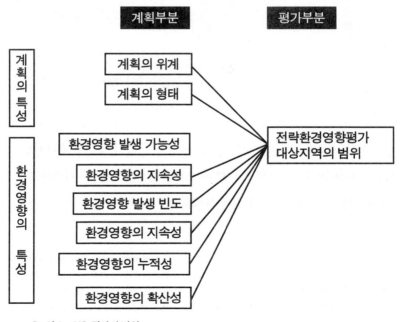

【그림 8-29】 평가의 범위

대상지역 범위는 전략환경영향평가대상 계획에 포함 된 개발사업이 점·선·면형태에 따라 대상지역의 범위가 차이가 난다. 선형 사업계획의 영향지역 범위가 '3'이라면 점형 사업은 '4'이고, 면형 사업은 '12'다. 대상지역의 범위는 면형의 범위가 가장 넓고 그 다음으로 선형 그리고 점형 계획 순이다(그림 8-31). 점형의 계획은 예를 들면 폐기물처리시설의 입지 선정 등이다. 선형의 계획은 국가철도망구축계획 또는 노선별 도시철도기본계획, 도로건설계획 등이 있다. 면형의 계획은 물류단지의 지정, 공단 택지 등을 말한다(그림 8-30).

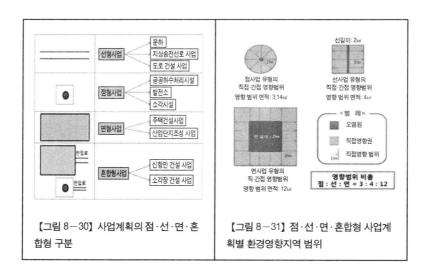

【그림 8-30】 사업계획의 점·선·면·혼합형 구분

【그림 8-31】 점·선·면·혼합형 사업계획별 환경영향지역 범위

대상 계획의 개요에서 언급된 계획의 위계는 계획의 상세성과 관련되어 있으며 이는 바로 대상지역 범위와 연계된다. 상위계획에서 하위계획으로 내려가면서 계획의 상세성은 커진다. 상위계획(정책계획)은 대

체적으로 추상적이고 대상지역 범위가 넓고 하위계획(개발기본계획)은 구체적이고 대상지역 범위가 좁다(그림 8-32). 따라서 계획의 위계와 계획의 상세성 분석을 토대로 전략환경영향평가 대상지역 범위를 설정한다. 예를 들면 도로의 경우 시점과 종점만 있는 상세성이 낮은 도로계획의 경우 그 범위가 2 km인 반면, 노선과 차도, 제한속도, 예상 통행량 등 기본설계나 실시설계 단계인 상세성이 sv은 단계인 경우에는 그 범위가 0.5km로 대폭 줄어든다. 이처럼 계획 단계가 상위에서 하위로 내려오면서 대상지역의 범위는 좁아진다.

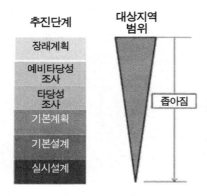

【그림 8-32】 도로사업 단계별 전략환경영향평가 대상 지역 범위

【참조 21】 **도로망기본계획의 전략환경영향평가 대상지역 범위에 대한 예시**

전략환경영향평가 대상 계획은 한 단계에 국한되어 있는 사업으로 구성되어 있거나 여러 단계의 사업들이 혼재되어 구성되어 경우가 있다. 전자의 경우 전략환경영향평가 대상지역 범위가 단순한 반면, 후자의 경우 복잡한 양상을 띠고 있다. 즉 사업별로 본다면 사업의 수준에 따라 그 대상 지역범위가 달라지므로 한 계획안에서 각각의 사업에 따라 대상지역 범위는 차이가 난다. 예를 들어 도로망기본계획은 도로 사업들이 장래계획, 예비타당성 조사, 타당성조사, 기본설계, 실시설계 단계로 구분되어 있다. 시종점만 있는 장래계획은 그 대상지역 범위가 가장 넓고, 노선과, 차도, 제한속도가 정해진 실시설계 단계에서는 그 범위가 좁다. 따라서 여러 단계의 도로사업으로 구성되어 있는 도로망기본계획의 경우 도로 사업별로 대상지역 범위를 설정하여야 한다.

도로망기본계획은 1992년에 정립된 격자형 7x9 국토간선도로망 계획과 순환망인 30대 선도 프로젝트, 수도권 고속도로망(7x4+3R) 등을 도로망기본계획에 담고 있다. 여기에 포함된 많은 도로 사업을 합치면 전국이 전략환경영향평가 대상지역 범위가 된다. 이처럼 도로망기본계획은 전국을 대상으로 하는 계획이므로 각각의 사업 주변을 대상범위로 설정할 뿐만 아니라 전국을 평가대상 지역으로 삼아야 한다.

계획의 환경영향 특성에 따라 전략환경영향평가 대상지역 범위가 차이가 난다. 계획의 특성을 감안하여 아래 질문에 대해 대강의 답변을 하여 대상의 범위를 설정한다.

- 환경영향 발생 가능성, 즉 환경영향이 발생할 가능성이 어느 정도인가?

추상적이거나 환경에 긍정적인 영향이 예상된다면 환경영향이 발생할 가능성은 낮다.

> - 환경영향의 지속성, 즉 환경영향이 언제까지 지속적으로 발생할 것인가?

환경영향은 일시적으로 발생할 수 있지만 도로나 철도 계획의 경우 교통시설을 운영하는 동안은 지속적으로 환경영향이 발생한다.

> - 환경영향 발생의 빈도, 즉 어떤 환경영향이 얼마나 자주 발생할 것인가?

도로나 철도 계획의 경우 차량이나 철도 운행 계획에 따라 환경영향 발생 빈도상에 차이가 있다.

> - 환경피해의 가역성, 즉 오염된 환경이 원상태로 회복할 수 있는가?
> - 본 계획에 의한 환경영향 외에 계획 대상 지역에서 수립되는 다른 계획에 의해 환경영향이 누적되어 발생하는가?

누적 환경영향은 본 계획 대상지역에서 발생한 다른 계획에 의한 환경영향 추가되는 것을 말한다.

> - 환경영향의 확산성, 즉 발생된 환경영향이 어느 정도로 강하고 공간적으로 어디까지 확산되는가?

예를 들면 도로와 같은 선형 사업계획에 의해 발생하는 도로 소음과 대기오염은 도로변 주변에 국한하여 국지적 환경영향의 양상을 띠고 있다. 반면 소각시설 계획의 경우에 발생하는 대기환경에 미치는 영향은 기상여건에 따라 원거리에 까지 영향을 미치므로 확산성은 매구 크다고 할 수 있다.

b. 평가범위

전략환경영향평가 대상지역은 "계획의 시행으로 인하여 환경에 영향을 미칠 것으로 예상되는 지역"[105]인 반면 전략환경영향평가 평가범위는 "평가항목별 범위"를 말하는 것으로 말 그대로 평가항목에 따라 그 범위가 다르게 나타날 수 있다는 것을 의미한다. 아래 그림 8−33은 도로에 의한 환경영향이 환경분야별로 다르게 나타나고 있음을 확연하게 보여주고 있다.

---

105 환경부, 2016, 환경영향평가서 등 작성 등에 관한 규정, 환경부 고시 제2016-22호

【그림 8-33】 4차선 도로에 의한 평가항목별 환경영향의 범위[106]

표 8-4와 같이 평가항목별로 사업의 종류에 따라 평가범위를 설정하는데 이는 단순한 방법이며 보다 정교한 범위 설정을 위해서는 아래와 같이 2가지 요소를 고려하는 것이 바람직하다.

- 사업계획의 특성
- 평가대상 지역의 민감도

토지를 이용하는 개발 사업계획의 경우 아래와 같이 특성을 구분할 수 있다.

- 사업의 규모, 즉 부지의 면적과 수자원 사용량(예: 도로 연장 등)

---

106 Deutscher Jagdschutz-Verband e.V., 2008, Barrieren überwinden Praxisleitfaden für eine wildtiergerechte

- 사업의 강도(예: 도로 차선 또는 통행차량, 소각시설의 처리용량 등)

- 사업의 유형(선형, 점형, 면형, 혼합형)에 따라 상이하게 나타난다.

예를 들어 도로의 차선과 평가항목별로 환경영향지역은 차이가 난다. 환경영향지역, 즉 평가범위 내에 민감지역(상수원 보호구역, 정온지역 등)이 존재한다면 그 범위는 넓고 환경영향의 강도도 커진다(그림 8-34)

【표 8-4】 사업별 대기질·악취 평가항목의 평가범위

평가항목	평가사업	평가범위 설정기준
대기질	골프장	2.0 km
	택지개발	0.5 km
	항만	3.0 km
	토석채취	2.0 km
	하천	0.5 km
	철도	0.5 km
	도로	0.5 km
	산업단지	2.0 km
	발전소	10.0 km
	폐기물처리시설	5.0 km
악취	산업단지	2.0 km
	폐기물처리시설	5.0 km

자료: 환경부, (2013. 01). 환경영향평가 스코핑 가이드라인(안)-평가항목·범위 결정 등을 위한 지침서

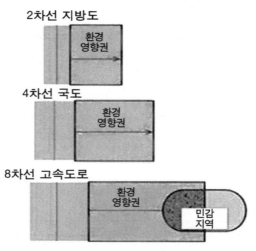

2차선 지방도

환경
영향권

4차선 국도

환경
영향권

8차선 고속도로

환경
영향권

민감
지역

【그림 8-34】도로 차선별 환경영향 대상지역(환경영향권)

　　예를 들어 아래 표 8-5와 같이 11개의 법정 보호지역을 중요도에 따라 순서척도에 의해 5등급으로 구분할 수 있다. 이 경우 중요도 V등급은 예를 들어 I등급보다 민감도 매우 높다고 할 수 있다[107]. 또는 도시관리계획은 토지를 용도(주거지역, 상업지역, 공업지역, 녹지지역)로 구분하는데 평가대상지역이 여러 용도지역을 포함하고 있다면 각각의 용도지역에 거주하는 인구의 차이를 통해 민감도에 대한 단서를 찾을 수 있다. 평가대상지역이 주거지역이라면 이를 제1종 전용주거, 제2종 전용주거, 제1일반주거, 2종 일반주거, 3종 일반주거, 준 주거로 구분하여 주거인구의 차이를 두고 민감도의 차등을 둘 수 있다.

---

107 이무춘 외, 2011, 도로정비기본계획 사전환경성검토 보고서

평가대상 지역의 민감도는 환경영향요소에 의한 사업계획의 부지와
주변 지역의 생태적 반응 또는 소음에 따른 주민의 반응을 의미한다.

【표 8-5】 법정 보호지역의 중요도[108]

구 분		중요도
보전가치지역	문화재보호구역	(V)
	백두대간보호지역	(V)
	산림유전자원보호림	(II)
	생태·경관보전지역	(IV)
	수산자원보호구역	(I)
	습지보호지역	(V)
	야생 동식물 보호구역	(III)
자연공원	국립 공원	(V)
	도립 공원	(II)
	군립 공원	(I)
생태·자연도	생태·자연도 1등급지역	(V)

아래 표 8-6은 운행차량과 도로의 지형(평지 또는 구릉지)를 토지이용
형태·수환경·비오톱과 연계하여 환경영향범위를 대략적으로 설정한
것이다. 3만대 이상의 운행차량에 의한 환경영향의 범위는 구릉지보다
는 평지에서 넓은 편이고, 도로 주변의 임야보다는 농지의 경우에 영향
범위가 넓으며, 민감한 비오톱 보전지역에 미치는 영향범위는 다른 평가
대상 지역에 비해 가장 넓은 범위를 차지하고 있다. 이처럼 환경영향이

---

108 이무춘 외, 2011, 도로정비기본계획 사전환경성검토 보고서

발생하는 지점의 지형과 평가대상 지역의 토지형태를 고려하여 환경영향범위를 설정할 수 있다.

【표 8-6】 운행차량과 지형(평지와 구릉지)을 고려한 평가대상 지역별 환경영향범위[109]

	대체로 평지			대체로 낮은 구릉지		
	>30,000 대/일	10,000 - 30,000 대/일	<10,000 대/일	>30,000 대/일	10,000 - 30,000 대/일	<10,000 대/일
농지	500m	400m	300m	300m	200m	100m
임야	400m	300m	200m	300m	200m	100m
지표수	600m	500m	400m	300m	200m	100m
지하수	600m	500m	400m	300m	200m	100m
하천, 호수	600m	500m	400m	300m	200m	100m
비오톱 보전지역	800m	600m	400m	600	400	300

【표 8-7】 그림: 차선 또는 운행차량에 따른 환경영향범위별 자연환경영향의 가중치[110]

환경영향범위		6차선 또는 >50.000 대/일	4차선 또는 25.000-50.000 대/일	2차선 또는 10.000-25.000 대/일	<10.000 대/일
존 I	0-25m	80%=F0.8	70%=F0.7	60%=F0.6	50%=F0.5
존 II	25-50m	50%=F0.5	40%=F0.4	30%=F0.3	20%=F0.2
존 III	50-150m	30%=F0.3	20%=F0.2	10%=F0.1	–
존 V	150-250m	20%=F0.2	10%=F0.1	–	–

---

109 STRASSE LANDSCHAFT UMWELT Heft 11/2003

110 STRASSE LANDSCHAFT UMWELT Heft 11/2003

(3)평가방법

① ★내용

계획의 복수 대안으로 인해 예상되는 환경영향을 어떻게 조사하고 평가할 것인가는 스코핑의 핵심사안이다. 따라서 이에 적합한 조사와 평가방법을 찾아야 한다. 전략환경영향평가 차원에서의 평가방법은 사업환경영향평가에 적용되는 방법과는 근본적으로 다르다. 전략환경영향평가에서는 우선적으로 이해할 수 있는 환경영향의 예측과 영향의 상관관계를 서술하는 것이 관건이지 환경영향평가에서처럼 절대적이고 상세한 영향 분석은 아니다. 일반적으로 환경영향에 대한 분석의 깊이 보다는 넓고 수평적인 관점이 환경영향의 조사와 평가에서 중요하다[111]. 평가의 지표를 통해 계획의 환경영향은 발생이 예상되는지와 초기에 설정한 환경목표를 달성할 수 있는지의 여부와 이를 얼마나 잘 달성할 수 있는지를 파악할 수 있다.

② ❁법적 요구사항

환경영향평가법이나 환경영향평가서 등 작성 등에 관한 규정에 따르면 평가는 "현재의 환경기준, 과학적 지식, 경험 및 외국에서 사용되고 있는 기준 등을 고려"하여 "평가항목별로 예측·분석한 결과에 대하여 사람의 건강, 생활환경 및 자연환경보전, 사회·경제환경 등의 관점"에서 실시하여야 한다[112].

---

111 Arbter K., ITA (Hg.), 2009, Handbuch Strategische Umweltprüfung
112 환경부, 2016, 환경영향평가서 등 작성 등에 관한 규정 제11조

평가 시에 고려와 관점의 사항에 대해 언급되어 있으나 평가방법에 관한 내용은 확인되지 않고 있다. 환경영향을 평가할 때에 활용할 수 있는 부분은 환경보전대상인 평가항목[113]이며 누적영향[114], 환경에 변화를 가져오는 모든 긍정적, 부정적 영향, 직접적인 영향과 간접적인 영향, 단기적인 영향과 장기적인 영향[115]을 고려하는 것이 바람직하다.

③☞힌트

환경영향의 평가구조

개발계획에 의해 환경은 영향을 받을 수 있다. 어떤 환경영향이 발생하고 그 영향은 환경변화를 유발한다. 환경변화가 위험요소 또는 환경부하로 작용하는지에 대한 판단을 하기 위해서는 평가를 실시하여야 한다. 평가의 사전적 의미는 사물의 가치나 수준 따위를 평하는 것을 말한다. 평가를 한다는 것은 예상되는 환경영향을 하나의 가치체계(Wertsystem)로의 전환을 의미한다. 이러한 전환과정은 객관적이어야 한다. 객관성을 확보하기 위해서는 과학적으로 접근하여야 한다. 하지만 가치는 주관성이 내포되어 가치관에 따라 평가의 결과도 차이가 날 수 있다. 악영향에 대한 판단을 할 때 주관적인 입장이 개입되면 평가의 내용은 흐리게 될 수 있다. 이러한 가능성이 있기 때문에 평가자가 어떻게

---

113 환경영향평가법 제2조 별표 1

114 환경영향평가법 제4조.
대상계획의 주변 지역에서 다른 개발계획이 동시에 또는 시차를 두고 이루어질 경우 다른 개발계획의 환경적 영향과 상호 복합·상승 작용으로 인하여 평가대상 계획이 단독적으로 시행되는 경우보다 환경영향이 크 수 있음.

115 환경부, 2016, 환경영향평가서 등 작성 등에 관한 규정 제2조

평가하는지를 스스로 판단하고, 납득할 만한 수준에서의 평가방법을 개발하고, 그리고 평가내용에 대해 평가자 본인이 입장을 대변하기 위해서 기본적인 평가의 구조를 살펴보는 것이 바람직하다.

그림 8-34에서와 같이 평가는 평가를 시행하는 주체(Subject)와 평가 대상인 환경(Object)과 구조적 관계에 있으며, 이 평가의 구조(Bewetungsstruktur)는 환경에 대한 지식과 환경에 대한 입장표명, 가치관의 3가지 요소로 구성되고 있다.

• 환경에 대한 지식: 평가자가 평가대상 인 환경에 대한 지식 또는 정보를 알고 있을 때 환경에 대한 평가를 할 수 있다. 환경에 대해 전혀 아는 바가 없다면 환경은 평가자에게 존재하지 않거나 평가의 한계를 지니게 될 것이다. 예를 들면 어느 습지생태계에 대해 전혀 아는 바가 없을 경우 이에 대한 평가는 불가능 할 것이다. 그러나 환경에 관해 어느 정도 정보를 가지고 있다면 환경에 관해 납득할 수준으로 객관적인 평가를 할 수 있다. 평가자는 평가대상 인 환경을 직접 식별하는 것이 아니라, 즉 모형(Model)을 통해서만 인지할 수 있다.

• 입장표명: 가치를 부여하는 주체는 사물에 대한 어떠한 (긍정적 또는 부정적) 입장표명을 하게 된다.

• 가치관(Wertbewusstsein): 입장표명에 평가자의 어떤 가치관이 개입된다면 이를 평가의 행위라 할 수 있다. 이 평가 행위에는 부정적 또는 긍정적 입장이 내포되어 있다.

그림 8-35에서의 평가구조체계에는 환경(object)과 평가자(subject))

가 참여하고 있고, 사물에 관한 지식 및 입장표명과 가치관이 함께 복합적으로 작용하고 있다. 이들 3가지 요인들이 서로 어떤 상호관계에 있는지는 일반 논리적 분석방법으로는 규명하기 어렵다. 평가를 하는 행위는 주체가 지니고 있는 가치관과 사물에 대한 지식이나 정보간의 교신(Korrespondenz)을 통해 가능하나 이들의 관계는 간단한 1차 방정식이 아니다. 어느 평가자의 평가내용이 다른 사람에게도 납득이 가도록 하기 위해서는 두 구조를 연결해주는 교신방법을 알려주어야 하며 이를 통해 평가 절차와 내용의 투명성을 가능하게 한다.

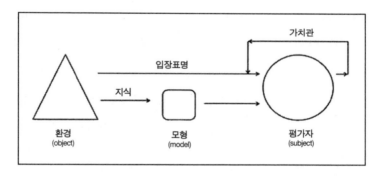

【그림 8-35】 평가를 시행하는 주체(Subject)와 평가 대상인 환경(Object)와 구조적 관계

전략환경영향평가와 관련하여 평가는 쉽게 생각하면 환경영향요소에 의해 영향을 받는 평가항목의 변화에 대해 가치를 부여하는 것이다. 가치란 영향의 크기를 표현하는 것인데 환경목표와 비교하여 영향의 크기가 어떤가를 보는 것을 말한다. 영향의 크기가 "大"면 중대한 환경영향을 의미하고, 영향의 크기가 "中"이면 보통의 환경영향을 의미하고,

영향의 크기가 "小"면 약한 환경영향이 예상된다는 의미이다(그림 36). 하나의 사업계획 안에 대한 환경영향을 평가한다면 환경목표를 중심으로 절대평가를 하지만 전략환경영향평가는 다수의 안을 평가하는 것이므로 환경목표와 비교하여 순서척도(ordinal scale)를 이용하여 안별로 환경영향의 순서를 사용한다. 순서척도란 여러 대안을 환경영향성에 따라 순위를 매기는 것이다. 순위는 설정한 목표를 기준점으로 매길 수 있다.

【참조 22】평가척도의 종류

● 명목척도(Nominal Scale)

명목척도는 가장낮은 수준의 척도로서 측정대상자들간의 특성을 단순하게 구별하게 하는 척도이다. 이는 가령 출생아의 성을 "남자" 또는 "여자"로 구분하거나 또는 어느 지역의 상수원보호구역으로서의 지정여부도 명목척도에 속한다. 방류수 수질 기준 초과여부도 이에 해당한다. 따라서 명목척도에서는 기본적으로 2단계로만 구별됨

● 순서척도(Ordinal Scale)

순서척도 또는 서열척도는 명목척도 보다 더 높은 수준의 척도이다. 예를 들어 20개의 사과를 크기(대, 중, 소)에 따라 분류하여 순위를 비교하는 방법이다. 순서척도에 의해 측정되는 순위는 순위 간에 반드시 같은 구간으로 구분되는 것이 아님.

● 간격척도(Interval Scale)

간격척도 또는 구간척도는 순서척도보다 한층 더 높은 수준의 척도(명목+순서+간격)이다. 간격척도에서는 기준점을 임의로 정하기 때문에 절대적 기준점(absolute Nulpunkt)이 없으며 순위와 순위간의 간격을 임의로 만든다. 측정대상의 양적 특성에 따라 순서를 정할 수 있는 구분 외에 서로 이웃하는 순서 간에 간격을 알 수 있는 척도임

● 비율척도(Ratio Scale)

비율척도는 4종류의 척도 중 가장 높은 수준의 척도(명목+순서+간격+절대영점)로서 명목척도, 순서척도 및 간격척도의 구분을 가능하게 하는 것 이외에 다른 뜻을 알 수 있게 하는 척도이다. 비율척도는 진정한 의미의 절대적 기준점(absolute Nullpunkt)을 가지고 있을 뿐만 아니라 단위척도가 있어서 순위 간에 간격을 알 수 있으며, 또한 두 순위 중 한 순위가 다른 순위의 기준으로부터 몇 배가 되는지를 알 수 있는 척도임 (예: 하수도 보급률)

평가방법과 관련하여 아래의 사항을 참고하는 것이 바람직하다.

• 전략환경영향평가의 차원에서는 자료의 실태가 불확실하다. 이러한 상황에서는 대안의 장단점, 환경에 미치는 영향과 영향의 상호작용에 대한 일반적인 정성적인 방법으로 서술하는 것이 적절하다. 정량적인 계산모형은 정확하게 보일지 몰라도 전략환경영향평가의 차원에서 추상적인 계획의 성격과 이와 관련하여 예측의 불안전성 때문에 조심스럽게 사용하여야 한다.

• 종종 정성적인 방법과 정량적인 방법의 조합이 유용할 수 있다. 오염물질 배출량을 계산하듯이 일부 지표는 정량적이고 경관에 미치는 영향은 정성적으로 평가할 수 있다.

• 모델링을 통한 정량적인 평가방법을 사용하는 경우 모델링에 사용한 전제에 대해 투명하고 확인이 가능한 자료가 필수적이다. 모형결과인 수치에 대한 의미를 명확히 하고 외관상 정확하다는 잘못 된 인식을 방지하기 위해 종합적인 해석이 필수적이다. 영향의 상호작용은 영향사슬을 통해 서술할 수 있다.

• 영향예측의 불확실성에 대해 서술하여야 한다.

• 여러 종류의 환경영향에 대한 평가결과를 종합(Aggregation)하는 경우 주의하여야 한다.

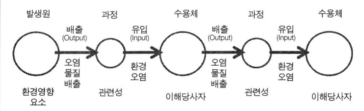

기본적으로 환경영향요소에 의해 발생하는 환경영향은 영향의 강도와 영향 지역의 민감도에 의해 다르게 나타난다. 아래 (그림 8-37)과 같이 환경영향의 강도를 상, 중, 하로 구분하고, 민감도도 역시 같은 상, 중, 하 등급으로 구분한다. 환경영향도가 "상"이고 대상지역의 민감도가 "상"이라면 환경변화는 높은 "상"이라고 할 수 있다. 반면 환경영향도가 "하"이고 민감도가 "강"이라면 환경변화는 "중"정도로 나타난다. 환경영향의 강도는 예를 들어 개발지의 면적의 크기로 구분하거나, 교통과 관련하여서는 차선, 예상되는 운행차량, 제한 속도 등으로 상-중-하를 구분할 수 있다. 민감도는 예를 들어 생태자연도 또는 녹지자연도, 상수원 보호구역의 이격거리, 주민 수, 여러 등급으로 구분할 수 있는 각종 법정 보호지역을 대상으로 순서 척도에 의해 구분할 수 있다.

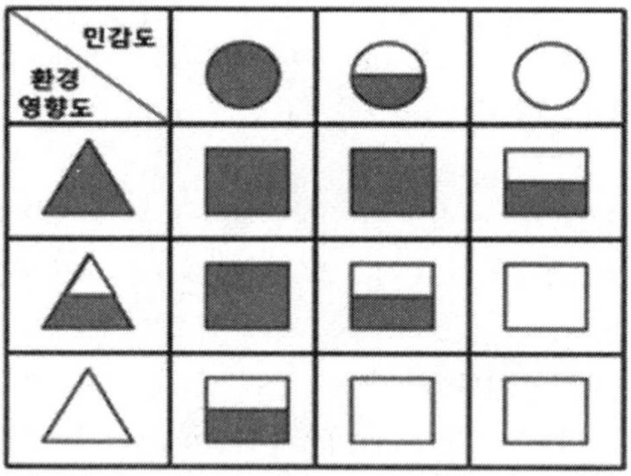

【그림 8-37】 환경영향도와 민감도의 관계 매트릭스

환경영향도와 민감도의 관계에 대해서는 예를 들어 소음에 의해 주민피해(그림 8-38), 또는 비점오염원에 의한 수생태계 영향(그림 8-39)을 순서척도로 규명할 수 있다. 환경영향도와 민감도의 관계는 도로 소음에 의해 주민피해를 순서척도로 규명할 수 있다 (참조 20).

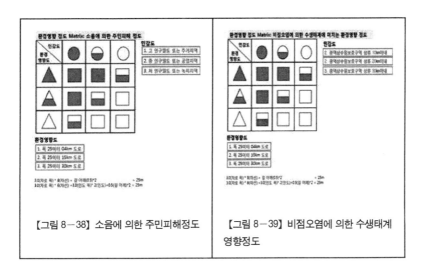

【그림 8-38】 소음에 의한 주민피해정도

【그림 8-39】 비점오염에 의한 수생태계 영향정도

입지의 타당성이라는 평가항목의 예를 들어 아래와 같이 대안을 평가할 수 있다. 동일한 지역에 계획의 복수 안을 수립하거나(그림 8-40) 계획의 단일안이 서로 다른 입지에 수립할 수 있다(그림 8-41). 전자의 경우 동일한 입지에 규모, 입주 업체의 수와 종류 등이 서로 다른 산업단지 안 1, 안 2, 안 3을 조성하는 계획이다. 이 경우 A라는 입지의 환경은 산업단지의 세가지 안에 의해 서로 다른 영향을 받게 되고 각각의 입지의 환경변화가 발생한다. 후자는 하나의 산업단지를 여러 입지(A 1, A 2, A 3)에 조성하여 입지의 환경이 영향을 받게 되고 입지별로 다른 환경변화가 일어

난다. 이러한 산업단지는 수질, 대기질, 생태계 등의 평가항목에 영향을 미친다. 이로 인한 환경변화가 예를 들어 환경기준과의 비교하여 부합하는지를 평가한다. 환경기준과의 부합성 정도에 따라 어느 대안이 적절한지를 판단할 수 있다. 그 판단의 결과가 평가가 되는 것이다.

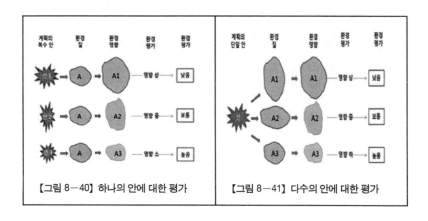

【그림 8－40】 하나의 안에 대한 평가   【그림 8－41】 다수의 안에 대한 평가

위의 사례에서 보듯이 환경영향평가는 2 단계로 구분된다. 첫 번째 단계에서는 그림 8-23과 같이 환경영향평가항목에 대해서 환경영향을 확인하는 것이고 두 번째 단계에서는 환경영향에 의한 환경변화를 토대로 전략환경영향평가항목(그림 8-24)에 대해서 평가하는 것이다. 이때 유럽에서는 첫 번째 단계에서만 평가한다.

8) 환경현황조사

(1) ★내용

환경현황에 서술은 현재의 상황을 파악하는 의미도 있지만, 환경보전목표를 설정하는 기초자료로 활용할 수 있다. 현재의 환경상태가 양호하면 이를 유지하는 것이 환경보전목표가 될 수 있고 환경상태가 아주 안 좋으면 이를 개선하는 목표를 설정할 수 있다. 또한 환경현황 조사를 통해 현재의 환경질을 파악할 수 있고 이는 향후 미 계획수립 시 어떻게 환경변화가 전개될지를 파악할 수 있다.

(2)✿법적 요구사항

환경현황은 우선적으로 평가준비서의 구성 사항인 "지역개황"에서 조사하여야 한다[116]. 환경현황에 대해서는 평가준비서나 평가서의 구성 사항으로는 언급 안 되어 있으나 환경영향평가서등 작성 등에 관한 규정 7조에 따라 현지 조사와 문헌조사를 병행하도록 되어 있다.

지역개황에는 해당되는 아래의 사항이 조사되어야 한다. 다만 정책계획 중 구체적으로 입지가 정하여지지 않은 경우에는 해당이 안 된다.

1. 법령·조례 등에 의해 지정된 지역(자연환경보전지역, 생태·경관보전지역, 상수원보호구역, 수변구역, 특별대책지역, 자연공원, 습지보호지역, 야생생물보호구역, 백두대간 등) 지정 현황

2. 해당지역 환경기준, 식생보전등급, 생태·자연도, 국토환경성평가지도, 지역별 오염총량기준 등 환경 규제 내용 및 환경 보전에 관한 사항

---

116 환경영향평가서등 작성 등에 관한 규정, 환경부 고시 제2016-22호, 제6조와 7조

3. 멸종위기 및 보호 야생생물 서식 현황 및 철새 도래 현황

5. 공장·공항·도로·철도 등 환경 피해를 유발시킬 수 있는 주요 시설물

6. 취수장·정수장, 문화재, 천연기념물, 역사·문화적으로 보전가치가 있는 건조물·유적 등 보호를 요하는 시설물

7. 하수종말 처리시설, 분뇨 처리시설, 폐기물 처리시설 등 환경 기초 시설

8. 어업권 현황(임해 도시 지역 및 해양에서 시행되는 계획 또는 사업에 한함)

9. 주변 교통 상황 및 교통시설 확충 계획

10. 교육시설, 병원 등 공공시설 현황 등

전략환경영향평가와 관련하여서는 환경현황조사에 대해서 별다른 언급이 없다. 그러나 실제 전략환경평가서에서는 환경영향평가항목에 대해 조사내용을 서술하고 있다.

> **【참조 24】** 유럽연합의 전략환경평가 지침은 환경영향이 예상되는 현재의 환경과 대상지역의 환경적 특성에 대한 서술을 요구하고 있다.[117] 입지 또는 노선을 선정하여 구체적인 해당 지역이 중요한 계획의 경우 환경영향 예상 지역의 환경특성에 대한 서술이 일반적으로 매우 중요하다. 유럽연합 지침은 계획 또는 프로그램과 관련된 모든 현재의 환경문제에 대해 서술하도록 요구하고 있다.[118]

---

117 유럽연합 전략환경평가 지침 EU SEA Directive) 부록 I(b)와(c)
118 유럽연합 전략환경평가 지침 EU SEA Directive) 부록 I(d)

【참조 25】 독일 환경영향평가법 14조 2항에 따르면 환경보고서에는 현재 환경의 특성과 계획 미 수립 시(No Action)에 전개되는 환경변화 및 계획 또는 프로그램과 관련된 환경문제를 서술하여야 한다. Box 13에서 언급하였듯이 생물다양성, 인구 및 건강, 동식물 상, 토양, 물, 대기, 기후 등의 분야가 환경현황 분석 대상이다.

(3) ☞힌트

계획과 관련된 환경문제는 현재 환경상황과 법적 환경기준과의 비교를 통해 파악할 수 있다. 예를 들어 어떤 환경문제로 인해 계획추진에 장해물로 작용(이미 오염이 심각한 지역이라 산업조성계획을 불가할 수 있음) 하거나 환경문제를 완화(녹지 축 조성으로 인해 소음피해 완화) 또는 악화시키는 경우를 환경문제로 볼 수 있다. 이렇듯 환경현황 조사를 통해 환경특성과 환경문제를 파악할 수 있어야 한다.

환경문제는 법정 보호지역의 경우에 발생가능성이 크다. 법정 보호지역에 대한 현황은 지역개황에서 서술한다.

(4) 주의 사항

환경현황분석에서 중요한 사항은 환경문제점을 해소하기 위해 계획과 관련된 관점에 국한시켜 조사하여야 한다는 점이다. 불필요한 자료를 조사하여 쓰레기 자료가 되지 않도록 주의하여야 한다.

9) 저감대책

(1) ★내용

전략환경영향평가를 통해 어떤 환경영향이 발생하고 이로 인해 어떤 피해가 발생하는지를 평가할 수 있다. 중대한 환경영향에 의해 환경피해가 예상된다면 이에 대한 저감대책이 필요하다. 저감방안을 모색하는 것은 평가의 궁극적인 목적이고 전략환경영향평가서 작성에서 중요한 부분을 차지한다.

(2)❁법적 요구사항

저감은 환경에 미치는 영향을 제거·감소·완화시키는 것을 말하며[119] 이를 위한 방안은 환경현황 및 영향의 예측·분석·평가 등의 내용을 토대로 합리적이고 구체적인 내용으로 수립하여야 한다.

---

119 환경영향평가서등 작성 등에 관한 규정, 환경부 고시 제2016-22호, 제2조

(3) ☞힌트

토지를 이용하는 행정계획은 환경영향을 유발할 수 있으므로 이에
대한 대책이 필요하다. 가장 효과적으로 환경영향을 저감하는 방안은 대
안의 위계(제5장 그림 13)에서 나타나듯이 계획의 필요성 또는 수요를 검
토함으로써 가능하다. 계획이 필요 없는 경우 계획을 수립하지 않는 것
이고 또는 수요가 실제로 존재하지 않거나 적은 경우 계획이 필요 없거
나 축소해서 계획을 수립하는 것이다. 이처럼 계획수립의 필요성이 없거
나 적은 수요로 인해 계획의 내용을 축소한다면 이는 근본적으로 환경영

---

120 독일 환경영향평가법 제14g 2항

향을 저감, 즉 환경영향의 방지를 의미한다. 이러한 접근법은 환경영향평가서 등의 작성 등에 관한 규정 제2조의 저감대책에 대한 내용과 일맥상통한다. 환경보전의 관점이나 사회·비용적인 측면에서 방지대책이 가장 중요하다. 환경영향평가에 비해 전략환경영향평가의 주요 장점은 환경영향이 아예 처음으로 발생하지 않토록 하는 초기에 효과적으로 대책을 마련할 수 있는데 있다. 방지대책이 소진되면 그 때 감소대책을 수립하고 마지막으로 상쇄방안을 모색하여야 한다. 감소와 상쇄의 의미는 불가피하게 발생한 부정적 환경영향을 사후적으로 수습하는데 있다. 독일 환경영향평가법에 나와 있듯이 저감의 개념을 명확히 하고 환경영향을 줄이기 위한 방안의 순서를 방지→저감→상쇄하는 순으로 하는 것이 필요하다(그림 8-42). 훼손이라는 저감방안은 현재 우리나라에서는 적용되지 않고 있으나 향후 도입이 충분히 있다고 생각된다.

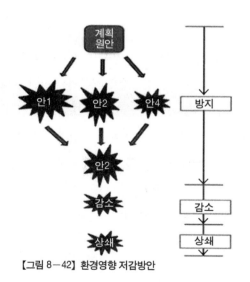

【그림 8-42】 환경영향 저감방안

10) 종합평가

(1) ★내용

행정계획에 의한 환경영향은 보호대상인 평가항목(수질, 대기질, 자연생태계 등)위주로 평가하거나 또는 전략환경영향평가 평가항목(환경보전계획과의 부합성 등) 에 따라 평가하는 형태의 2가지 형태로 구분하여 평가하는 방법이 있다. 이 방법들은 각각 평가항목별로 평가하는 것인데 종합평가는 말 그대로 각각의 항목으로 종합하여 평가한다는 뜻이다. 종합평가의 대상은 각각의 대안이며 어떤 대안이 상대적으로 친환경적인지를 비교하여 평가의 결과를 제시하여야 한다. 따라서 종합평가의 결과를 통해 어느 대안이 가장 친환경적인지를 판단할 수 있다. 선정된 하나의 대안에 대해 저감방안을 제시하는 내용도 종합평가에 포함된다.

(2)✿법적 요구사항

환경영향평가서등 작성 등에 관한 규정 제23조(전략환경영향평가서의 구성)에 따르면 전략환경영향평가서에는 종합평가의 내용이 포함되어야 하며[121] 개별 평가항목에 대한 평가 결과를 바탕으로 정량적·정성적 종합평가를 실시하여야 한다.

---

121 환경영향평가법 시행령 제21조

【참조 27】 독일 환경영향평가법에 의한 종합평가

환경영향평가법 제14g 2항 7호에 따르면 평가에 대한 종합을 할 때에는 기술적인 결점 또는 지식상에 모자람이 있는지에 대해 서술하여야 한다. 이를 통해 평가상에 어떤 어려움이 있었는지에 대해 공공에게 알리게 된다. 현재 수준에서 합리적으로 비용을 들여야 밝혀내기 어렵거나 현재의 학문적 수준에서 알 수 없는 경우가 이에 해당한다.

(3) ☞힌트

전략환경영향평가서의 마지막 부분에 해당되는 종합평가는 평가대상인 행정계획의 개요부터 시작한 평가서의 전체 내용이 압축되어 서술되어야 한다. 종합평가는 단순하게 평가항목별로 나열하는 형태가 되어서는 안된다. 과목별 성적을 종합하듯이 계획에 의한 평가항목별 환경영향을 동일한 단위로 통일시키고, 각각의 영향을 모아서 합하기 위해서는 논리적으로 서술하여야 한다. 즉 어떤 환경영향요인에 의해 어떤 환경영향과 환경변화가 발생하는지에 대한 인과관계를 염두에 두고 서술하여야 한다.

1. 전략환경영향평가에서는 어떤 이해관계자가 참여하고 각자의 역할에 대해서 서술하시오.

정책-계획-사업의 관계에 대해 서술하시오.

2. 정책계획과 개발기본계획으로 구분한 전략환경영향평가 절차에 대해 서술하시오.

3. 약식 전략환경영향평가는 어떤 절차가 생략되는가에 대해 설명하시오.

4. 전략환경영향평가 평가준비서는 어떤 목적으로 작성하는지에 대해 서술하시오.

5. 환경영향평가협의회의는 어떤 내용을 심의하는지에 대해 설명하시오.

6. 전략환경영향평가에서 주민참여의 중요성에 때해 논하시오.

7. 행정계획수립과정에서 언제 전략환경영향평가가 시행되는지에 대해 논하시오.

8. 전략환경영향평가서 작성에 적용하는 기본원칙에 대해 설명하시오.

9. 스크리닝 제도를 도입하는 이유에 대해서 설명하시오.

10. 계획의 특성에 대해 서술하여야 하는 이유에 대해 논하시오.

---

122 매사에 묻고, 따지고, 특히 사안의 본질에 대하여 끊임없이 질문하는 Mister Q

11. 전략환경영향평가에서 대안의 의미와 위계적 대안설정에 대해 서술하시오.

12. 전략환경영향평가에서 환경보전목표를 설정하는 이유와 어떻게 설정하는지에 대해 서술하시오.

13. 평가대상지역과 평가항목별 범위에 대해 서술하시오.

14. 전략환경영향평가의 평가항목과 환경영향평가 평가항목의 차이에 대해서 논하시오.

15. 정책계획과 개발기본계획의 전략환경영향평가 평가항목은 어떤 것이며 이에 대한 평가방법에 대해 서술하시오.

16. 전략환경영향평가와 관련하여 독일의 예를 들어 방지와 감소 및 상쇄에 대해 설명하시오.

참고문헌

강명휘/이무춘, 1999, 환경영향평가에서의 평가항목간 상호연계성에 관한 연구, 환경영향평

가, 1999,9 제 8권 제 3호, 49-60

고양시 재정비촉진사업 http://www.goyang.go.kr/newtown/html/page.jsp?pcode=060100

김경민·김진수, 2016, 통합적·참여적 물 거버넌스 도입의 필요성, 국회입법처 이슈와 논점, 제1142호

김기곤, 김재철, 민현정, 2015.1, 참여소통을 위한 거버넌스 구축과 활성화 방안 연구, 광주발전연구원

김지영, 2007, 전략환경평가제도의 효율적 운영기법 마련을 위한 연구

김임순. 2004. "한국에서 전략환경평가 도입 및 관련제도 정비 방안". 월간환경21 82호 ; 37~41.

김임순, 한상욱, 김윤신, 문정숙. 2004, 전략환경평가를 통한 환경영향평가의 개선방안에 관한 연구 - 대안적 환경평가모형:APEMI IA MODEL의 제안, 환경정책, 제12권 제2호

김호석, 송영일, 김이진 , 임영신, 2007, 환경평가와 지속가능발전지표 연계운용 방안에 관한 연구, 한국환경정책평가연구원, 기본연구보고서

김호석, 송영일, 김이진, 임영신, 2007, 환경평가와 지속가능발전지표

국가균형발전위원회, 산업자원부, 2004.08, "균형과 통합, 혁신과 도약"을 위한 제1차 국가균형발전 5개년 계획

국회예산처, 2011, 환경영향평가 메타평가 기준 마련 및 사례 적용 연구

국토연구원, 2013.5, 국토관리 지속가능성 평가제도 발전방안 연구 - 주요 외국의 지속가능성 평가제도 비교·분석을 중심으로 -, 최종보고서 (안)

권원용, 2010, 계획 활동의 개념화와 정당화에 관한 소고, 韓國都市行政學報 第23輯 第4號, 2010.12, 23-37

남영숙, 2013, 우리나라와 독일 전략환경평가제도 비교 연구, 녹색성장 연구 13-23-④

(사)뉴 거버넌스 연구센터, 2007.2, 주민참여 촉진을 위한 민간참여 현황 분석

박선규, 2011, 국가철도망 구축계획의 전략환경평가 연구, 연세대학교 대학원, 환경공학과, 석사논문

배재현, 2016, 사전재해영향성검토 협의제도의 현황과 개선방안, 이슈와 논점, 국회입법조사처 제111호

변주대. 2003. "전략환경평가제도도입 추진". 나라경제2003년7월호 ; 80~83.

류재근, 남궁형, 2016, 환경영향평가 갈등해소 개선방안, 첨단 환경기술, 2016년 1월호

류성희, 2011, 하버마스의 막스 베버 합리성에 대한 오해, -하버마스의『의사소통행위이론』을 중심으로 -, 사회연구 통권21호(2011년 1호),pp.69~94

문석기 외 12인, 2005, 환경계획학, 보문당

문태훈, 2013, 새정부 환경정책의 과제와 환경정책의 발전방향, 「한국사회와 행정연구」제24권 제2호(2013. 8)

배재현, 2016, 사전재해영향성검토 협의제도의 현황과 개선방안, 이슈와 논점, 국회입법조사처 제111호

산업통상자원부, 2014, 제4차 신·재생에너지 기본계획

손홍민, 2011, 국가기간교통망계획의 전략환경평가에 관한 연구, 연세대학교 대학원, 환경공학과, 석사논문

송영일. 2003. 전략환경평가제도 도입에 관한 연구(요약). 환경부.

송영일, 2008, 전략환경평가제도의 효율적 운영기법 마련을 위한 연구(II)

송원호. 2004. 댐 건설 사업 환경영향평가 제도 개선에 관한 연구 - 사회경제환경 분야를 중심으로. 연세대학교 대학원, 환경공학과, 석사학위 논문

정세욱. 2004. 댐 건설 사업의 전략환경평가제도 도입방안-사회경제분야를 중심으로. 석사학위논문, 연세대학교 대학원, 환경공학과.

오양종, 2004, 전략환경평가제도 도입을 위한 사전환경성검토제도 개선방안, 연세대학교 대학원, 환경공학과, 석사논문

오형나 외, 2015, 전략환경영향평가제도 개선을 위한 연구(국토부·산업부·환경부·해양수산부의 연구용역 보고서)

이무춘, 1987, 독일연방공화국의 환경조화검사제도, 지리학연구, 10집

이무춘외, 1996, 환경영향평가, 동화기술

이무춘 외, 신제환경영향평가, 2000, 향문사

이무춘. 2000. "우리나라 환경영향평가제도의 발전과정과 개선방안에 관한 연구,"『환경영향평가』제 9권 제 1호: 47-59

이무춘, 송원호, 2001, 대학교에서의 환경영향평가교육현황 및 전망에 관한 연구, 환경영향평가학회 추계학술발표회, 2001.11.23-24,

이무춘, 2004, EU 전략환경평가제도의 최근 동향- EU SEA Directive 중심으로 -, 환경영향평가학회 추계학술발표회

이무춘외 2인, 2004, 댐건설 상위 계획에서의 SIA 도입방안에 관한 연구

이무춘, 2006, 도로계획의 전략환경평가 기법, 20061.25 (세미나 자료)

이무춘, 2008, 제3차 중기교통시설 투자계획의 전략환경평가(한국교통연구원 위탁과제)

이무춘, 2008, 두산중공업, 해수담수화 플랜트 사회영향평가, 2008

이무춘, 2008, 전략환경평가 제도의 효율적 운영기법 마련을 위한 연구보고서, 2007

이무춘국가기간교통망수정계획 전략환경평가, 2007.06

이무춘, 2011, 도로정비기본계획 사전환경성검토서(국토해양부의 국토연구원 위탁과제)

이무춘, 2012, 1:10:100의 법칙(중앙일보 시론)

이무춘, 2012, 전략환경영향평가 현황과 발전 방향, 환경영향평가학회 20년.

이무춘, 2016, 전략환경영향평가의 효율성 제고에 관한 고찰, 국토월간 통권 413호 (2016.03)

이무춘 등, 2016, 환경영향평가, 동화기술,

이상범 외, 2015, 환경평가시 대안 설정 및 평가에 관한 연구, 연구보고서 2015-07

이상대, 2016.07.29, 시민 참여 정책과 계획, 중부일보 칼럼

이상대, 정유선, 김보경, 2015, 기피시설 설치와 입지갈등의 해결, 이슈와 진단 No.190 (2015.7.8.), 경기연구원

이영준 외, 2014, 전략환경평가제도의 실효적 운용방안 연구(II), 연구보고서 2014-05

이영준 외 7인, 2004, 철도건설사업의 주요 환경영향에 관한 연구, KEI RE-15, pp.97

이윤식, 2011, 민원영향평가(진단)제 도입에 관한 연구, 숭실대학교 산학협력단, 행정안전부 정책연구용역보고서

이지훈, 2006, 환경과 개발의 조화, 삼성경제연구소 2006. 11. 17

이지훈, 2006, 환경과 개발의 조화, 삼성경제연구소 2006. 11. 17

이진희, 김지영, 김태형, 지용근, 2010, 물환경 거버넌스를 위한 의사결정체계 구축,

환경정책평가원 연구보고서 2012-12

이종수, 2009, 행정학사전, 대영문화사

이종호 외, 2016, 환경영향평가, 동화기술

이현우, 2010, 전략환경평가 내실화를 위한 평가단계별 방법론 마련 연구

임범교, 2004, AHP기법을 이용한 댐 건설 환경영향평가 평가항목 우선순위 분석에 관한 연구, 연세대학교 대학원, 환경공학과, 석사논문

안병욱, 2010, 지난 10년간 독일 환경정책의 평가와 전망, FES-Information-Series, 2010-05

양재섭, 김태현, 2011, 서울시 도시계획 수립과정에서 시민참여 실태와 개선 방향, Working Paper 2011-03

양재섭·김태현, 2011, 서울의 도시계획 수립과정에서 시민참여 실태와 개선방향, 서울시정개발연구원 Working Paer 2011-BR-03

유헌석 외 6인, 2001. 11.환경영향평가의 객관성확보를 위한 평가 절차개선 연구(주민참여제도를 중심으로)

유헌석 외, 2013, 전략환경평가제도의 실효적 운용 방안 연구(I), 연구보고서 2013-04

윤양수, 2013, 행정법 개론

윤정섭, 이헌호, 1993, 도시계획개론, 기문당

전경구, 2012, 참여정부와 이명박정부의 지역정책비교와 차기정부의 과제, 2012년 한국지역개발학회 추계종합학술대회 논문집

정세욱, 2004, 댐 건설 사업의 전략환경평가제도 도입방안, 연세대학교 대학원, 환경공학과, 석사논문

정희남·최수·천현숙·김승종·손학기·강미영·김선지·김영태·문태훈·서승환·Edwin Buitelaar·Arno Segeren, 2009, 도시용지 공급확대에 따른 토지시장 관리방안 연구

지식경제부, 2010, 전력수급기본계획 수립기법 및 절차 개선방안 연구

정선양, 박영사, 1999, 환경정책론

정회성, 1994, 지방자치시대의 환경정책, KEI/1994, 연구보고서

정회성, 한국의 환경정책의 회고와 전망

정회성 외 1인, 박영사, 2003, 환경정책의 이해

지속가능위원회, 2004,2, 갈등예방 및 관리 매뉴얼

지속가능경영원, 2006, 한·미 환경단체 비교 및 시사점, BISD 이슈페이퍼 06-02

지구환경대책기획단, 1992.10, 21세기 지구환경 실천 강령, -리우지구환경회의 문서 국문본-

조공장, 2013, 환경영향평가협의회(스코핑) 활성화 방안 연구

주재현, 1999, 환경보전법 제정 원인에 관한 연구, 한국행정학보, 제33권 제1호: 295-310

최병두, 홍인옥, 강현수, 안영진, 2004, 지속가능한 발전과 새로운 도시화, 대한지리학회 제39권 제1호 2004

최재용, 2007, 동북아 환경협력의 현재와 미래

채종헌, 2012, 환경갈등 해결을 위한 협력적 거버넌스의 성공요인에 관한 연구, 한국행정연구원(KIPA) 2012.7.4

하수정, 2012, '지속가능'의 오남용 - 지속가능한 발전을 위한 의미 명확화 필요성, HERI Insight 연구보고서 6호 2012. 5. 7

한규영, 2012, 전략환경영향평가 실효성 제고를 위한 체크리스트 개발, 연세대학교 대학원, 환경공학과, 석사논문

한국개발연구원, 2008, 수자원부문사업의 예비타당성조사 표준지침 수정·보완 연구, 제4판

한국환경정책평가연구원. 2000. 전략환경평가 기법개발 및 중점평가 도입방안에 관한 연구(최종보고서).

한국환경정책평가원, 2013.12.13, 2018 평창동계올림픽 성공개최를 위한 지속가능한 환경관리 프로젝트 착수보고회 자료

한규영, 2010, 국내 전략환경평가(SEA) 학술자료의 분류에 관한 연구, 연세대학교 대학원, 환경공학과, 석사학위 논문

형진선, 2016, 전략환경영향평가 스코핑 효율화 방안 연구, 연세대학교 환경공학부 석사논문

환경부, 2000, 새천년 국가환경비전과 추진전략

환경부, 2004, 지속 가능한 지역발전을 위한 환경 거버넌스 구축방안

환경부, 2013. 6, Post Rio+20에 적합한 지속가능발전정책 추진방안 연구

환경부, 2013.2.1, 환경영향평가서등에 관한 협의업무 처리규정 제5조(환경부예규 제477호)

환경부 지속가능발전위원회, 2014, 2014년도 국가지속가능성보고서

환경부, 2015, 전략환경영향평가 업무매뉴얼

환경부, 2016, 환경영향평가서등 작성 등에 관한 규정, 경부 고시 제2016-22호

환경영향평가법 법률 제13426호, 2015.7.24

황상규·성현곤, 2005, 교통계획 관련 법률체계의 현안과 정비방향 수립, 교통연구원 정책연구 2005-10

환경부, 2008, 산업단지 환경성평가 업무 매뉴얼

환경부, 환경영향평가서등 작성 등에 관한 규정, 환경부 고시 제2016

환경부, 2011.12, 환경영향평가 스코핑 가이드라인(안) - 평가항목 · 범위 결정 등을 위한 지침서 -

환경부, 2013.1.1, 환경영향평가협의회 구성 및 운영지침

환경부, 2015.12, 전략환경영향평가 업무매뉴얼

환경부 보도자료, 2016.7.27, 전략환경영향평가 대상계획 대폭 확대된다.

환경영향평가 정보지원시스템 https://www.eiass.go.kr/

중앙환경분쟁조정위원회 http://ecc.me.go.kr/

물환경정보시스템 http://water.nier.go.kr/front/waterPollution/policyInfo01.jsp

지속가능발전포털 www.ncsd.go.kr

Arbter, Kerstin, 2008, Öffentlichkeitsbeteiligung ja, aber wie? Standards für qualitätsvolle Beteiligungsprozesse(공공참여는 어떻게?), International Conference for Electronic Democracy, 29-30 September 2008, Krems

Arbter, K. (2010): Fact sheet "SUP Erfolgsfaktoren", http://www.arbter.at/sup/sup_e.html

Dietrich Fürst, Frank Scholles (Hrsg.), 2008, Handbuch Theorien und Methoden der Raum- und Umweltplanung,

S.R. Arnstein, A Ladder Of Citizen Of Citizen Participation , Journal Of American Institute Of Planners, Vol.35, July, 1978, P. 216

Jung, Minjung, 2016, A Study on Alternative Methods for Setting and Evaluating Strategic Environmental Impact Assessment, The Graduate School Yonsei University, Department of Environmental Engineering(Ph.D.)

IÖR (Leibnitz-Institut für ökologische Raumentwicklung) (2006): Entwicklung eines anwendungsbezogenen Ziel- und Indikatorenkatalogs für Umweltprüfung und Monitoring im Rahmen der Fortschreibung des Regionalplanes der Region Stuttgart. Endbericht. Online unter: http://www2.ioer.de/recherche/pdf/2006_heiland_endber_p186.pdf - Abgerufen am: 15. August 2012.

Köppel, J., Langenheld, A., Peters, W., Wende, W. (2004): Anforderungen der SUP-Richtlinie an Bundesverkehrswegeplanung und Verkehrsentwicklungsplanung der Länder. UBA-Texte 13/04. Online unter: http://www.umweltdaten.de/publikationen/fpdf-l/2638.pdf - Abgerufen am: 15. August 2012.

Lüdecke, J., Köppel, J. (2010): Welcoming the wind! - Wo stehen Umweltprüfung und Naturschutz in der Folge der deutschen Offshore-Windkraft-Strategie? UVP-report 24. 109–117.

Senatsverwaltung für Stadtentwicklung und Umwelt Berlin, 2012, Handbuch zur Partizipation, 2. Auflage (참여 핸드북 독일 베를린 도시개발과 환경부, 제2판)

Kaule, G., 2002, Umweltplanung, UTB

Fürst, D., 2001, Planungstheorie. In: Füurst, D. & Scholles, F. (Eds.): Handbuch Theorien + Methoden der Raum- und Umweltplanung. Dortmunder Vertrieb füur Bau- und Planungsliteratur, Dortmund: 9-25.

Lee, M.C., 1987, A System for the identification of environmental problems in agriculture - An aid for technology transfer - (Prüferraster zur Identifikation von Umweltproblemen der Landwirtschaft - Ein Hilfsmittel für den Technologietransfer), Werkstattbericht des Instituts für Landschaftsökonomie der TU-Berlin, 1987

Lee, M.C., 1988, Ökologischer Wissenstransfer - Umweltbelastungen und Ökostrategie im Sektor Landwirtschaft, Werkstattbericht des Instituts für Landschaftsökonomie der TU-Berlin

Lee, M.C., 1993, A Study on Assessment Standard for Environmental Impact Assessment, Environmental Impact Assessment(환경영향평가학회), 2권 2호, 1993

Lee, M.C., 1994, Entwicklung der Umweltverträglichkeitsprüfung in der Republik Korea - Stand der Diskussion - UVP- Report, 3/1994, 164-166

Lee, M.C., 1995, Umweltvertraeglichkeitspruefung von Abfalldeponie in der Republik Korea, UVP-Report 4/1995,

Lee M.C., 2000, A Case Study for Assessment of the Local Goverment Capability for Environmental Management in Republic Korea, IAIA(International Association for Impact Assessment), 19-23 June 2000, Hongkong

Lee, M.C., 2003, SIA on dam in the planning stage in Korea, June 17. 2003, ´03 Conference IAIA (17-20 June 2003), Marrakech

Lee M.C., 2002. UVP in Korea und Deutschland, 2002.6.14, UVP-Kongress

Lee M.C., Koo Jakon Koo, Seo Min Seok Seo, Kim Sunyeon Kim, 2002, Dam Project and Social Impact Assessment in Korea, 22. Annual Conference event of the IAIA (International Association Impact Assessment), 15-21. June 2002/ Hague, Netherlands.

OECD, 2006, Applying Strategic Environmental Assessment, GOOD PRACTICE GUIDANCE FOR DEVELOPMENT CO-OPERATION

Therivel, Riki, 2004, Strategic Environmental Assessment in Action, Earthscan Joao, 2005

Environment Agency, 2007: SEA and Climate Change – Guidance for Practitioners

http://www.iaia.org/uploads/pdf/sp1.pdf

http://www.ceaa.gc.ca

www.environment-agency.gov.uk/seaguidelines

http://www.rspb.org.uk/Images/SEA_and_biodiversity_tcm9-133070.pdf

http://www.ukcip.org.uk/wordpress/wp-content/PDFs/SEA_guidance_07.pdf

http://www.politischebildung.ch/grundlagen/didaktik/polity-policy-politics/

(검색일 2016.2.5.)

전략환경영향평가론

-Theory and Practice of Strategic Environmental Impact Assessment-

초판 1쇄 발행일 2016년 10월 28일

지은이 이무춘
펴낸이 박영희
책임편집 김영림
디자인 박희경
마케팅 임자연
인쇄·제본 태광 인쇄
펴낸곳 도서출판 어문학사
　　　　서울특별시 도봉구 쌍문동 523-21 나너울 카운티 1층
　　　　대표전화: 02-998-0094 / 편집부1: 02-998-2267, 편집부2: 02-998-2269
　　　　홈페이지: www.amhbook.com
　　　　트위터: @with_amhbook
　　　　인스타그램: amhbook
　　　　페이스북 페이지: http://www.facebook.com/amhbook
　　　　네이버 블로그: http://blog.naver.com/amhbook
　　　　다음 블로그: http://blog.daum.net/amhbook
　　　　e-mail: am@amhbook.com
　　　　등록: 2004년 4월 6일 제7-276호

ISBN 978-89-6184-420-8　93530
정가 30,000원

이 도서의 국립중앙도서관 출판예정도서목록(CIP)은 e-CIP홈페이지(http://www.nl.go.kr/ecip)와
국가자료공동목록시스템(http://www.nl.go.kr/kolisnet)에서 이용하실 수 있습니다.
(CIP제어번호: CIP2016024727)